Ingela Jöns (Hrsg.)

Erfolgreiche Gruppenarbeit

Ingela Jöns (Hrsg.)

Erfolgreiche Gruppenarbeit

Konzepte, Instrumente, Erfahrungen

GABLER

Bibliografische Information Der Deutschen Nationalbibliothek
Die Deutsche Nationalbibliothek verzeichnet diese Publikation in der Deutschen Nationalbibliografie; detaillierte bibliografische Daten sind im Internet über <http://dnb.d-nb.de> abrufbar.

1. Auflage 2008

Lektorat: Ulrike M. Vetter

Der Gabler Verlag ist ein Unternehmen von Springer Science+Business Media.
www.gabler.de

Umschlaggestaltung: Nina Faber de.sign, Wiesbaden
Druck und buchbinderische Verarbeitung: Wilhelm & Adam, Heusenstamm
Gedruckt auf säurefreiem und chlorfrei gebleichtem Papier.
Printed in Germany

ISBN 978-3-8349-0695-3

Vorwort

Gruppenarbeit in der Arbeitswelt – das war in den neunziger Jahren des letzten Jahrhunderts ein Modethema in der Praxis und auch im Bereich der Arbeits- und Organisationspsychologie. Der Hintergrund war damals die nahezu flächendeckende Einführung von Teamkonzepten im Zuge der Realisierung eines Lean-Management-Konzepts, wobei bei der Implementierung und Diskussion der Ansätze sehr unterschiedliche „Philosophien" unterstellt wurden. Die einen sahen in der Etablierung von Gruppenarbeitsformen die langersehnte Chance zur Schaffung humaner Arbeitsplatzbedingungen, die anderen interpretierten die aus Japan importierten toyotistischen Teams als eklatanten Rückfall in einen brutalen Taylorismus zur Gewinnmaximierung, der sich nur in Gegenden mit hoher Arbeitslosigkeit durchsetzen kann.

Wie auch immer, die Einführung der Gruppenarbeit wurde als Erfolg versprechende Innovation in der Produktion und auch zunehmend in Dienstleistungsbereichen bald zur personalpolitischen Pflichtübung.

Die Phase der Ernüchterung folgte, wie so oft bei Modetrends, bei der Sammlung der ersten Erfahrungen im Arbeitsalltag: Es kristallisiert sich bald heraus, dass Gruppenarbeit nicht immer die beste Alternative darstellt, auch Einzelarbeitsplätze haben ihren Vorteil. Vor allem aber reicht die rein operative Implementierung eines Gruppenarbeits-Konzepts bei weitem nicht aus, um die erhofften Vorteile einfahren zu können. Die leidvollen Erfahrungen zeigen, dass die flankierenden Rahmenbedingungen in den Organisationen angepasst werden müssen und dass insgesamt betrachtet die gesamte Organisationskultur entsprechend modifiziert werden muss. Nur wenn Gruppenarbeit in ein adäquates Umfeld eingebettet ist, können die Vorteile zum Tragen kommen.

Vor dem Hintergrund dieser Situation ist es nicht nur gerechtfertigt, sondern äußerst sinnvoll, in einer Publikation diese Aspekte der Implementierungsprozesse über viele Jahre hinweg sowie die erforderlichen Instrumente zur Unterstützung der Gruppenarbeit zu beleuchten.

Professor Dr. Walter Bungard
Inhaber des Lehrstuhls für Wirtschafts- und Organisationspsychologie
Universität Mannheim

Inhaltsverzeichnis

III. Ausgewählte Gestaltungsaspekte der Gruppenarbeit

IV. Praktische Instrumente der Gruppenarbeit

Ingela Jöns, ***Universität Mannheim***

Gruppenarbeit in Unternehmen: Einführung und Überblick

1 Aktuelle Diskussionen zur Gruppenarbeit und Hintergründe zu diesem Buch

Eigentlich muss es verwundern, dass gerade jetzt ein Buch zur Gruppenarbeit in Unternehmen herausgegeben wird. Erstens sind in den letzten Jahren, wenn überhaupt, dann Bücher unter dem Titel „Teamarbeit“ erschienen (z. B. Stumpf & Thomas, 2003; Velmerig, Schaffenhofer & Schrapper, 2004). In den meisten Büchern werden sehr verschiedene Formen der Gruppen- oder Teamarbeit betrachtet, unter denen die klassische Form der teilautonomen Gruppenarbeit und insbesondere Gruppenarbeit in der Produktion oft eine untergeordnete Rolle spielt, die im Zentrum dieses Buches steht. Zweitens weht dieser klassischen Gruppenarbeit, die in den neunziger Jahren im Zuge von Lean Management und Total Quality Management geradezu von Euphorie getragen wurde, zurzeit ein sehr rauer Wind entgegen. Nach Einschätzungen vieler Unternehmen hat die Gruppenarbeit die in sie gesetzten hohen Erwartungen nicht erfüllt und/oder die heutigen Anforderungen erfordern eine andere Antwort. So wird in manchen Publikationen von Gruppenarbeit der zweiten Generation gesprochen oder der Ruf nach geführter Teamarbeit als alternative Form laut, ohne dass systematische Untersuchungen und fundierte Argumente zugrunde liegen (vgl. Goller, Bronnsack & Schulze, 2003).

Bei genauer Betrachtung hat es derartige Auseinandersetzungen mit der Gruppenarbeit häufiger gegeben. So scheint sich die Anzahl der Protagonisten und Antagonisten phasenweise abzuwechseln. Dabei ist Gruppenarbeit weder eine neue moderne Arbeitsform noch die einzig effiziente Arbeitsform. Es bedarf stets einer differenzierten Analyse, ob die Arbeit in Gruppen effizienter, innovativer und humaner ist bzw. wo nach wie vor Einzelarbeit besser geeignet scheint. In der Geschichte der Gruppenarbeit, in der immer wieder verschiedene Formen propagiert wurden, finden wir bereits um 1920 eine Art der Gruppenfertigung mit tayloristischen Arbeitsstrukturen, die als „Gruppenfabrikation“ bei Daimler Benz erprobt wurde. In der Human-Relations-Bewegung in den dreißiger und vierziger Jahren standen die sozialen Beziehungen und gruppendynamischen Prozesse im Vordergrund, nachdem vorher die Arbeit lediglich unter ergonomischen und wirtschaftlichen Aspekten betrachtet worden war. Nach dem Zweiten Weltkrieg und dem Wiederaufbau, währenddem die Fließbandarbeit „optimiert“ worden war, stehen mit der gesellschaftlichen Diskussion der Humanisierung und Demokratisierung die teilautonomen Gruppenarbeitskonzepte im Vordergrund. Allerdings konnten diese sich in den siebziger Jahren noch nicht wirtschaftlich und unternehmenspolitisch so durchsetzen wie in den neunziger Jahren im Zuge von Lean Management und Total Quality Management. In der Zwischenzeit wurden im Zusammenhang mit den gestiegenen Qualitätsanforderungen und permanenten Prozessverbesserungen die begleitenden Gruppenarbeitsformen, wie die Qualitätszirkel in den achtziger Jahren und die KVP-Teams in den neunziger Jahren, ergänzend diskutiert. Außerhalb der Produktion finden aktuell vor allem Formen der virtuellen und internationalen Teamarbeit Beachtung (vgl. Antoni, 2004).

Nach der Gruppenarbeitseuphorie in den neunziger Jahren lassen sich für die aktuelle Diskussion zwei Gründe anführen: Erstens wird das Konzept der teilautonomen Gruppenarbeit häufig missverstanden, pauschal konzipiert und propagiert oder mit falschen Erwartungen verbunden. Nehmen wir das Beispiel der erforderlichen Führung. In einer arbeitsteiligen Organisation kann kein koordiniertes Handeln ohne Führung erfolgreich zustande kommen. Die Selbstregulation stößt immer da an Grenzen, wo die Koordination mit anderen erforderlich wird. Oft wurde im Zuge von Lean Management Gruppenarbeit mit der Abschaffung von Hierarchieebenen verbunden. Nun kann man sich fragen, ob es an der Gruppenarbeit liegt, die nicht ohne Führung auskommt, oder die Unternehmen mit Lean-Management schlecht beraten gewesen sind. Gilt es nicht vielmehr, das richtige Ausmaß an Selbstregulation und an Führung zu finden? Gruppenarbeit erfordert nicht unbedingt weniger Führung, aber sicherlich eine andere Form der Führung, für die dann auch die Führungskräfte qualifiziert werden müssen. Zweitens ist in den letzten Jahren wiederum ein scharfer Wind aus dem fernen Osten herübergeweht, der den Wettbewerb weiter verstärkt hat und entsprechend verschärfte Managementkonzepte als Antwort parat hält. So werden die Lean Management-Ansätze, die in Zeiten des Total Quality Managements mit selbstregulierter Gruppenarbeit verbunden wurden, jetzt wieder als straffere Führungs- und Verschlankungskonzepte revitalisiert. Zudem werden unter dem Konzept der neuen Produktionssysteme häufig eine hohe Standardisierung und Automatisierung gefordert, die auf den ersten Blick nicht mit den deutschen Konzepten teilautonomer Gruppenarbeit vereinbar sind. Dass dem nicht so sein muss und im Gegenteil Kombinationen aus den modernen Produktionssystemen und den tradierten Gruppenarbeitskonzepten nachhaltigeren Erfolg versprechen, wird in den Praxisbeiträgen in diesem Buch deutlich.

Die Anfänge für dieses Buch liegen in der Zeit der Gruppenarbeitseuphorie in den neunziger Jahren, in denen am Lehrstuhl für Wirschafts- und Organisationspsychologie der Universität Mannheim das Projekt „Unterstützung selbstregulierter Gruppenarbeit“ beantragt und anschließend über zehn Jahre bearbeitet wurde (gefördert durch das Ministerium für Wissenschaft und Forschung Baden-Württemberg und anschließend im Rahmen des Sonderforschungsbereichs 467 „Wandlungsfähige Unternehmensstrukturen für die variantenreiche Serienproduktion“ der DFG). Auf der Basis einer Umfrage, in der wir 1996 über 80 Unternehmen befragt hatten, zogen wir eine erste Zwischenbilanz (vgl. Bungard & Jöns, 1997). Die befragten Unternehmen luden wir zur Ergebnispräsentation an die Universität Mannheim ein. Aus dieser Präsentation entwickelte sich ein Erfahrungsaustausch, an dessen zwei bis drei Treffen pro Jahr anfangs 20 Unternehmen und später regelmäßig zehn Unternehmen teilnahmen. Nach zehn Jahren Erfahrungsaustausch ziehen wir mit diesem Buch eine neue Zwischenbilanz und wollen andere Unternehmen an unseren Erfahrungen teilhaben lassen. Bevor ein Überblick über die verschiedenen Beiträge in diesem Buch gegeben wird, sollen die Überlegungen zu Strukturen funktionierender Gruppenarbeit zusammengefasst werden, die auf einem solchen Erfahrungsaustausch erörtert wurden.

2 Strukturen funktionierender Gruppenarbeit aus Sicht der beteiligten Unternehmen

Aufgrund des Spektrums unterschiedlicher Rahmenbedingungen und Produktionsanforderungen sowie der resultierenden Gruppenarbeitskonzepte beschränken sich die Strukturen funktionierender Gruppenarbeit auf die zentralen Grundsätze und Überzeugungen (vgl. Abbildung 1), deren konkrete Umsetzung dann in die verschiedenen Konzepte und Instrumente zur Gestaltung und Unterstützung der Gruppenarbeit mündet.

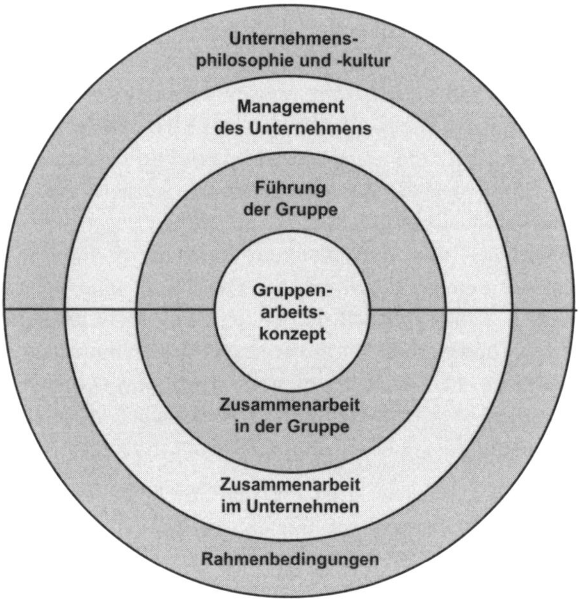

Abbildung 1: Strukturen funktionierender Gruppenarbeit

Im Zentrum steht das *Gruppenarbeitskonzept,* wie es letztlich auch in der Literatur behandelt wird. Damit Gruppenarbeit erfolgreich sein kann, bedarf es der Übertragung von ganzheitlichen Aufgaben zusammen mit einem entsprechenden Handlungsspielraum, so dass sich die Gruppe an gemeinsamen Zielen orientiert (vgl. auch Antoni in diesem Buch). Die Ausgestaltung des konkreten Konzepts ist stark durch die technischen und organisatorischen Produktionsbedingungen geprägt, so dass neben den allgemeinen Kriterien kaum konkrete Empfehlungen gegeben werden können. Zum Beispiel kann Gruppenarbeit in einem Unternehmen schichtbezogen, in einem anderen Unternehmen schichtübergreifend organisiert sein, und zwar in beiden Fällen mit gutem Erfolg. Wichtig ist vielmehr festzuhalten, dass sich je nach Gruppenarbeitskonzept zahlreiche Schnittstellen ergeben, für die übergreifende Kommunikations- und Koordinationsprozesse zu organisieren sind, damit die Selbstregulation insgesamt funktioniert.

Für das Funktionieren der Gruppenarbeit ist im zweiten Schritt die *Zusammenarbeit in der Gruppe* von Bedeutung, die von der Zusammensetzung und der Gruppendynamik entscheidend abhängt. Alle Mitarbeiter fühlen sich für die Gruppenaufgaben und -prozesse zuständig, jeder Mitarbeiter übernimmt Verantwortung für einzelne Aufgaben und bringt sich nach seinen Kräften und Fähigkeiten ein. Wichtig sind zudem das gemeinsame Verständnis der Ziele und die Erkenntnis der eigenen Verantwortung für die Zielerreichung. Dabei sorgen gut funktionierende Gruppen selbst für eine gerechte Aufgabenaufteilung. Sie entdecken, nutzen und entwickeln die verschiedenen Fähigkeiten der einzelnen Mitarbeiter, z. B. durch ein breites Angebot von Mitwirkungsmöglichkeiten, sowie der gesamten Gruppe, z. B. durch offene Feedbackprozesse oder externe Teamentwicklung. Die Verantwortung der Gruppe für die eigene Entwicklung schließt die Qualifikation und Integration von (vorausgewählten) Mitgliedern mit ihren Stärken und Schwächen ein. Als zentrale Voraussetzung wird die Fähigkeit der Gruppenmitglieder angesehen, funktionale und soziale Probleme wahrzunehmen, sowie ihre Bereitschaft, entsprechende Problemlösungen zu entwickeln und umzusetzen.

Neben diesen gruppeninternen Prozessen wird die *Führung der Gruppen* als ein wichtiger Baustein angesehen. Gruppenarbeit setzt Führung voraus, die durch ein modernes Menschenbild und Führungsverständnis geprägt ist, wie sie auch insgesamt für die Unternehmensphilosophie und -kultur kennzeichnend sein sollte. Hervorzuheben sind folgende Aufgaben der direkten Führungskraft: Sie überträgt die Gesamtaufgaben und vereinbart Ziele; sie setzt Impulse und fordert vereinbarte Ziele ein; sie behält dabei die Gesamtverantwortung und sorgt für Nachhaltigkeit in der Zielverfolgung. Neben dieser zielorientierten Führung ist es ihre Aufgabe, die Mitarbeiter und Gruppe in ihren Leistungs- und Entwicklungsprozessen zu fördern. Hierzu zählt zum Beispiel, sie zur Übernahme von mehr Eigenverantwortung zu ermutigen, ihnen Unterstützung im konkreten Bedarfsfall anzubieten, ihnen aber auch den Freiraum für eigene Fehler zu lassen. Führung ist keine Einbahnstraße, so dass Führungskräfte mit ihren Gruppen in einem permanenten Kommunikationsprozess stehen müssen, der auch das gegenseitige Feedback beinhaltet. Angesichts der heutigen Rahmenbedingungen liegt eine zentrale Kompetenz der Führungskräfte darin, Veränderungsprozesse zu initiieren und die Gruppen bei diesen Prozessen zu begleiten.

Wenn man den Kreis um die Gruppenarbeit weiter zieht, dann geht es um die Einbettung der Gruppenarbeit und die *Zusammenarbeit im Unternehmen*. Eine organisatorische Voraussetzung für effiziente Arbeit ist die Transparenz und Vernetzung der Leistungsprozesse und -ergebnisse im Unternehmen. Damit diese Zusammenarbeit funktioniert, bedarf es einer gegenseitigen Wertschätzung auch im Sinne einer kooperativen Konkurrenz bzw. eines sportlichen Wettstreits, wobei der Blick letztlich auf den gemeinsamen Erfolg ausgerichtet sein muss. Zum Funktionieren der Gruppenarbeit in der Produktion bedarf es häufig noch eines Umdenkens hinsichtlich des Stellenwertes der dort geleisteten Arbeit, d. h. Gruppenarbeit als Kunden interner Dienstleister (z. B. der Arbeitsvorbereitung, des Qualitätswesens, des Personalwesens) anzusehen. Mit Blick auf die Verbesserungsprozesse befasst sich Gruppenarbeit sowohl mit der Zusammenarbeit innerhalb der Gruppen als auch mit übergreifenden Prozessen. Allerdings müssen oftmals die

„kleinen" internen Probleme gelöst werden, bevor abteilungs- oder gar unternehmensübergreifende Probleme angegangen werden können.

Auf dieser Betrachtungsebene sind auch die Überlegungen zum *Management des Unternehmens* angesiedelt. Für eine funktionierende Gruppenarbeit sind das Commitment zur Gruppenarbeit und das Vorleben des Teamgedankens unerlässlich. So einfach dies klingt, so schwer ist es oft in der Praxis umzusetzen und nachhaltig zu vermitteln. Neben einer offenen Infomationspolitik und Diskussionskultur bedarf es der Anerkennung des Engagements der Gruppen sowie der Wertschätzung von Fortschritten im Kleinen, was angesichts des eigenen Fokus auf stragische Projekte dem Management oft nicht leichtfällt. Gruppenarbeit fängt aber im Kleinen an.

Der äußere Kreis in der Abbildung 1 kennzeichnet umfassende Voraussetzungen und damit die strukturellen *Rahmenbedingungen* für eine erfolgreiche Gruppenarbeit. Die Arbeitsorganisation, das Arbeitszeit- und Entgeltsystem müssen einen unterstützenden Rahmen bilden, in dem eigenverantwortliches, kooperatives und zielorientiertes Verhalten (nicht nur monetär) anerkannt wird. Die Personalauswahl und -entwicklung müssen auf die Anforderung der Gruppenarbeit bzw. einer teamorientierten Organisationskultur ausgerichtet sein. Letztlich müssen alle Personal- und Führungssysteme durchgängig gestaltet sein, so dass Gruppenarbeit, das Verständnis und das Engagement hierfür über alle Ebenen hinweg anerkannt und gefördert werden. Ein Ansatzpunkt ist die Verankerung der Gruppenarbeit im Zielsystem des Unternehmens.

Als letzter Bereich sind die *Unternehmensphilosophie und -kultur* hervorzuheben, die letztlich den alles entscheidenden Grundstein für eine funktionierende Gruppenarbeit legen. Diese Basis beinhaltet an erster Stelle ein Menschenbild, das durch Zutrauen und Vertrauen in die Mitarbeiter die zentrale Grundlage für teilautonome Gruppenarbeitskonzepte und kooperatives Führungsverhalten bildet. Die Unternehmensphilosophie setzt darauf, dass Mitarbeiter gemeinsam Probleme erkennen, Ideen entwickeln und entsprechende Maßnahmen umsetzen, dass die Mitarbeiter und ihre Zusammenarbeit ein zentrales Fundament für die kontinuierliche Verbesserung des Unternehmenserfolgs darstellen. Dabei ist die Unternehmenskultur durch einen respektvollen und vertrauensvollen Umgang miteinander gekennzeichnet, der über Information und Beteiligung der Mitarbeiter das zielorientierte Handeln aller Unternehmensmitglieder fördert.

3 Überblick über die Beiträge aus Theorie und Praxis

Der Erfahrungsaustausch zwischen Theorie und Praxis sowie zwischen den verschiedenen Unternehmen mit ihren jeweiligen Gruppenarbeitsformen, der den Ausgangspunkt für die Entstehung dieses Buches bildet, steht auch im Mittelpunkt der Konzeption der zusammengestellten Beiträge. Bereits bei den vier Hauptteilen wechseln sich Theorie und Praxis ab.

Im ersten Teil werden grundlegende Merkmale und Fragen zur Gruppenarbeit auf der Basis aktueller Theorien und bisheriger Forschungsbefunde vorgestellt. Die zentralen

Gestaltungsdimensionen teilautonomer Gruppenarbeit, von der Arbeitsaufgabe, der Zusammensetzung bis zur Führung der Gruppen, werden im ersten Beitrag von *Antoni* diskutiert. Nach der Betrachtung von Gruppenarbeit als Arbeitsorganisationsform für die alltäglichen Produktionsaufgaben geht es im zweiten Beitrag von *Hacker* um zeitweilige Gruppenarbeit für Prozessinnovationen. Heutzutage gehören beide Aufgaben, die Produktion und die Innovation, zu den Standardanforderungen an die Gruppen. Die Besonderheiten der Gruppenarbeit bei geistigen Arbeitsaufträgen, insbesondere bei der Problemidentifikation, beim Lösungsentwurf und bei der Maßnahmenumsetzung, werden erläutert, bevor auf ein bewährtes Verfahren in der Praxis eingegangen wird. Nach den Konzepten der Gruppenarbeit werden in den folgenden Beiträgen die Prozesse der Entwicklung und der Einführung von Gruppenarbeit in den Mittelpunkt gestellt. Zur Teamentwicklung geben *Kauffeld und Lehmann-Willenbrock* einen Überblick über die verschiedenen Aspekte und Instrumente, bevor von *Jöns* die zentralen Erfolgsfaktoren bei der Einführung von Gruppenarbeit zusammengefasst werden.

Über zehn Jahre Erfahrung mit Gruppenarbeit berichten *im zweiten Teil* die Beiträge aus der Praxis. Dabei stellen die Unternehmen jeweils ihre Erkenntnisse mit einem spezifischen Fokus dar, um zu viele Überschneidungen zu vermeiden, da es typische Merkmale und Phasen gibt, die fast alle Unternehmen in der einen oder anderen Form erleben. Im Beitrag von *Fink, Knebel, Löwenau und Maier* zur Gruppenarbeit bei der *Heidelberger Druckmaschinen AG* wird ein breiter Überblick über die Merkmale, die Instrumente und die ständigen gemeinsamen Verbesserungsprozesse gegeben. Von *Henkel und Hecker* wird aus den Erfahrungen der *B. Braun Melsungen AG* die Prozessbegleitung in den Vordergrund gestellt, die die Gruppenarbeit systematisch unterstützt und verbessert. Unter dem Titel „Mitarbeiter im Mittelpunkt“ werden die Merkmale und Entwicklungen der Gruppenarbeit bei der *Rasselstein GmbH* von *Krämer und Becker* zusammengefasst. Als eine zentrale Konsequenz aus der Geschichte der Gruppenarbeit bei *Boehringer Ingelheim Pharma GmbH & Co. KG* leitet *Koreng* vor dem Hintergrund der heutigen Produktionsbedingungen die Erfordernis ab, mehr Führung zu wagen, und stellt damit hohe Anforderungen an die Führungskräfte. Im Beitrag zur Gruppenarbeit bei der *Bauknecht Hausgeräte GmbH* wird von *Klabunde* über neue Wege und Instrumente berichtet, durch die die Mitarbeiter besser in die Aufgaben und Prozesse einbezogen werden. Als Lernprozess werden schließlich die Erfahrungen von *Betz* bei der *ZF Friedrichshafen AG* charakterisiert, an dessen Ende die Frage nach dem erhöhten Führungsbedarf nicht durch erneute Einführung einer unteren Führungsebene, sondern durch konzeptionelle und begleitende Unterstützung der Gruppenarbeit beantwortet werden soll.

Nach diesem Einblick in die Praxis werden *im dritten Teil* einzelne Gestaltungsaspekte auf der Basis der bisherigen und eigenen Forschungsarbeiten behandelt. Im ersten Beitrag wird die Entwicklung durch Feedback von *Hennlein und Jöns* erörtert. Neben verschiedenen Ebenen und Instrumenten werden die Determinanten und Kriterien für erfolgreiche Feedbackprozesse auf der Gruppenebene herausgearbeitet. Anschließend werden im Beitrag von *Habich und Jöns* die individuelle Ebene, die Kompetenzen und die Kompetenzentwicklung der Mitarbeiter in der Gruppenarbeit fokussiert. Im dritten Beitrag wird angesichts des demografischen Wandels die Problematik altersheterogener

Arbeitsgruppen von *Lehmann-Willenbrock und Kauffeld* erläutert. Auf der Basis eines Fallbeispiels werden anschließend Empfehlungen für die Praxis abgeleitet. Im letzten Beitrag wird mit der Gruppensitzung von *Weschke und Jöns* ein zentraler Bestandteil jeder Gruppenarbeit aufgegriffen, zu deren Gestaltungsaspekten jeweils die möglichen Probleme erörtert und konkrete Empfehlungen für verschiedene Zielgruppen abgeleitet werden. Gemeinsam ist diesen vier Beiträgen, dass es letztlich immer um die Kompetenz und die Entwicklung der Gruppenarbeit und ihrer Mitarbeiter geht, was als der zentrale Erfolgsfaktor aus sozialwissenschaftlicher Sicht angesehen werden kann.

Im vierten Teil werden konkrete Instrumente der Gruppenarbeit aus den beteiligten Unternehmen dargestellt, die im Rahmen des Erfahrungsaustauschs als besonders interessant ausgewählt worden sind und das breite Spektrum bedeutsamer Instrumente abdecken. Erster Beitrag ist derjenige von *Lang und Symanzik*, der den *Qualifizierungssupport* bei der Einführung von Gruppenarbeit behandelt. Der *Freitagsrundgang*, der von *Thorwest* vorgestellt wird, ist ein interessanter Ansatz, wie höhere Führungskräfte den Kontakt in die Produktion pflegen, Führungssysteme aktiv vermitteln und dezentrale Verbesserungsprozesse unterstützen können. Mit dem *Gruppencheck*, dessen Merkmale und Anwendung von *Fink, Knebel, Löwenau und Maier* erläutert werden, wird ein Feedbackinstrument zur Teamentwicklung vorgestellt, das in Zusammenarbeit der Universität Mannheim und der Heidelberger Druckmaschinen AG entwickelt wurde (vgl. Erke, Racky & Jöns, 2007), über den Erfahrungsaustausch auch von der Rasselstein GmbH genutzt wird und dessen Einsatz bei Bauknecht Hausgeräte GmbH geplant ist. Ein anschauliches Beispiel für die Umsetzung von modernen Managementinstrumenten im Sinne der deutschen Gruppenarbeitskultur wird in dem Beitrag von *Ilg* gegeben, in dem das *5S Audit* in Form der Selbstauditierung durch die Gruppen dargestellt wird. Einen wichtigen Baustein für eine erfolgreiche Gruppenarbeit stellt ein entsprechendes *Entlohnungssystem* dar, wie es von *Ross und Hecker* vorgestellt wird. Ebenso sind die Arbeitszeiten, wie sie als *Betriebszeitengangschaltung* von *Thorwest* erläutert werden, auf die Produktionsbedingungen und die Gruppenarbeit abgestimmt zu flexibilisieren. Gruppenarbeit stellt keine isolierte Arbeitsform dar, sondern ist in die Führungssysteme und in die Unternehmenskultur eingebettet. *Beulker und Freudling* erörtern in ihrem Beitrag die *Führungsarbeit* und die Lernprozesse der Führungskräfte. Im letzten Beitrag von *Krämer und Geyermann* wird der Rahmen noch weiter gespannt, indem Gruppenarbeit als Teil einer teamorientierten Unternehmenskultur vorgestellt wird.

Selbstverständlich sind in diesem Buch, auch wenn aus Gründen der besseren Lesbarkeit auf die Nennung der weiblichen Form verzichtet wird, stets beide Geschlechter gemeint.

I. Grundlagen zur Gruppenarbeit

Conny Herbert Antoni, ***Universität Trier***

Gruppenarbeit wirkungsvoll gestalten

1 Gruppenarbeit im Spannungsfeld zwischen Arbeitspolitik und Arbeitswissenschaft

In Unternehmen findet sich heute eine Vielzahl unterschiedlicher Formen der *Gruppen- bzw. Teamarbeit,* wie z. B. Montagegruppen, Qualitätszirkel oder Projektteams. Ihnen ist gemein, dass zwei oder mehr Personen beauftragt werden, über eine gewisse Zeit eine gemeinsame, aus mehreren Teilaufgaben bestehende Aufgabenstellung zusammen zu bearbeiten. Weiterhin haben sie gemeinsame Ziele, unterschiedliche Rollen, gemeinsame Spielregeln und nehmen sich als Gruppe wahr.

Zur einfachen Systematisierung können sie danach differenziert werden, ob sie integrierter Bestandteil der regulären Arbeitsorganisation sind und die Bearbeitung der Arbeitsaufträge eine kontinuierliche Zusammenarbeit im Rahmen der täglichen Arbeit erfordert oder ob sie quasi parallel zur bestehenden Organisationsstruktur eingeführt werden und ihre Mitglieder für die Bearbeitung spezifischer Problemstellungen nur von Zeit zu Zeit zusammenarbeiten. Qualitätszirkel und Projektteams sind typische Formen temporärer Gruppenarbeit, die eine Organisation zur Bearbeitung von Problemen wählt, die in der regulären Arbeitsorganisation nicht adäquat bearbeitet werden können (vgl. auch Hacker in diesem Buch). Täglich wiederkehrende Produktions- oder Dienstleistungsaufgaben können jedoch auch eine mehr oder weniger kontinuierliche Zusammenarbeit in Arbeitsgruppen erfordern. Diese können sich in Art und Umfang direkter und indirekter Aufgaben und delegierter Entscheidungskompetenzen unterscheiden (vgl. Antoni, 1994a).

Die Frage, wie die Bearbeitung von Arbeitsaufträgen am besten organisiert werden kann, beeinflusst jedoch nicht allein die Einführung, Gestaltung und Weiterentwicklung von Gruppenarbeit. So verweist die in manchen Unternehmen gängige Bezeichnung Arbeitspolitik für den zuständigen Fachbereich darauf, dass es nicht allein um arbeitswissenschaftliche Aspekte der Arbeitsorganisation geht, sondern hierbei auch politische Fragen zwischen den Betriebsparteien, aber auch zwischen anderen betrieblichen und überbetrieblichen Interessengruppen berührt sind.

Es gehört zu den klassischen Aufgaben der Arbeitswissenschaft, einen Beitrag zur wirtschaftlichen Zielerreichung des Unternehmens und menschengerechten Gestaltung der Arbeit zu leisten. Die politischen Interessengruppen verhandeln und vereinbaren diese Zielbereiche im Einzelfall und beziehen dabei ihre eigenen finanziellen oder machtpolitischen Ziele ein, beispielsweise Fragen der Entgelt- und Arbeitszeitgestaltung oder der Verteilung von Ressourcen und Kompetenzen. So könnte es Strategie sein, über komplexere Gruppenaufgaben zu höheren Arbeitswerten und damit zu höheren Entgelten zu kommen oder durch den Arbeitswechsel in Gruppen einen Belastungswechsel zu begründen, der den Wegfall von Erholungspausen (Stichwort „Steinkühlerpause") rechtfertigt. Ferner könnte mit der Delegation indirekter Aufgaben an die Gruppen, wie der Arbeitseinteilung oder der Prozessoptimierung und Standardisierung, der Wegfall von formellen oder informellen Hierarchieebenen, wie Vorarbeitern oder Gruppenmeistern, verfolgt werden oder die Schwächung der Macht von Zentralbereichen, wie der Arbeitswirtschaft.

Je widersprüchlicher die arbeitswissenschaftlichen Erkenntnisse sind, desto leichter lassen sich einzelne Studien im Sinne politischer Interessen instrumentalisieren. Die Entwicklung empirisch gesicherter Modelle, um zu erklären, welche Formen von Gruppenarbeit welche Auswirkungen haben, wie diese zustande kommen und unter welchen Bedingungen sie auftreten, ermöglicht somit nicht nur eine wirkungsvollere Gestaltung der Gruppenarbeit, sondern begrenzt auch die Möglichkeit, einzelne Untersuchungen politisch zu instrumentalisieren. Im Folgenden sollen hierzu einige Überlegungen und Befunde skizziert werden.

2 Einflussfaktoren und Gestaltungsdimensionen wirkungsvoller Gruppenarbeit

Wesentliche Einflussfaktoren und damit Ansatzpunkte für die Gestaltung wirkungsvoller Gruppenarbeit, auf die im Folgenden näher eingegangen wird, sind die Aufgaben, mit denen eine Gruppe betraut wird, die Art der Zusammensetzung der Teammitglieder, die Maßnahmen zu ihrer Schulung, ihre Ziele und Kennzahlen, das zugrunde gelegte Entgeltsystem, die Führung von Gruppen und die damit verbundenen Gruppenprozesse.

2.1 Gruppenaufgaben

An erster Stelle ist zu klären, welchen Auftrag bzw. welche Aufgaben eine Gruppe bearbeiten soll. Dies beeinflusst im Zusammenspiel mit den technischen Rahmenbedingungen auch, wie eine Gruppe zusammengesetzt sein sollte bzw. welche Auswirkungen eine gegebene Zusammensetzung hat.

Insbesondere die Frage, wie Gruppenarbeit in Montagebereichen gestaltet werden sollte, hat intensive Debatten ausgelöst (vgl. Antoni & Bungard, 2004). Eine Reihe von Studien berichtet, dass Gruppen, die möglichst technisch und organisatorisch unabhängig sind und ganzheitliche Aufgaben bearbeiten, wachsende Arbeitsanforderungen besser bewältigen können, während hoher Zeit- und Leistungsdruck bei einer repetitiven, monotonen Arbeit mit geringen Handlungsspielräumen zu mehr Stress und zu Konflikten bei den Gruppenmitgliedern führen. Die systembedingt hohe Arbeitsbelastung findet sich auch bei „Nummi", einem Joint-Venture-Werk von General Motors und Toyota. Allerdings seien dort trotzdem die allgemeine Arbeitszufriedenheit, die Zufriedenheit mit der Beschäftigungssicherheit und die Beteiligung am betrieblichen Vorschlagswesen von 1987 bis 1991 gestiegen. Als Erklärung werden die Mitsprachemöglichkeiten der Mitarbeiter bei der Gestaltung der Arbeitsmethoden im Rahmen des Kaizen-Prozesses genannt, die trotz Standardisierung und hohen Leistungsforderungen zur Zufriedenheit der Mitarbeiter beitragen. Es ist anzunehmen, dass durch diese Partizipationsmöglichkeiten Mitarbeiter Kontrolle über ihren Arbeitsprozess erleben, ihre Motivation und Zufriedenheit gesteigert wird sowie Lernprozesse bei allen Beteiligten angestoßen werden.

Eine genauere Analyse dieser Frage liefert die Studie von Parker (2003). Sie untersuchte die Auswirkungen der sukzessiven Einführung von Lean Production in einem Unternehmen. Sie verglich dabei vier Beschäftigtengruppen, die mit unterschiedlichen Lean-Production-Techniken konfrontiert waren, vor und drei Jahre nach der Einführung dieser Lean-Production-Techniken:

- 77 Beschäftigte in Montageinseln, die ihre Arbeitsprozesse und -standards in Zusammenarbeit mit ihrem Vorgesetzten festlegten, der ihre Arbeiten steuerte.
- 31 Beschäftigte am Fließband, von denen drei zwar an der Austaktung des Fließbands, nicht aber an der weiteren Prozessgestaltung und Standardisierung beteiligt waren.
- 213 Beschäftigte in der übrigen Produktion, deren Arbeitsprozesse durch das Industrial Engineering vereinfacht und standardisiert wurden.
- 29 Beschäftigte, die die Produktion technisch unterstützten, bei denen sich nichts änderte und die als Vergleichs- bzw. Kontrollgruppe dienten.

Nach der Einführung von Lean Production empfanden alle Beschäftigten mit Ausnahme der Kontrollgruppe weniger Autonomie, sahen weniger Möglichkeiten, ihre Fähigkeiten bei der Arbeit einzubringen, und fühlten sich weniger dem Unternehmen verbunden. Die Beschäftigten am Fließband und in der übrigen Produktion berichteten darüber hinaus über weniger Mitsprachemöglichkeiten und waren depressiver. Die Beschäftigten am Fließband waren ferner weniger zuversichtlich, ihre Ideen erfolgreich in die Arbeit einbringen zu können. Die geringere Bindung an das Unternehmen, die geringe Zuversicht in die eigenen Gestaltungsmöglichkeiten und die höhere Depressivität der Beschäftigten können zumindest zum Teil durch die Einschränkung ihrer Autonomie und ihrer Möglichkeiten zur Mitsprache und zum Einbringen ihrer Fähigkeiten erklärt werden. Diese Ergebnisse zeigen jedoch auch, dass sich die negativen Auswirkungen von Lean Production auf die Beschäftigten vermindern lassen, wenn sie Mitsprachemöglichkeiten bei der Arbeit wahrnehmen, etwa indem sie ihre Arbeitsprozesse und -standards selbst festlegen können. Modelle der Gruppenarbeit, die alle indirekten Tätigkeiten und damit auch die Verbesserungs- und Standardisierungsprozesse bei einem Gruppenkoordinator ansiedeln, scheinen aufgrund dieser Befunde daher nicht geeignet, die negativen Auswirkungen auf die Beschäftigten von Lean Production zu vermindern.

Eine anspruchsvolle Gestaltung der Gruppenaufgaben wirkt sich jedoch nicht nur auf die Wahrnehmung der einzelnen Gruppenmitglieder aus. In einer Vergleichsstudie wurden Montagegruppen, denen komplexere indirekte Aufgaben übertragen waren und die anhand von Ziel- und Feedbacksystemen ihren Personaleinsatz selbst organisierten, mit Montagegruppen verglichen, die primär direkte Tätigkeiten ausführten und deren Personaleinsatz von Vorgesetzten gesteuert wurde. Es zeigt sich, dass die selbstorganisierten Gruppen nicht nur zufriedener mit ihren Aufgaben waren und sich stärker an das Unternehmen gebunden fühlten, sondern auch mehr Prozessinnovationen berichteten (vgl. Antoni, 2005).

2.2 Zusammensetzung der Gruppe

Die Anforderungen der Gruppenaufgabe bestimmen wesentlich, welche Kompetenzen im Sinne von Wissen, Fähigkeiten und Einstellungen die Gruppenmitglieder benötigen, um die Aufgabe bewältigen oder das Problem lösen zu können. Bei komplexen Aufgaben oder Problemlösungen sind die hierzu erforderlichen Kompetenzen in der Regel zwischen den Teammitgliedern verteilt. Ihre unterschiedliche Spezialisierung begründet in diesen Fällen wesentlich ihre Zuordnung zu einer Gruppe. Die Zusammensetzung einer Gruppe betrifft aber auch die Frage, wie homogen oder heterogen eine Gruppe bezüglich Alter, Nationalität oder anderer demografischer Merkmale ist und wie sich diese Aspekte auswirken (vgl. Lehmann-Willenbrock & Kauffeld in diesem Buch).

Bezüglich der Auswirkungen der Diversität eines Teams finden sich bislang sehr uneinheitliche Ergebnisse. Dies könnte daran liegen, dass Diversitätsmerkmale, wie z. B. Alter oder Nationalität der Teammitglieder, als Merkmale der Abgrenzung, der Ungleichheit oder der Vielfalt wahrgenommen werden und je nach Interpretation auch ganz unterschiedliche Wirkungen entfalten können (vgl. Harrison & Klein, 2007).

Abgrenzungsmerkmale spiegeln Gegensätze und Meinungsunterschiede wider, wie z. B. ein Mehr oder Weniger an Gruppenbindung, Wertorientierung oder Zufriedenheit. So könnten Teammitglieder mit bestimmten Altersgruppen bestimmte Merkmale verbinden. Typische, pauschalisierte Zuordnungen wären beispielsweise, dass ältere Mitarbeiter konservativer und weniger aufgeschlossen gegenüber Neuerungen sind als jüngere. Typische theoretische Ansätze, die Diversität im Sinne von Abgrenzung verwenden, basieren auf der Annahme, dass Ähnlichkeit anzieht und somit größere Ähnlichkeit mit weniger Konflikten und besserer Leistung verbunden ist bzw. umgekehrt Unterschiede zu mehr Konflikten und geringerer Leistung führen.

Ungleichheit bezieht sich darauf, wie unterschiedlich Ressourcen und Güter innerhalb einer Gruppe verteilt sind. Beispielsweise könnten ältere Mitarbeiter in den höheren Entgeltgruppen und Leistungspunktklassen eingestuft sein, so dass jüngere Mitarbeiter aus Kostengründen nur in die niedrigeren Entgeltgruppen und Leistungspunktklassen eingeordnet werden. Typische theoretische Ansätze basieren auf relativer Entbehrung und sagen vorher, dass eine ungleiche Verteilung der Ressourcen und Güter innerhalb einer Gruppe beispielsweise zu Wettbewerb und abweichendem Verhalten gegenüber einzelnen Teammitgliedern, aber auch zu Rückzugsverhalten und Konformität führen kann.

Vielfalt bezieht sich darauf, wie unterschiedlich die Gruppenmitglieder in ihrer Art und Weise wahrgenommen werden. Beispielsweise könnte mit älteren Mitarbeitern verbunden werden, dass sie über Erfahrungen über betriebliche Abläufe verfügen, die die fachlichen Kompetenzen jüngerer Mitarbeiter ergänzen. Typische theoretische Ansätze, die Diversität im Sinne von Vielfalt verwenden, basieren auf der Annahme, dass Teams mehr und besser Informationen verarbeiten und in bessere Entscheidungen bzw. Ergebnisse, etwa in mehr Kreativität oder Innovation, umsetzen können, wenn ihre vielfältigen Kompetenzen zu den Anforderungen der Arbeitsaufgaben bzw. der Umwelt passen.

Positive Effekte der Diversität von Gruppen sind somit dann zu erwarten, wenn bestehende Unterschiede in der Gruppe als wertvoll für die Gruppe angesehen und in die Arbeit eingebracht werden. Dies gilt insbesondere dann, wenn die Arbeitsaufgaben die Verarbeitung von Informationen und kreative und innovative Lösungen erfordern und wenn die Gruppenmitglieder für diese Aufgaben motiviert sind und die erforderlichen Fähigkeiten auch tatsächlich besitzen. Negative Effekte der Gruppendiversität entstehen, wenn die Identität der Gruppe durch wahrgenommene Bedrohungen gefährdet wird und dadurch Vorurteile hervorgerufen werden, da diese die Verarbeitung aufgabenrelevanter Informationen behindern (vgl. Van Knippenberg, De Dreu & Homan, 2004).

Für das Diversity Management lässt sich daraus ableiten, dass man zunächst Arbeitsaufgaben schaffen muss, die das Potenzial bieten, dass bestehende Unterschiede in der Gruppe für die Aufgabenbearbeitung genutzt werden können. Durch ganzheitliche Aufgaben und herausfordernde Ziele kann die hierfür erforderliche Aufgabenmotivation der Teammitglieder angeregt und ihre benötigten Fähigkeiten durch Selektion und Training gefördert werden. Durch Information und Schulung gilt es, die Wahrnehmung der Gruppe so zu beeinflussen, dass bestehende Unterschiede in der Gruppe als wertvoll für die Gruppe angesehen werden und sie für die Aufgabenbearbeitung genutzt werden.

2.3 Schulung, Ziele, Kennzahlen und Entgelt

Der Erfolg von Gruppenarbeit kann durch passende Schulungs- und Trainingsprogramme sowie teambezogene Ziel- und Kennzahlensysteme und gruppengerechte Entgeltgestaltung gefördert werden (vgl. Antoni & Bungard, 2004).

Je nachdem, welche Kompetenzen in einer bestimmten Situation gefordert sind, ergeben sich andere Anforderungen an Schulungsmaßnahmen für Teams. So müssen beispielsweise Teams, die sehr eng zusammenarbeiten müssen, gut aufeinander eingespielt sein und sich schnell und flexibel koordinieren können. In diesen Fällen kann die Teamleistung deutlich verbessert werden, wenn die Teammitglieder in den Aufgaben und Rollen ihrer Kollegen im Team theoretisch und praktisch durch einen Arbeitsplatzwechsel geschult werden. Die Teammitglieder können sich dann aufgrund der wechselseitigen Kenntnis der Aufgaben und Rollen implizit, d. h. ohne explizite Kommunikation, koordinieren und sind dadurch effektiver.

Ein weiteres typisches Beispiel für teambezogene Schulungen sind Teamentwicklungsmaßnahmen. Im Unterschied zu fachlichen Kompetenztrainings fokussieren sie auf den Teamprozess und die Zusammenarbeit der Teammitglieder. Trotz ihrer Beliebtheit in der Praxis ist ihre Wirksamkeit nicht eindeutig belegt. Zwar zeigen Teamentwicklungsmaßnahmen durchweg positive Auswirkungen auf die Wahrnehmungen und Einstellungen der Teammitglieder, fraglich ist jedoch, wie sie sich auf das tatsächliche Verhalten der Teammitglieder und die Gruppenleistung auswirken. Unterscheidet man zwischen objektiven und subjektiv eingeschätzten Leistungsmaßen, zeigt sich nur bei den subjektiven eine kleine signifikante Leistungsverbesserung. Fragt man, welche Art von Training am ehesten zu Veränderungen führt, so scheinen Rollenklärungen am erfolgversprechendsten. Je stärker eine Teamentwicklungsmaßnahme die Klärung der Rollen in den Mittelpunkt stellt, desto stärker wirkt sich das Training auf objektive und subjektive Leistungsmaße aus.

Neben den erforderlichen Kompetenzen bilden passende Ziel- und Informationssysteme die Grundlage für die wirkungsvolle Selbststeuerung und arbeitsimmanente Lernprozesse der Gruppe. Gruppen können – ähnlich wie Einzelpersonen – höhere Leistungen erzielen, wenn ihnen schwierige spezifische Ziele gesetzt werden und sie hierzu ein differenziertes möglichst aufgabenimmanentes Leistungsfeedback erhalten. Ohne verständliche und zeitnahe Information über relevante Planungsgrößen und Leistungskennzahlen können sich Gruppen weder selbst regulieren, noch können sie im Rahmen von Zielsetzungssystemen wirkungsvoll geführt werden. Das Setzen oder Vereinbaren von Zielen und die Entwicklung, Messung und Rückmeldung entsprechender Kennzahlen stehen daher im Mittelpunkt unterschiedlicher Managementansätze – wie dem in Unternehmen weit verbreiteten Konzept der Balanced Scorecard – sowie von Zielvereinbarungsansätzen und dem partizipativen Produktivitätsmanagement.

Das partizipative Produktivitätsmanagement, dessen positive Auswirkungen auf die Produktivität inzwischen zahlreiche Studien belegen, hebt sich von anderen Ansätzen dadurch ab, dass nicht nur die Ziele zwischen der Gruppe und dem Vorgesetzten vereinbart werden, sondern bereits die Entwicklung der Kennzahlen partizipativ erfolgt. Ferner wird für jede Kennzahl eine Bewertungs- bzw. Nutzenfunktion festgelegt, die verdeutlicht, welchen Beitrag eine bestimmte Ausprägung einer Kennzahl für ihre Produktivität leistet.

Da Beschäftigte neben Teamzielen auch dazu komplementäre oder kompetitive individuelle Ziele verfolgen können, stellt sich die Frage, wie sich individuelles und gruppenbezogenes Feedback allein oder in Kombination auf die Setzung, Verfolgung und Erreichung individueller und Gruppenziele auswirkt. Der für die Praxis sehr relevante Fall, dass individuelle und Teamziele zwar inhaltlich miteinander kompatibel sind, aber um die Ressourcen für ihre Bearbeitung konkurrieren, wurde in einer Studie untersucht. Es zeigte sich, dass Teammitglieder, die nur individuelles Leistungsfeedback erhalten, sich unrealistisch hohe Teamziele setzen, da ihnen die Rückkopplung zur angemessenen Festlegung der Ziele fehlt. Sie konzentrierten ihre Anstrengungen auf die Erreichung ihrer individuellen Ziele und zeigen die höchste individuelle Leistung. Umgekehrt richten Teammitglieder, die nur Teamfeedback erhalten, ihre Anstrengungen auf die Erreichung ihrer Teamziele und zeigen die höchste Teamleistung. Teamziele und Teamleistung weisen in diesem Fall die größte Passung auf. Erhalten Teammitglieder individuelles und Teamfeedback, scheinen sie diese für ihre Handlungsregulation nicht optimal nutzen zu können. Warum dies der Fall ist, ist jedoch noch unklar (vgl. DeShon, Kozlowski, Schmidt, Milner & Wiechmann, 2004).

Gruppenarbeit kann durch ein gut gestaltetes Belohnungssystem unterstützt oder durch ein schlecht gestaltetes System behindert werden. Das materielle und immaterielle Belohnungssystem eines Unternehmens muss passend zu den Anforderungen gestaltet werden, die sich aus der Arbeitsorganisation, aber auch aus der strategischen Ausrichtung des Unternehmens ergeben. Da bei Gruppenarbeit eine wechselseitige Abhängigkeit der Gruppenmitglieder bei der Aufgabenausführung und der Zielerreichung besteht, gilt es auch, die Gruppenleistung zu belohnen, um auf diese Weise die Kooperation in der Gruppe zu stärken; am besten, indem die Gruppenmitglieder einen engen Zusammenhang zwischen ihrer Gruppenleistung und der Belohnung wahrnehmen. Viele Unternehmen verbinden aus diesem Grund ihre Zielvereinbarungssysteme mit einer Prämie für den Zielerreichungsgrad. Bisweilen werden zusätzlich das individuelle Verhalten und die individuelle Leistung der Teammitglieder bewertet und als zusätzliche Entgeltkomponente bezahlt oder zur individuellen Differenzierung der Teamprämie herangezogen, um den Beitrag des Mitglieds zum Teamerfolg oder Leistungen außerhalb des Teams zu belohnen. Eine zu starke Belohnung individuellen Leistungsverhaltens kann jedoch die erforderlichen Kooperationsprozesse hemmen und zu Konflikten in der Gruppe führen. Insbesondere bei Gruppen, deren Mitglieder ein unterschiedliches Kompetenzniveau und Leistungsverhalten aufweisen, können soziale Vergleichsprozesse allerdings auch zu Konflikten führen, wenn zwischen den Kompetenzen und dem Verhalten der Gruppenmitglieder nicht differenziert wird. Eine fehlende Differenzierung kann hier als unfair erlebt werden und auf diese Weise zu Konflikten führen. Es geht daher nicht um die Frage, ob individuelle oder gruppenbezogene Belohnung förderlich ist, sondern wie diese beiden Komponenten am wirkungsvollsten miteinander verbunden werden können (vgl. auch Ross in diesem Buch).

2.4 Führung von Gruppen

Zielvereinbarungen und Feedback können ein wirkungsvolles Führungs- und Motivationsinstrument sein. Dies verlangt jedoch von einem Vorgesetzten, dass er in der Lage und willens ist, mit seinen Gruppen auch tatsächlich Ziele zu vereinbaren, mit ihnen den Grad der Zielerreichung zu besprechen und sie bei Bedarf zu unterstützen. Das gilt umso mehr, wenn die Zielerreichung entgeltwirksam ist.

Wie wichtig es ist, dass sich Mitarbeiter auch bei selbstorganisierter Teamarbeit von ihrem Vorgesetzten unterstützt fühlen, zeigt sich in einer Untersuchung von Griffin, Patterson und West (2001): Die wahrgenommene Unterstützung durch den Vorgesetzten beeinflusste die Arbeitszufriedenheit der Teammitglieder stärker als der von der Gruppe wahrgenommene Handlungsspielraum. Dies führte zu gegenläufigen Effekten: Je mehr sich der Handlungsspielraum von Gruppen vergrößerte und in gleichem Maße die wahrgenommene Unterstützung durch den Vorgesetzten abnahm, desto geringer war die Arbeitszufriedenheit der Gruppenmitglieder. Daraus folgt, dass Führungskräfte insbesondere bei der Erweiterung der Teamaufgaben und der Übertragung von Entscheidungskompetenzen darauf achten sollten, dass Gruppenmitglieder sich nicht überfordert und alleingelassen fühlen oder den Eindruck gewinnen, dass Probleme auf sie abgeschoben werden. Dies gilt umso mehr, als nicht nur die Zufriedenheit, sondern auch die Leistung des Teams dadurch beeinflusst werden kann. So fanden Hyatt und Ruddy (1997) bei der Analyse von Servicegruppen positive Zusammenhänge zwischen der

Unterstützung durch Vorgesetzte und der Teamleistung und zwar nicht nur gemessen am Vorgesetztenurteil, sondern auch an objektiven Leistungskriterien.

Je nachdem, welche Anforderungen an Teams gestellt werden, ist auch unterschiedliches Führungsverhalten gefordert. Werden von Teams kreative Problemlösungen und Innovationen erwartet, wie etwa von Forschungsteams, können Vorgesetzte insbesondere durch inspirierende Ideen und intellektuelle Stimulierung die Teamleistung verbessern, was auch als transformationale Führung bezeichnet wird. Steht dagegen die Verbesserung bestehender Produkte oder Abläufe im Vordergrund, kommt es stärker darauf an, dass der Vorgesetzte auf die Einhaltung der Ziele und Standards achtet, was auch als aufgabenorientierte Führung bezeichnet wird (vgl. Keller, 2006). Die Frage, wie ein Vorgesetzter ein Team am besten führen soll, kann somit nicht generell beantwortet werden, sondern hängt insbesondere von den Anforderungen ab, die an ein Team gestellt werden (vgl. auch Beulker & Freudling in diesem Buch). Weitere Einflussfaktoren sind beispielsweise die Fähigkeit der Teammitglieder oder inwieweit die Arbeitsaufgaben intrinsisch motivieren.

Mit seinem Führungsverhalten beeinflusst der Vorgesetzte die Einstellungen und das Verhalten der Teammitglieder in und zu der Gruppe, beispielsweise ihre Überzeugung hinsichtlich der Leistungsfähigkeit des Teams, ihre Bindung an die Aufgaben, ihren Stolz, Mitglied zu sein, und ihren Zusammenhalt untereinander. Diese Einstellungen und die Interaktionsprozesse im Team beeinflussen wiederum die Ergebnisse der Gruppen.

2.5 Gruppenprozesse

Gruppenarbeit kann auch negative Auswirkungen haben. Darauf machen nicht nur Witze wie „TEAM = Toll: Ein Anderer Macht's", sondern vor allem sozialpsychologische Forschungsergebnisse aufmerksam. Trittbrettfahrer-Effekte (ein Teammitglied tut weniger, weil es glaubt, dass die Leistung der anderen zur Erreichung des Gruppenziels genügt) und andere Prozessverluste treten verstärkt bei wachsender Gruppengröße, schlecht definierten bzw. bewertbaren oder als unwichtig angesehenen Aufgaben auf. Gruppenarbeit kann auch zu Prozessgewinnen führen, wenn stärkere die Leistung schwächerer Teammitglieder kompensieren wollen, weil ihnen der Teamerfolg sehr wichtig ist, oder wenn schwächere Teammitglieder ihre Arbeitsleistung als unverzichtbar für den Gruppenerfolg ansehen und sich deshalb besonders anstrengen (vgl. Hertel, Kerr & Messé, 2000).

Inwieweit Teammitglieder gemeinsame Ziele verfolgen, versuchen, hohe Leistungsstandards zu erreichen, sich bei der Arbeit und der Umsetzung von Prozessverbesserungen unterstützen und dabei miteinander offen kommunizieren, prägt das Klima in einer Gruppe. Eine Vielzahl von Untersuchungen belegt die Bedeutung des Teamklimas für die Effektivität und die Innovationsfähigkeit von Teams (vgl. West & Anderson, 1996). Ein für Innovation förderliches Teamklima kann wiederum durch komplexe Aufgaben und Entscheidungsspielräume bzw. durch hohe Innovationsanforderungen und kleine Gruppengrößen gefördert werden (vgl. Antoni, 2005; Curral, Forrester, Dawson & West, 2001).

Zusammenhänge finden sich, wie oben angesprochen, auch zwischen der Gruppenkohäsion und der Gruppenleistung, insbesondere wenn Verhaltens- und nicht Ergebniskriterien gemessen werden und je stärker die Gruppenaufgaben eine wechselseitige Zusammenarbeit erfordern (vgl. Beal, Cohen, Burke & McLendon, 2003). Ähnliches gilt für die kollektive Überzeugung der Teammitglieder, ihre Aufgaben erfolgreich bewältigen zu können (vgl. Gully, Incalcaterra, Joshi & Beaubien, 2002).

Die Kommunikation und Zusammenarbeit im Team und dadurch auch die Gruppenleistung können auch durch ein gemeinsames Verständnis der Arbeitsaufgaben, -prozesse und -rollen im Team verbessert werden (vgl. Austin, 2003). Dies kann durch gemeinsame Planung im Team, aber auch durch Teamcoaching, Schulungsmaßnahmen und ein teamförderliches Arbeitsumfeld erreicht werden (vgl. u. a. Henkel & Hecker in diesem Buch).

3 Fazit

Um Gruppenarbeit wirkungsvoll zu gestalten, muss eine Vielzahl von Aspekten beachtet werden. Dies beginnt mit der Festlegung möglichst ganzheitlicher Gruppenaufgaben oder, falls nicht möglich, zumindest mit der Beteiligung der Gruppenmitglieder an der Gestaltung ihrer Arbeitsprozesse und -standards. Die Anforderungen der Arbeitsaufgaben müssen bei der Zusammenstellung der Teammitglieder beachtet bzw. umgekehrt müssen bei gegebener Teamzusammensetzung die Aufgaben den Kompetenzen entsprechend gestaltet und weiterentwickelt werden. Damit Teammitglieder auch voneinander lernen können, müssen die bestehenden Unterschiede als Chancen und Ressourcen wahrgenommen werden. Dies verweist auf die Bedeutung von Schulungs- und Teamentwicklungsmaßnahmen und arbeitsimmanente Lern- und Selbstorganisationsprozesse, die durch teambezogene Ziele und entsprechende Kennzahlen ermöglicht und durch Zielerreichungsprämien belohnt werden können. Gruppenziele und entsprechende Kennzahlensysteme ermöglichen es, Gruppen durch Zielvereinbarungen zu führen. Dieser ziel- und aufgabenorientierte Führungsstil ist insbesondere für Gruppen angemessen, die wiederkehrende Aufgaben und Prozessverbesserungen erarbeiten, um die Gruppenprozesse auf die Zielerreichung zu fokussieren. Je stärker kreative Problemlösungen von Gruppen erwartet werden, umso stärker sind Vorgesetzte gefordert, die Teams zu inspirieren und intellektuell zu stimulieren, um neue Aspekte in den Arbeitsprozess der Gruppe einzubringen und ein innovationsförderliches Klima zu schaffen. Die Einführung und Weiterentwicklung von Gruppenarbeit erfolgt dabei in einem Spannungsfeld unterschiedlicher Interessengruppen. Gelingt es nicht, die Akzeptanz und Unterstützung für Gruppenarbeit in verschiedenen Interessengruppen und einer breiteren Zahl von Meinungsbildern zu verankern, sondern konzentrieren sie sich auf einzelne Machtpromotoren, kann es bei personellen Wechseln zu erheblichen Rückschlägen oder gar zur völligen Abkehr von der Gruppenarbeit kommen. Die Einführung und Weiterentwicklung von Gruppenarbeit ist somit als langfristiger Organisationsentwicklungsprozess zu begreifen, der die Unternehmenskultur tiefgreifend verändert.

Winfried Hacker, *Technische Universität Dresden*

Zeitweilige Gruppenarbeit für Prozessinnovationen: Grundlagen, Organisation und Wirkungen

1 Zeitweilige Problemlösungsarbeit in Gruppen

Gruppenarbeit hat viele Formen: Neben dem ständigen Ausführen der Arbeitsprozesse in physischen oder virtuellen Gruppen unterschiedlicher Organisationsformen können Gruppen auch zeitweilig in zusätzlichen Aufgaben neben ihren Basisarbeitsprozessen tätig sein. Das können beispielsweise spezifische Arbeits- und Gesundheitsschutzaufgaben sein, an denen Gesundheitszirkel arbeiten, oder Rationalisierung- bzw. Innovationsgruppen im Sinne von Qualitätszirkeln zur Identifikation, Lösung und Verwirklichung von Verbesserungen in den Basisarbeitsprozessen. Weil es dabei erforderlich ist, zunächst Verbesserungsmöglichkeiten überhaupt zu erkennen und danach bislang unentdeckte Lösungen zu finden und vor allem zu verwirklichen, sind die Hauptanforderungen bei dieser Form von zeitweiliger Gruppenarbeit anspruchsvolle Denkanforderungen, nämlich Problemfindungs- und Problemlösungsanforderungen.

Dieser Beitrag behandelt die zeitweilige Face-to-face-Kleingruppenarbeit mit vorwiegenden Problemidentifikations- und Problemlösungsanforderungen. Probleme bezeichnen dabei Aufgaben, für die weder eine Lösung oder Lösungsrichtung noch der geeignete Weg zur Lösung bekannt sind.

Im Unterschied zur Entwicklung von Produktinnovationen werden dabei vorzugsweise Prozessinnovationen für die Arbeitsprozesse der Beteiligten gesucht. Eine bewährte Organisationsform dieser zeitweiligen Arbeitsgruppen ist der Aufgabengabenbezogene Informationsaustausch (AI) (vgl. Hermann, 1986; Neubert & Tomczyk, 1986; Wetzstein, Ishig & Hacker, 2004; Wetzstein, Jahn & Hacker, 2003; Wetzstein, 2004).

Zu den wirtschaftlich ausschlaggebenden Besonderheiten dieses Aufgabenbezogenen Informationsaustauschs gehört, dass nicht lediglich Prozessinnovationen ausgedacht, sondern auch selbst erprobt, erforderlichenfalls korrigiert und verwirklicht werden. Daraus bezieht diese Form der Gruppenarbeit ihre im Prozessverlauf wachsende Motivation.

2 Voraussetzungen der Arbeit zeitweiliger Problemlösegruppen

Zu den Voraussetzungen von Gruppenarbeit – soweit es die in diesem Beitrag behandelten zeitweiligen Problemlösegruppen betrifft – gehören:

- Arbeitsaufträge, die das hier erörterte Integrieren heterogener Wissensbestände und Sichtweisen mehrerer Experten erfordern
- eine Unternehmenskultur, die diese Gruppenarbeit ermöglicht, beispielsweise bezüglich der Akzeptanz von Gruppenentscheidungen durch Vorgesetzte oder hinsichtlich des Umgangs mit Minderheitenvoten
- Gewähren von Trainingsmöglichkeiten für Gruppenarbeitsprozesse für die Beteiligten (Gruppenarbeit muss erlernt werden)
- Verfügbarkeit geeigneter Moderation der Gruppenprozesse

Die ausschlaggebende Variable, die den Nutzen der Gruppenarbeit bestimmt, ist der Auftrag.

3 Arten geistiger Arbeitsaufträge und Gruppenarbeit

In der Gruppenforschung liegen sehr unterschiedliche Ergebnisse zum Nutzen der Gruppenarbeit vor, die insbesondere von den unterschiedlichen Auftragsarten herrühren. Vorzugsweise drei Auftragsarten wurden bisher untersucht. Diese Auftragsarten unterscheiden sich in ihrer praktischen Relevanz für den Arbeitsalltag. Hauptsächlich untersucht wurden die nachfolgenden Auftragsarten.

a. Gruppenarbeit zur Erzeugung unbewerteter Ideen

Das Erzeugen möglichst vielfältiger Ideen zunächst unabhängig von ihrer Umsetzbarkeit, d. h. ohne Bewertung, ist ein altes Untersuchungsfeld. Dazu wurde gezeigt und erklärt, dass und warum Gruppenarbeit in so genannten Brainstorming-Gruppen wesentlich unergiebiger ist als getrenntes, individuelles Arbeiten und nachträgliches Zusammenführen dieser Ideen (Nominalgruppentechnik). Die Effektivität von Gruppen ist hier „eine Illusion“ (vgl. Diehl & Stroebe 1987, 1991; Nijstad, Stroebe & Lodewijkx, 1999; Stroebe, Diehl & Abakoumkin, 1992; Stroebe & Diehl, 1994).

b. Gruppenarbeit zur Entscheidung zwischen vorgelegten Alternativen

Wenn Gruppenentscheidungen zwischen zwei oder mehreren Alternativen gefällt werden müssen, verfehlt die Mehrzahl der Gruppenmitglieder die korrekte Alternative aufgrund ungenügenden Austauschs für die nicht gemeinsamen (nicht geteilten) Informationen zu Gunsten der gemeinsamen und sowie aufgrund eines Bewertens der individuellen Informationen in Abhängigkeit von Bevorzugungen. Es kommt zu einem falschen Konsens der Gruppe über eine suboptimale Lösung. Dieses Phänomen wird als „Hidden-profile-Effekt“ behandelt. Einige Reduktionsmöglichkeiten dieser Fehlerquellen sind bekannt (vgl. Greitemeyer & Schulz-Hardt, 2003; Schulz-Hardt, 2002; Schulz-Hardt, Jochims & Frey, 2002; Stasser, Stewart & Wittenbaum, 1995). Das Vermeiden dieser Fehlerquellen mit Hilfe geeigneter Moderation vermag diesen – für sich allein genommen alltagsfernen – Aufgabentyp zu verbessern.

c. Alltagsrelevante Gruppenarbeit zur Identifikation von Problemen sowie zur Ableitung und gemeinsamen Umsetzung von Lösungsmaßnahmen

In der Alltagspraxis einschließlich der Wirtschaftspraxis ist diese Auftragsart von besonderem Interesse. Das bloße Sammeln von Ideen (Auftragstyp a) ist bestenfalls ein unselbstständiger Arbeitsschritt in diesem Auftrag. Das gleiche gilt für das Entscheiden über vorgelegte Alternativen mit teilweise unterschiedlichen Informationen der einzelnen Gruppenmitglieder (Auftragstyp b).

Gerade die praktisch interessante Auftragsart, bei der sich also zunächst die Beteiligten als Arbeitsvoraussetzung alle verfügbare Information zugänglich machen und bei der nicht lediglich Ideen ohne weitere Konsequenzen zu erzeugen sind, sondern gemeinsam verantwortete Lösungen entwickelt und umgesetzt werden müssen, ist leider selten untersucht (Beispiele finden sich u. a. bei Neubert & Tomczyk, 1986; Tschan, 1995, 2001; Tschan, Semmer, Nägele & Gurtner, 2000; Tschan & Semmer, 2001; Wetzstein, 2004).

Im Weiteren interessiert wegen seiner praktischen Relevanz der zuletzt genannte Aufgabentyp und insbesondere interessieren die Möglichkeiten zu seiner optimalen Abwicklung. Was sind seine Besonderheiten?

4 Besonderheiten des Aufgabentyps „Entwurfsproblemlösen einschließlich Maßnahmenumsetzung" in Gruppen

Beim Entwurfsproblemlösen geht es um das Identifizieren von Veränderungsbedarf sowie das Entwerfen, Erproben und Umsetzen der Lösungen beim Entwickeln neuer Produkte und Prozesse:

1. Nicht selten sind dazu verschiedenartige Erfahrungen, Kenntnisse, Fertigkeiten und Fähigkeiten erforderlich, wozu das Zusammenarbeiten mehrerer Experten aus verschiedenen Fachgebieten mit verschiedenartiger Expertise unerlässlich ist (horizontale Heterogenität der Gruppenzusammensetzung). Das Verwirklichen der Lösungen sowie häufig auch das Beschaffen fehlender Informationen (z. B. das Anordnen zusätzlicher Messungen, Experimente oder Probeläufe) erfordern in der Regel die Teilnahme von Weisungsberechtigten (Vorgesetzten) (vertikale Heterogenität).
2. Es geht nicht oder zumindest nicht allein darum, möglichst viele unbewertete unterschiedliche Ideen zu erzeugen, sondern in gemeinsamer Verantwortung arbeitsteilig – genauer wegen der unterschiedlichen einzubeziehenden Fachgebiete funktionsteilig – ein Problem bis zur Umsetzung zu lösen.
3. Individuelle Lösungen des Gesamtproblems sind aufgrund der individuell unvollständigen Wissens- und Könnensvoraussetzungen unmöglich. Die heterogenen Könnensbereiche und Lösungsbeiträge müssen gemeinsam zu einer Gesamtlösung integriert werden.
4. Die Gruppenmitglieder können nicht nach individuellen Nutzen-Kosten-Kalkulationen über ihre Mitarbeit und deren Beendigung entscheiden, sondern die funktionierende Lösung markiert die Beendigung der Gruppenarbeit.
5. Aufgrund der heterogenen Expertise (z. B. bei einer Gruppe aus Mechanikern, Elektronikern, Chemikern, Hydraulikern) ist das Wissen, über das nur ein Gruppenmitglied verfügt, nicht lediglich deshalb weniger relevant als Wissen, über das alle verfügen (geteiltes Wissen). Der Einzelexperte ist umgekehrt gerade wegen seines singulären Wissens für die Gruppenlösung unersetzlich und auch wegen dieser Expertise Mitglied der Gruppe. Die Mechanismen der Hidden-profile-Effekte sind also nicht relevant.
6. Beim Entwurfsproblemlösen wird fehlende Information beschafft oder erzeugt – z. B. durch Erprobungen. Funktionsfähige Gestaltungslösungen sind nicht ohne Informationen erzeugbar. Bei Unklarheiten werden reale und virtuelle Erprobungen, Messungen oder Experimente zum Beschaffen fehlender Information erforderlich.

7. Weil zur erfolgreichen Lösung eines folgenreichen Problems – z. B. das Beheben eines Defekts im Kühlsystems eines Kernkraftwerkes – die richtige Lösung unerlässlich ist, liegt es auf der Hand, dass bei verschiedenen Maßnahmenvorschlägen aufgrund unterschiedlicher Wissensvoraussetzungen weder eine Mehrheitsentscheidung noch eine Kompromisslösung zur Wahrheit führen kann.

Drastisch vereinfacht: Wenn bei der Aufgabe „3 x 3“ ein Gruppenmitglied für 9 und drei weitere für 10 plädieren, verhilft nur lösungswegkritische Neubearbeitung durch die Gruppe, also weder Abstimmung („mehrheitlich 10“) noch eine Mittelwertbildung („9,7“), zur richtigen Lösung.

5 Wie muss kooperatives Entwurfsproblemlösen organisiert sein?

Vereinfachend gilt es vor allem, durch geeignete Vorkehrungen mögliche Leistungsverluste durch Gruppenarbeit („Gruppenverluste“) zu minimieren und die Vorteile bzw. Gewinne durch Gruppenarbeit zu realisieren.

Verluste bei realer Gruppenarbeit entstehen bekanntlich aus

- formalen Ursachen (beispielsweise der exponentiellen Zunahme möglicher Kommunikationspfade mit der Anzahl der Gruppenmitglieder bei gleichzeitig abnehmendem Anteil der tatsächlich genutzten), damit zusammenhängend
- motivationalen Ursachen (z. B. so genanntem sozialen Faulenzen bei ungenügender Erkennbarkeit eigener Beiträge im Gesamtergebnis der Gruppe, die umso geringer ist, je größer diese Gruppe ist). Der Ringelmanneffekt beschreibt die Zunahme von Gruppenverlusten mit der Gruppengröße (vgl. Zysno, 1998).
- kognitiven Ursachen (z. B. die gleichfalls mit der Gruppengröße steigenden Konzentrations- und Gedächtnisanforderungen beim gleichzeitigen Aufnehmen, Verarbeiten und Behalten der Beiträge anderer und dem Ableiten eigener Überlegungen zu diesen Beiträgen).

Gruppengewinne sind bei individuell nicht lösbaren interdisziplinären Problemen offensichtlich: Lösungsmöglichkeiten entstehen erst durch Kooperationen (vgl. Witte & Sack, 1999).

Erfolgreiche kooperative Lösungen interdisziplinärer Probleme vom Typ der Diagnose, Maßnahmenfindung und Maßnahmenverwirklichung bedürfen einer (1) hybriden Organisationsform mit (2) optimal moderierter Abwicklung und (3) optimaler Gruppengröße. Nur auf diese Weise können Gruppenverluste vermieden und Gruppengewinne realisiert werden.

Die *hybride Organisationsform* bezeichnet das phasenweise Kombinieren von *tatsächlicher Gruppenarbeit* bei der Auftragsübernahme und Auftragsklärung sowie bei der Integration artteilig erarbeiteter individueller Beiträge mit *Einzelarbeit* zu disziplinären Auftragsteilen im Auftrage der und für die Gruppe sowie mit Kooperation im Sinne der

Nominalgruppentechnik. Bei dieser werden die Beiträge individuell entwickelt, von einem Moderator ohne Veränderungen zusammengestellt und erforderlichenfalls identische Beiträge dabei ausgesondert. Diese Technik vermeidet als Einzelarbeit Gruppenverluste; eine Gruppenleistung liegt als „nominelles" Syntheseergebnis vor.

Die zweckmäßige *Moderation* betrifft zweierlei – zum Ersten die geeignete phasenabhängige Organisation der hybriden Arbeitsabwicklung. Zum Zweiten sichert die Moderation mit Hilfe der in Gruppenarbeitstechniken bewanderten, aber inhaltlich naiven Moderatoren/-innen die optimale Wahl der Kooperationsweisen in den Realgruppenphasen und deren zweckmäßige Abfolge (z. B. das Sammeln von Beiträgen vor der Bewertung oder das zunächst individuelle Entwickeln von Argumenten für sich allein vor dem Mitteilen und Diskutieren). Durch die optimale Moderation werden formal, motivational und kognitiv bedingte Gruppenverluste weitestgehend ausgeschlossen.

Die optimale *Gruppengröße* ist abhängig vom jeweiligen Auftrag. Es gibt keine allgemeingültige Mitgliederzahl. Bezogen auf den jeweiligen Auftrag muss die Gruppengröße so groß wie für den Auftrag nötig und so klein wie möglich sein. Damit wird der erwähnten Abhängigkeit der Verluste bei Real- gegenüber Nominalgruppen von der Mitgliederzahl, also dem Ringelmanneffekt, Rechnung getragen.

6 Praktisches Vorgehen

Ein theoretisch fundiertes und vielfach praktisch bewährtes Verfahren, das die dargelegten nützlichen Vorgehensweisen integriert, ist der erwähnte Aufgabenbezogene Informationsaustausch (vgl. Neubert & Tomczyk, 1986; Hermann, 1986; Wetzstein, Jahn & Hacker, 2003; Wetzstein, 2004; Wetzstein, Ishig & Hacker, 2004; Ishig, Looks & Melzer, 2007; Kurzdarstellung in Sonntag & Schaper, 2006).

Das AI-Verfahren eignet sich zur Bearbeitung von Aufträgen sowohl aus einem Betrieb, das heißt ohne externe Partner, als auch überbetrieblich, das heißt mit externem Partner, beispielsweise als Kunden und Lieferanten (vgl. Wetzstein, Oberkirch & Schumann, 2003). Es handelt sich dabei um ein Gruppenverfahren zur Ermittlung von Verbesserungsbedarf, zum Entwickeln und Auswählen von Lösungen und der Realisierung der erforderlichen Maßnahmen. Das Verfahren vereint kooperative Diagnose-, Problemlöse- und Lernprozesse.

Die Gruppen sind aufgabenbezogen hinsichtlich der Erfahrungsbereiche der Mitglieder und ihrer hierarchischen Zuständigkeiten heterogen zusammengesetzt aus Fachleuten unterschiedlicher Gebiete, aus Mitarbeitern und weisungsberechtigten Vorgesetzten. Ein Unabhängiger moderiert den Gruppenprozess. In der Regel arbeiten die Gruppen einmal wöchentlich für ca. 90 Minuten zusammen. Wie im vorigen Abschnitt erörtert, wird dabei ein hybrider, mehrstufiger Kleingruppenprozess mit optimaler Moderation verfolgt. Abbildung 1 zeigt den Zyklus von Problemidentifikation, -bearbeitung und laufender Lösungsumsetzung in vertikal und horizontal heterogenen, freiwilligen, zeitweiligen Arbeitsgruppen und hybriden (individuellen, Nominal-, Realgruppen-) Arbeitsformen.

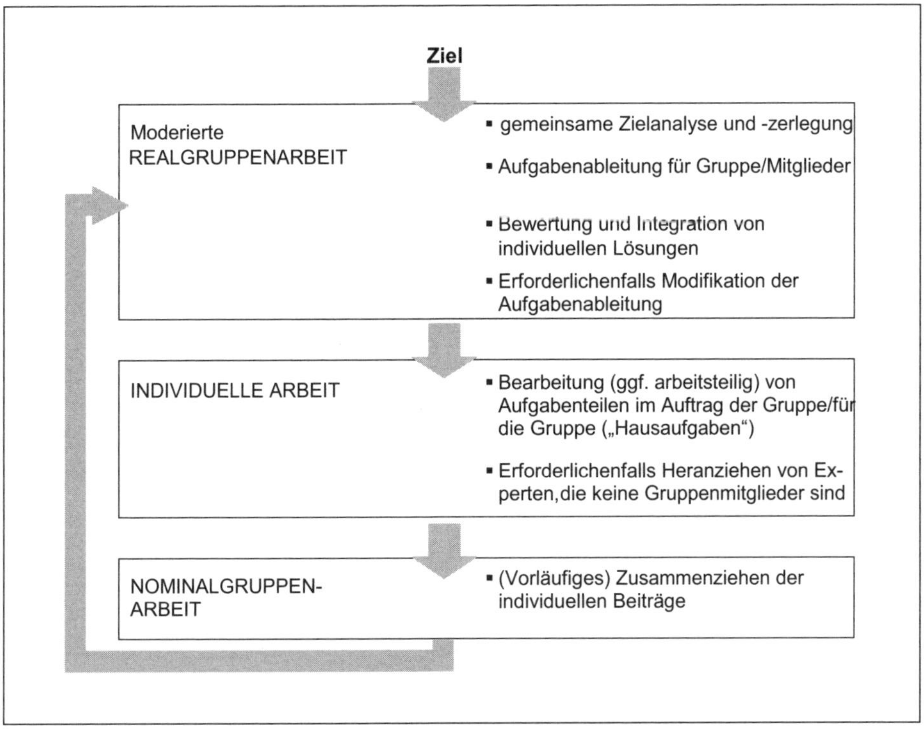

Abbildung 1: Aufgabenbezogener Informationsaustausch: Iterativer Zyklus in zeitweiligen Arbeitsgruppen und hybriden Arbeitsformen

Die Ergebnisse werden dokumentiert und bei Realisierungsreife laufend mit Hilfe der Weisungsberechtigten umgesetzt. Zwischen den zeitlich kurzen Gruppensitzungen bearbeiten Teilnehmer bei Bedarf Aufträge der Gruppe zur vertieften Informationsbeschaffung oder zur Umsetzung von Lösungen und berichten darüber in weiteren Sitzungen. Die Bearbeitung der nach Dringlichkeit geordneten Aufgaben kann je nach Komplexität und Anzahl auch eine größere Anzahl von Treffen über einen längeren Zeitraum erfordern. Neben den sachlichen Ergebnissen entsteht durch das Lernen von Fachleuten voneinander bei den Teilnehmern in der Regel Könnensverbesserung.

Das Vorgehen bewährt sich nicht nur in Großbetrieben und in KMU, sondern bei geeigneter Vorarbeit mit den Eigentümern auch in Kleinstunternehmen (vgl. Ishig, Looks & Melzer, 2007).

Erhebliche objektive wirtschaftliche sowie soziale Gewinne wurden mit dem Vorgehen erzielt. Sie betreffen u. a. Qualitätsverbesserungen, Reduktionen von Bearbeitungs- und Wartezeiten (vgl. Neubert & Tomczyk, 1986; Hermann, 1986; Wetzstein, Oberkirsch & Schumann, 2003), die Verringerung logistischer Kosten (vgl. Ishig, Looks & Melzer, 2007) oder die Verbesserung von Arbeitsmitteln wie Arbeitsplatzinformationssystemen in hochautomatisierten Technologien (vgl. Hacker, von der Weth, Ishig & Luhn, 2005).

Simone Kauffeld & Nale Lehmann-Willenbrock,
Universität Braunschweig

Teamdiagnose und Teamentwicklung

1 Anlässe zur Teamentwicklung

Durch die Flexibilitätsanforderungen an moderne Organisationen werden zunehmend gruppenorientierte Arbeitsformen erforderlich (vgl. West, 2004). Teams sind komplexe, dynamische und anpassungsfähige Systeme (vgl. McGrath, Arrow & Berdahl, 2000). Sie verändern sich über die Zeit und in Abhängigkeit vom umgebenden Kontext; die Interaktionen im Team und zwischen Teammitgliedern und ihrer Umgebung führen zu komplexen Veränderungsprozessen (vgl. Ilgen, Hollenbeck, Jonson & Jundt, 2005). Im Idealfall kann sich ein Team an diese ständigen Veränderungen anpassen und seine Umwelt aktiv mitgestalten. Gut funktionierende Teamarbeit ist aber nicht selbstverständlich; Arbeitsgruppen werden nicht einfach nur gegründet und erbringen dann automatisch hohe Leistungen (vgl. Hackman, 1998; Kauffeld, 2004; Stumpf & Thomas, 2003). Immer mehr Unternehmen erkennen dies und investieren deshalb zunehmend in Maßnahmen zur Teamreflexion und Teamentwicklung (vgl. Kauffeld, 2001).

Zu den typischen Schwierigkeiten, die Anlass für Teamentwicklungsmaßnahmen bieten können, zählen u. a. die Folgenden (nach Comelli, 2003; Kauffeld, 2001; West, 2004):

- Dem Team fehlen Regeln oder Strukturen wie eine eindeutige Rollenverteilung oder klare gemeinsame Ziele. Um das Teamgeschehen von der Meta-Ebene aus zu betrachten, sind „Regular Formal Reviews“ (vgl. West, 2004) geeignet. Im Fokus dieser regelmäßigen Interventionen können die Team-Erfolge und Schwierigkeiten in den letzten sechs Monaten, ein Review der Teamziele und ihres Erreichungsgrads oder die Qualität der Team-Kommunikation stehen.
- Durch mangelnde Kommunikation zwischen den Teammitgliedern entstehen Missverständnisse oder Konflikte, die die Zusammenarbeit erschweren und die Effektivität des Teams verringern. Eine Teamentwicklung kann einen geeigneten Rahmen für die Vermittlung von Kommunikations- und Konfliktbewältigungskompetenzen bieten.
- Das Team unterliegt negativen gruppendynamischen Prozessen, derer sich die Teammitglieder nicht bewusst sind, die sie also auch nicht beeinflussen können. „Social Process Interventions“ (vgl. West, 2004) konzentrieren sich auf die interpersonalen Beziehungen, die soziale Unterstützung, das Teamklima, die Unterstützung für die Entwicklung der Fähigkeiten der Teammitglieder oder die Konfliktbewältigung mit dem Ziel, ein positives soziales Klima zu schaffen und das Wohlbefinden der Teammitglieder zu sichern.
- Dem Team fehlen unterstützende Techniken wie Moderation oder Metaplan für eine effiziente Teamarbeit. Im Rahmen eines Moderationstrainings im Team können diese Techniken vermittelt und erprobt werden (vgl. Frieling, Kauffeld, Grote & Bernard, 2000).
- Aufgrund von innerbetrieblichen Umstrukturierungen oder Fusionen werden Teams neu gebildet, die in kurzer Zeit gut zusammenarbeiten müssen. Teamentwicklung in diesem Zusammenhang ist eher präventiv („Team-Building“). West (2004) nennt in diesem Zusammenhang „Team-Start-up“-Interventionen, die einem

neu gebildeten Team helfen können, Ziele, Strategien, Vorgehen und Rollen zu klären.

- Wenn ein Problem schon im Vorfeld klar definiert ist, kann im Rahmen einer Teamentwicklung ein Time-out genommen werden, um dieses Problem zu bearbeiten und Verbesserungsmaßnahmen zu planen („Adressing Known Task-Related Problems“, vgl. West, 2004). Inhaltlich muss es sich dabei nicht unbedingt um teaminterne Prozesse handeln, sondern beispielsweise auch um die Vermittlung von Techniken zum Total Quality Management (vgl. Zink, 2004) oder zum Kontinuierlichen Verbesserungsprozess (KVP, z. B. Kostka & Kostka, 2006).
- Möglichersweise sind aber die spezifischen Gründe dafür nicht bekannt, dass das Team ineffektiv arbeitet. West (2004) beschreibt „Identifying What The Problems Are“-Interventionen, die die Diagnose aufgabenbezogener Probleme zum Inhalt haben. Wenn die Natur eines spezifischen Problems und seiner Ursachen übereinstimmend identifiziert worden ist, kann das Team angemessene Bewältigungsstrategien entwickeln.

Häufig sind diese Bereiche nicht voneinander abgegrenzt, sondern es gibt Schnittmengen oder Wechselwirkungen zwischen verschiedenen Schwierigkeiten im Team. Da es sich bei Teamentwicklungsmaßnahmen um Interventionen in realen Arbeitsgruppen handelt, sollten sich diese Maßnahmen zum einen an den spezifischen Anforderungen des jeweiligen Teams orientieren, zum anderen sollte das Team entsprechend seinem Entwicklungsstand mit der Maßnahme abgeholt und nicht über- oder unterfordert werden. Wie kann solch eine Teamentwicklung aussehen? Welche Aspekte sollten besonders beachtet werden? Welche Möglichkeiten bieten Teamentwicklungsmaßnahmen und wo liegen ihre Grenzen? Dieser Beitrag soll einige Antworten auf diese Fragen geben.

2 Ablauf eines Teamentwicklungsprozesses

Teamentwicklung kann als Anwendung der „Survey Feedback“-Methode verstanden werden (vgl. Kauffeld, 2001): Die Teammitglieder werden zu ihren Wahrnehmungen befragt. In Workshops werden die Ergebnisse dieser Befragung bearbeitet, so dass die Befragten Stellung nehmen, ihre eigene Perspektive schildern und Veränderungsvorschläge einbringen können. Teamentwicklung ist also keine Einzelmaßnahme, sondern ein Prozess, in dem Problemsituationen und Ursachen erfasst und erörtert werden (vgl. Schreyögg & Noss, 1995; Comelli, 2003).

Ein Teamentwicklungsprozess umfasst meist mehrere Elemente. Ein typischer Ablauf enthält die in Tabelle 1 beschriebenen Phasen (vgl. Comelli, 1995; Kauffeld, 2001). Bei dieser Abfolge handelt es sich um ein Ideal. In der Praxis ist es beispielsweise nur selten möglich, im Vorfeld einer Teamentwicklung Vorgespräche mit allen Teilnehmern und mit den Vorgesetzten zu führen. Schwierig ist auch die Umsetzung der Diagnosephase in der Praxis: Eine umfassende Diagnose ist zwar Voraussetzung für eine individuell auf das jeweilige Team zugeschnittene und somit Erfolg versprechende Teamentwicklung, aber die Diagnosephase bedeutet auch weitere Kosten für den Auftraggeber. Um dennoch eine gründliche Diagnose durchführen zu können, sollte die Diagnose als notwendiger Teil des Teamentwicklungsprozesses verstanden werden.

Tabelle 1: Phasen im Teamentwicklungsprozess

1. Kontaktphase In der anfänglichen Kontaktphase sind die beiderseitigen Erwartungen, die Ziele der Teamentwicklung, das methodische Vorgehen, die organisatorischen Rahmenbedingungen und der Zeitrahmen für die Teamentwicklung zu klären und vertraglich festzuhalten. Der Teamentwickler sollte vorab seine Unabhängigkeit von anderen Personen klären. Den Teilnehmern einer Teamentwicklung sollte Vertraulichkeit zugesichert werden. Der Teamentwickler sollte sich mit den Teilnehmern und deren Vorgesetzten zu seiner Rolle in der Teamentwicklung abstimmen.
2. Diagnosephase Bevor eine Teamentwicklungsmaßnahme beginnt, sollte sich der Teamentwickler oder Berater ein genaues Bild über den Ist-Zustand des Teams und der aktuellen Teamprozesse machen, um geeignete Maßnahmen abzuleiten. Gleichzeitig kann die Diagnosephase helfen, die Teammitglieder für die Probleme im Team zu sensibilisieren und möglicherweise neue Einsichten über Zusammenhänge im Teamgeschehen zu erreichen.
3. Planungsphase Bei der Planung einer Teamentwicklung werden zum einen die konkreten Inhalte festgelegt. Zum anderen sollte das Training auf den Erkenntnissen aus der Diagnosephase aufbauen und individuell auf das jeweilige Team zugeschnitten werden. Das Ergebnis dieser Phase sollte weniger ein starres Konzept sein, sondern es sollte trotz klarer Zielsetzung noch flexibel angepasst werden können.
4. Durchführungsphase Jede Teamentwicklung sollte mit einer Maßnahmenplanung und mit Selbstverpflichtungen der Teilnehmer abschließen, diese Maßnahmen umzusetzen. Dadurch wird der Transfer der Ergebnisse aus der Teamentwicklung in den Arbeitsalltag gesichert.
5. Evaluation Etwa ein bis drei Monate nach der Teamentwicklung sollte eine Bewertung vorgenommen werden. Der Zeitpunkt dieser Bewertung richtet sich dabei auch nach der zeitlichen Perspektive der Maßnahmen, die das jeweilige Team vereinbart hat; zwischen der Teamentwicklung und der Erfolgskontrolle sollte ein ausreichender Zeitraum liegen, in denen Maßnahmen umgesetzt und etabliert werden können.

3 Teamdiagnose als Ausgangspunkt

Die Diagnose ist der Ausgangspunkt für jede Teamentwicklung, die zur Problemlösung führen soll. Sie gewinnt an Bedeutung, je mehr sich Teamentwicklungsmaßnahmen an ganzen Organisationseinheiten orientieren und in kurzen, auf das spezifische Team zugeschnittenen Sequenzen durchgeführt werden.

Ziel einer Diagnose ist ein Informationsgewinn über die Zusammensetzung des Teams und die darin ablaufenden Prozesse. Ohne dieses Wissen sind die passenden Interventionen zur Verbesserung von Abläufen oder Leistungskriterien nicht möglich (vgl. Brauner, 1998). Tabelle 2 zeigt die Ziele von Teamdiagnosen in der Praxis (vgl. Tabelle 2).

Tabelle 2: Ziele von Teamdiagnosen (vgl. Kauffeld, 2001, S. 50)

• Allgemeine Information über die gegenwärtige Situation der Teams im Unternehmen
• Initiierung des Dialogs
• Institutionalisiertes Feedback
• Stärken-Schwächen-Analyse
• Bestandsaufnahme und Bedarfsermittlung für Teamentwicklungsmaßnahmen
• Planungsgrundlage für einen Teamentwicklungsprozess
• Initiierung und Begleitung von Teamentwicklungsprozessen
• Unterstützung von Teamsupervision
• Unterstützung von Coaches bei ihrer Feedbackfunktion
• Entwicklung der Teammitglieder zu guten Diagnostikern, Sensibilisierung für gruppeninterne Prozesse
• Überprüfung bzw. Evaluierung von Teamentwicklungsmaßnahmen
• Durchführung eines Benchmarking
• Aufzeigen von Ansatzpunkten für Verbesserungen
• Mitglieder lernen, Vorgänge in der Gruppe (Stärken, Schwächen) zu verbalisieren

Ohne Kenntnis der gegenwärtigen Stärken und Schwächen in einem Team ist es nicht möglich, eine angemessene Teamentwicklungsmaßnahme zu entwerfen. Der Entwicklungsstand eines Teams ist oft weder offensichtlich noch eindeutig. Teamentwickler oder Berater sollten also eine gründliche Diagnose durchführen mit dem Ziel, die Problemlage des individuellen Teams zu erkennen und eine darauf zugeschnittene Maßnahme vorzubereiten. Prozessberater oder Coaches können Diagnosen zur Unterstützung ihrer Feedbackfunktion nutzen.

Teamdiagnosen können zudem als Anstoß zur Reflexion genutzt werden. Um die Zusammenarbeit im eigenen Team zu optimieren, ist die Reflexion über den gegenwärtigen Zustand des Teams erforderlich. Es ist unwahrscheinlich, dass Teammitglieder spontan beginnen, über ihre momentane Situation zu reflektieren. Reflexion impliziert meist Veränderungen im Handeln, die erfahrungsgemäß eher nicht spontan vollzogen werden. So ist nicht davon auszugehen, dass ein Team von sich aus Konfliktlösungsbedarf signalisiert. Teamreflexionen müssen initiiert werden. Reflexionsmöglichkeiten ergeben sich durch Veränderungen wie beispielsweise neue Teammitglieder, die aufgrund eines anderen Erfahrungshintergrundes die Gelegenheit bieten, über Bedingungen und Vorgehensweisen nachzudenken (vgl. Anderson & Thomas, 1996), technische Schwierigkeiten, wie z. B. im Produktionsbereich wiederholte Maschinenstillstände, oder organisatorische

Probleme, wie z. B. Fehlteile. Leider sind all diese Ereignisse nicht vorhersagbar und werden zudem häufig nicht zur Reflexion genutzt. Stattdessen kann eine Teamdiagnose gezielt als Initiator für Reflexionen und daraus resultierende Verbesserungsprozesse dienen. Eine zentrale Aufgabe der Personalentwicklung besteht somit darin, Teams durch die Bereitstellung adäquater Diagnoseinstrumente bedarfsorientiert zu unterstützen. Diese Instrumente sollten vom Team selbst eingesetzt und ausgewertet werden können.

Teamdiagnose Instrumente erfassen also nicht nur den Ist-Zustand eines Teams, sondern können darüber hinaus die Reflexions- und damit die Lösungskompetenz eines Teams fördern. Ziel der Teamentwicklung ist es ja gerade, die Teilnehmer zu guten Diagnostikern zu machen, sie für die in der Gruppe ablaufenden Prozesse zu sensibilisieren, sie richtig zu bewerten und entsprechende Handlungsalternativen abzuleiten (vgl. Comelli, 2003). Die eigentliche Arbeit setzt jedoch im Allgemeinen erst nach der Diagnosephase an.

Teamdiagnosen sind Voraussetzung für eine Evaluation von Teamentwicklungsmaßnahmen: Um die Wirksamkeit einer Maßnahme beurteilen zu können, muss die Ausgangssituation des Teams vor der Maßnahme bekannt sein. Eine Diagnose sollte auch während und nach einer Teamentwicklungsmaßnahme erfolgen, u. a. um den Transfer von Ergebnissen in die Arbeitssituation abbilden zu können (vgl. Kauffeld, 2001). Die Diagnose muss dabei nicht auf ein Instrument beschränkt bleiben – die Ergänzung unterschiedlicher Instrumente in unterschiedlichen Phasen kann durchaus sinnvoll sein.

4 Instrumente zur Teamdiagnose und Teamentwicklung

Es kann zwischen strukturanalytischen Verfahren, d. h. Instrumenten, die eine Art Zustandsbild des Teams vermitteln, und prozessanalytischen Verfahren, d. h. Analysemethoden, die den Verlauf eines Gruppenprozesses beleuchten und auf die objektive Realität fokussieren, unterschieden werden. Strukturanalytische Verfahren stützen sich auf Fragebogendaten, prozessanalytische Verfahren auf Beobachtungsdaten.

Aus dem Bereich der Teamdiagnose wird an dieser Stelle der Fragebogen zur Arbeit im Team (vgl. Kauffeld, 2004) als strukturanalytisches Analyseinstrument beschrieben, da dieser zu den wenigen verhaltensnahen Instrumenten zählt, die auf ihre Reliabilität (Zuverlässigkeit) und Validität (Gültigkeit) überprüft worden sind. Als prozessanalytisches Teamdiagnoseinstrument stellen wir das Kasseler-Kompetenz-Raster vor (vgl. Kauffeld, 2006), mit dem die Teamkompetenz bei der Bewältigung einer Optimierungsaufgabe objektiv bestimmt und daraufhin entwickelt werden kann.

Teamdiagnose mit dem Fragebogen zur Arbeit im Team (F-A-T)

Der Fragebogen zur Arbeit im Team (F-A-T; Kauffeld, 2004) entspricht den Forderungen nach einer (1) verhaltensnahen, umfassenden, differenzierenden und ökonomischen Beschreibung der Zusammenarbeit im Team, (2) Überprüfung anhand psychologischer Messung und (3) universell – für verschiedene Formen von Teams – einsetzbaren Handlungsanleitung für Teamentwicklungsprozesse zugleich (vgl. Kauffeld, 2001). Um die Praxisrelevanz sicherzustellen, wurden in einem Workshop mit Beratern, die mehrjährige Erfahrungen im Bereich der Teamentwicklung einbringen konnten, wesentliche Aspekte der Zusammenarbeit im Team zusammengetragen. Mit dem F-A-T werden (1) die Zielorientierung, (2) die Aufgabenbewältigung, (3) der Zusammenhalt und (4) die Verantwortungsübernahme im Team erfasst. Diese vier Skalen werden in einem Modell integriert, der Kasseler Teampyramide (vgl. Abbildung 1). Der Fragebogen ist leicht verständlich, für unterschiedliche Zielgruppen erprobt und in fünf bis zehn Minuten auszufüllen.

Ausgangspunkt des Modells ist die Zielorientierung. Ein Team kann nur dann gut funktionieren, wenn sich alle Mitglieder über die gemeinsamen Ziele und die Anforderungen an die Teamergebnisse im Klaren sind. Wenn Anforderungen nicht bekannt sind oder Ziele nicht von allen akzeptiert werden, richten die Teammitglieder sich unterschiedlich aus und verfolgen individuelle Interessen. Diese können Team- und Organisationsinteressen entgegenstehen. Die Ziele sollten konkret formuliert und erreichbar operationalisiert sein. Zur Orientierung sollten Kriterien zur Bestimmung des Zielerreichungsgrades vorliegen, so dass die Teammitglieder angemessene Schritte unternehmen können. Wenn ein Team zielorientiert arbeitet, steigt die Wahrscheinlichkeit, dass Aufgaben angemessen bewältigt werden. Um effektiv zu arbeiten, müssen den Teammitgliedern Prioritäten klar und ihre Aufgaben bekannt sein. Die Anstrengungen gilt es zu koordinieren und Informationen rechtzeitig auszutauschen.

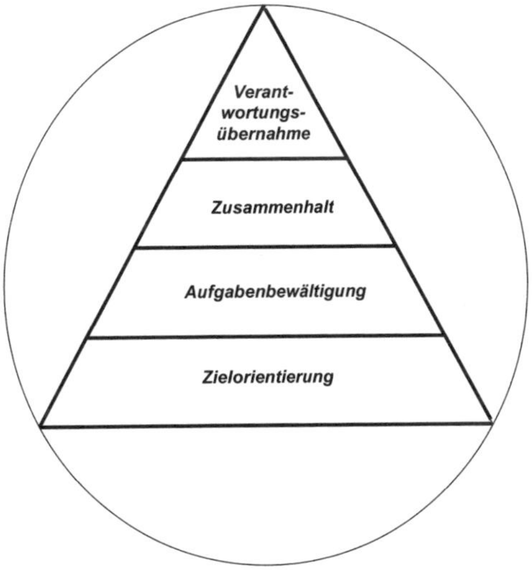

Abbildung 1: Grundlage des F-A-T – die Kasseler Teampyramide

Gegenseitiges Vertrauen, Unterstützung und Respekt werden eher die Folge sein, wenn keine Zielkonflikte das Team beherrschen und die Aufgabenkoordination zur Zufriedenheit aller erfolgt. Konkurrenz und Unverständnis werden wahrscheinlicher, wenn Zielkonflikte dominieren, Prioritäten nicht klar sind und Anstrengungen nicht gut koordiniert werden. In der Spitze der Pyramide wird auf die Verantwortungsübernahme als Team, die Einsatzbereitschaft und das Engagement der Teammitglieder fokussiert. Die Teammitglieder werden sich umso eher für das Gesamtergebnis verantwortlich fühlen und für das Team einsetzen, je klarer die Ziele und Prioritäten sind und je mehr die Teammitglieder sich untereinander akzeptieren, sich gegenseitig helfen, alle wichtigen Informationen in das Team einbringen und sich als Team verstehen.

Der Kreis um die Pyramide symbolisiert die Umwelt, die über Belohnungs- und Informationssysteme, Vorgesetzte oder Richtlinien den größten Einfluss auf die Unterskala Zielorientierung des Teams hat. In der Regel werden vom Management Anforderungen an das Team formuliert und die Wichtigkeit der Erreichung der Teamziele für die Gesamtorganisation verdeutlicht. Die Faktoren Aufgabenbewältigung, Zusammenhalt und Verantwortungsübernahme lassen sich in der gegebenen Reihenfolge zunehmend weniger von außen beeinflussen. Die Umwelt wird im Rahmen des Fragebogens nicht näher betrachtet. Sie gilt es, nach der Teamdiagnose als mögliche Ursache z. B. unklarer Ziele zu diskutieren.

Die hierarchische Abfolge von der Zielorientierung zur Verantwortungsübernahme bedeutet für die Teamentwicklung, dass zunächst die struktur- bzw. umfeldbezogenen Themen geklärt sein sollten, bevor persönliche Themen als Ursache für Probleme in Erwägung gezogen werden. So können schlechte, durch Streit geprägte Beziehungen dazu führen, dass das Ergebnis eher unerfreulich ausfällt. Verantwortungsübernahme ist folglich eher zu erwarten, wenn sich das Team z. B. an Zielen orientiert, die Aufgaben gut bewältigt und die Teammitglieder ein Wir-Gefühl entwickelt haben. Ein gruppendynamisches Training ist dagegen wenig Erfolg versprechend, wenn den Teammitgliedern Ziele oder Prioritäten nicht klar sind. Detailliertere Ableitungen von Teamentwicklungsmaßnahmen aus der Kasseler Teampyramide heraus finden sich bei Kauffeld (2004).

Für den ökonomischen Einsatz des Fragebogens und die anwendungsbezogene Rückmeldung der Daten wurde ein EDV-Programm entwickelt. Dieses bietet die Möglichkeit, Vergleichswerte in die Auswertung zu integrieren, die für die Teamformen Führungsteams, Projektgruppen und Arbeitsteams zur Verfügung stehen. Der Vergleich zwischen verschiedenen Gruppen oder der gleichen Gruppe zu unterschiedlichen Zeitpunkten ist dadurch möglich (vgl. Kauffeld, 2004).

Die Ergebnisse des F-A-T können wichtige Hinweise zu Stärken und Schwächen des Teams geben. Weiterhin können Ansatzpunkte für Teamentwicklungsmaßnahmen abgeleitet werden (vgl. Kauffeld, 2004; Kauffeld & Grote, 2005).

Teamentwicklung mit dem Kasseler-Kompetenz-Raster (KKR)

Wie kann das Geschehen im Team prozessanalytisch erfasst werden? Das Kasseler-Kompetenz-Raster (KKR, vgl. Kauffeld, 2006) ermöglicht die objektive Erfassung der Teamkompetenz. Als Diagnosesituation dienen reale Gruppendiskussionen. Diese werden so standardisiert, dass die folgenden Charakteristika zutreffen: Der Bezug zum Tagesgeschäft muss deutlich sein, so dass für die Teilnehmer ein Interesse besteht, an der Bearbeitung mitzuwirken. Die Gruppe diskutiert eine aktuelle, unternehmens- und mitarbeiterrelevante Optimierungsaufgabe wie z. B. die „Optimierung der Werkzeugbeschaffung", die „Reduzierung der Stillstandzeiten" oder die „Verbesserung der Zusammenarbeit". Gegenstand der Diskussion können alle innerhalb einer Arbeitsgruppe anstehenden Probleme sein, wie z. B. Produktionsstörungen, die Koordination der Arbeit innerhalb der eigenen sowie mit anderen Abteilungen, Qualitätsprobleme, die Verringerung des Ausschusses usw. Das Thema der Gruppendiskussion ist teilnehmerspezifisch zu wählen; es soll die Mitarbeiter fordern, ohne sie zu überfordern. Die Teilnehmer werden gebeten, sich mindestens 60 Minuten und maximal 90 Minuten zum Thema auszutauschen und Ergebnisse zu erarbeiten. Moderationsmaterialien (Flipchart, Pinnwände, Karten, Stifte etc.) stehen zur Verfügung. Die Teilnehmer werden auf die Möglichkeit hingewiesen, die Hilfsmittel zu nutzen. Die Wissenschaftler bzw. Berater übernehmen die Rolle eines teilnehmenden Beobachters, dessen Anwesenheit die Mitarbeiter zu ignorieren gebeten werden. Die Mitarbeiter werden aufgefordert, das Thema so „wie sie es sonst auch tun würden" zu bearbeiten. Die Gruppendiskussion wird auf Video aufgezeichnet. In den bislang über 100 durchgeführten und ausgewerteten Gruppendiskussionen zeigte sich, dass die Teilnehmer sich sehr schnell an die technischen Aufzeichnungsgeräte gewöhnen und sie spätestens nach fünf Minuten vergessen haben: Die Teilnehmer bezeichnen die Diskussion durchgängig als typisch für eine Besprechung in der jeweiligen Konstellation. Nicht anwesende Vorgesetzte werden ohne Scheu abgewertet, klingelnden Handys wird Aufmerksamkeit geschenkt, der Raum wird ohne Begründung für einige Minuten verlassen, auch lautstarke Seitengespräche sind nichts Ungewöhnliches (vgl. Kauffeld, 2006).

Mit der Software „Interact" (vgl. Mangold, 2004) sowie einer Spezialtastatur und dem KKR werden die auf Video aufgezeichneten verbalen Äußerungen der Teilnehmer analysiert. Das KKR erfasst insgesamt vier Kompetenzfacetten: Fachkompetenz, Methodenkompetenz, Sozialkompetenz und Selbstkompetenz.

Die Kompetenzfacetten lassen sich in Beobachtungsaspekte und konkrete Beobachtungskriterien (kursiv gedruckt in Tabelle 3) unterteilen. Die verbalen Äußerungen der Teilnehmer werden den einzelnen Beobachtungskriterien zugeordnet. So wird die Aussage „Wir haben zu wenig Personal" dem Kriterium *Problem* (Fachkompetenz) zugeordnet. Die Aussage „Womit machen wir weiter?" wird als *Verfahrensfrage* (Methodenkompetenz, positiv) kategorisiert. Eine Aussage wie „Das ist eine gute Idee" wird als *Lob* (Sozialkompetenz, positiv) kategorisiert. „Die haben doch alle keine Ahnung" wäre dagegen ein Beispiel für *Tadel/Abwertung* (Sozialkompetenz, negativ). „Das sollte unser Team übernehmen" ist ein Beispiel für die Kategorie *Interesse an Veränderungen* (Selbstkompetenz, positiv). Aussagen wie „Auf uns hört ja sowieso niemand" werden als *Jammern* eingestuft (Selbstkompetenz, negativ). Die Teamkompetenz berechnet sich aus der Summe der positiven abzüglich der negativen Äußerungen.

Tabelle 3: Aspekte und Kriterien des Kasseler-Kompetenz-Rasters

Fachkompetenz (Inhalt)	**Methodenkompetenz (Struktur)**	**Sozialkompetenz (Interaktion)**	**Selbstkompetenz (Mitwirkung)**
Differenziertheit Probleme **Problem** (Teil-)Problem benennen **Problemerläuterung** Problem veranschaulichen **Vernetztheit Probleme** **Verknüpfung bei der Problemanalyse** z.B. Ursachen und Folgen aufzeigen **Differenziertheit Lösungen** **Soll-Entwurf** Visionen, Anforderungen beschreiben **Lösungsvorschlag** (Teil-)Lösung benennen **Lösungserläuterung** Lösung veranschaulichen **Vernetztheit Lösungen** **Problem mit Lösung** Einwände gegen Lösung **Verknüpfung mit Lösung** z.B. Vorteile einer Lösung benennen **Organisation** **Organisationales Wissen** Wissen über Organisation und Abläufe **Wissensmanagement** **Wissen wer** Verweis auf Spezialisten **Frage** Frage nach Meinung, Inhalt, Erfahrung	**Positiv** **Zielorientierung** auf Thema verweisen bzw. zurückführen **Klärung/Konkretisierung** Beitrag auf den Punkt bringen, klären **Verfahrensvorschlag** Vorschlagen des weiteren Vorgehens **Verfahrensfrage** Frage zum weiteren Vorgehen **Priorisieren** Schwerpunkte setzen **Zeitmanagement** auf Zeit verweisen **Aufgabenverteilung** Aufgaben in der Diskussion delegieren/übernehmen **Visualisierung** Benutzen von Flipchart und Metaplan etc. **Kosten-Nutzen-Abwägung** wirtschaftliches Denken **Zusammenfassung** Ergebnisse zusammenfassen **Negativ** **Verlieren in Details und Beispielen** nicht zielführende Beispiele, Monologe	**Positiv** **Ermunternde Ansprache** z.B. Stillere ansprechen **Unterstützung** Vorschlägen, Ideen etc. zustimmen **Aktives Zuhören** Interesse signalisieren („mmh", „ja") **Ablehnung** sachlich widersprechen **Rückmeldung** z.B. signalisieren, ob etwas angekommen, neu, bekannt ist **Atmosphärische Auflockerung** z.B. Späße **Ich-Botschaft** eigene Meinung als solche kennzeichnen und von Tatsachen trennen **Gefühle** Gefühle wie Ärger, Freude ansprechen **Lob** z.B. positive Äußerungen über andere Personen **Negativ** **Tadel/Abwertung** Abwertung von anderen, „kleine Spitzen" **Unterbrechung** Wort abschneiden **Seitengespräch** Seitengespräche beginnen oder sich darin verwickeln lassen **Reputation** Verweis auf die eigene Diensterfahrung, Betriebszugehörigkeit etc.	**Positiv** **Interesse an Veränderungen** Interesse signalisieren **Eigenverantwortung** Verantwortung übernehmen **Maßnahmenplanung** Aufgaben zur Umsetzung vereinbaren **Negativ** **Kein Interesse an Veränderungen** z.B. Leugnen von Optimierungsmöglichkeiten **Jammern** Betonung des negativen Ist-Zustandes, Schwarzmalerei **Allgemeinplatz** inhaltsloses Gerede, Worthülse **Schuldigensuche** Probleme personalisieren **Betonung autoritärer Elemente** auf Hierarchien und Zuständigkeiten verweisen **Abbruch** Diskussion vorzeitig beenden (wollen)

Die Arbeit mit dem KKR in der Praxis kann einem klassischen Survey-Feedback-Ansatz (z. B. French & Bell, 1994) folgen. Eine Auswertung mit dem KKR bietet die

Gelegenheit für ein Team, über konkrete Aspekte des Problemlöseverhaltens sowie der Zusammenarbeit ins Gespräch zu kommen und Verbesserungen in der Arbeitssituation herbeizuführen. Grundlage des KKR-Workshops ist eine auf Video aufgezeichnete Gruppendiskussion zu einem aktuellen Thema oder Problem des Teams, die anhand des KKR ausgewertet wurde. Die Ergebnisse werden Vergleichsdaten gegenübergestellt und dienen so der Gruppe und dem Berater oder Teamentwickler als Basis für die Auswertung. Die grafisch in Form von Häufigkeiten aufbereiteten Ergebnisse können der Gruppe zurückgemeldet werden. Vergleichswerte liegen sowohl für gewerbliche Gruppen als auch für administrativ bzw. planerisch tätige Gruppen vor.

Anhand der Ergebnisse der Diagnose mit dem KKR lassen sich Ansatzpunkte für Teamentwicklungs- und Kompetenzentwicklungsmaßnahmen ableiten (vgl. Kauffeld & Grote, 2000). Abweichungen von Vergleichswerten und Benchmarks können einen Teamentwicklungsbedarf transparent machen und Hinweise auf geeignete Maßnahmen geben. Dabei sollten nicht nur Teamentwicklungsseminare, sondern insbesondere auch die Möglichkeiten zur Weiterentwicklung des Teams innerhalb des Arbeitsalltags genutzt werden. Wenn ein Team Schwächen im Problemlöseverhalten zeigt, sollte dies nicht nur auf das Team zurückfallen, sondern die Rahmenbedingungen sollten berücksichtigt und gegebenenfalls geändert werden (vgl. Kauffeld & Grote, 2005).

5 Chancen und Grenzen der Teamentwicklung

Im Gegensatz zu anderen Trainings oder Weiterbildungen bietet eine Teamentwicklung die Chance, dass am echten Fall trainiert wird. Es werden also beispielsweise nicht künstlich Konfliktsituationen in Form von Rollenspielen konstruiert, sondern tatsächliche Ereignisse aus dem Arbeitsalltag des Teams bearbeitet. Ausgangspunkt für eine Teamentwicklung sind häufig konkrete Vorfälle wie z. B. Qualitätseinbußen. In diesem Zusammenhang ist es hilfreich, wenn die Teamentwicklung parallel zum Arbeitsalltag des Teams stattfindet, so dass die Probleme aus der Arbeit unmittelbar diskutiert und im Anschluss gelöst werden können (vgl. Kauffeld, 2004). Eine wichtige Funktion des Teamentwicklers oder Beraters ist die Offenlegung destruktiver Kommunikationsstile im Team während dieser Treffen.

Teamentwicklung unterscheidet sich von einem Seminaransatz darin, dass nicht eine vorgegebene thematische Struktur, etwa über Teamarbeit, sondern die reale Zusammenarbeit im Team das Thema bildet. Die Schwerpunkte der von den Teilnehmern gewünschten Diskussionsthemen, die dann die thematische Struktur bilden, gilt es herauszuarbeiten. Teamentwicklung erfordert so ein gruppenspezifisch maßgeschneidertes Vorgehen.

Viele Teamentwicklungsseminare ähneln Problemlöse-Workshops und bestehen in der Regel aus diagnostischen Bausteinen, aus anknüpfenden Arbeiten an konkreten Problemstellungen und aus eingestreuten gruppendynamischen Übungen. Als wesentlicher Bestandteil ist die Maßnahmenplanung hervorzuheben, die den Transfer in die Praxis bzw.

die Umsetzung der Lösungsvorschläge zu sichern hilft. Die Mitarbeiter lernen „on the job“ die Probleme ihrer Kollegen kennen und erweitern bei der Erarbeitung neuer Lösungsansätze ihr operatives Wissen. Gruppenarbeit optimiert so sukzessive das operative Abbildsystem der Teilnehmer.

Das Arbeiten am konkreten Fall mit einer realen Gruppe hilft, den Transfer über die Teamentwicklung hinaus in den betrieblichen Alltag zu sichern. Die Wirksamkeit in der Praxis kann durch weitere Maßnahmen am Ende der Teamentwicklung erhöht werden, wie eine konkrete Maßnahmenplanung mit einem Zeitplan und der Benennung von Verantwortlichen im Team. „Nachfass-Tage“, an denen der Erfolg der Teamentwicklungsmaßnahme überprüft wird, stellen eine weitere Möglichkeit zur Transfersicherung dar.

Zu einer gelungenen Teamentwicklung gehört eine über die Implementierung der Teamarbeit hinausreichende ständige „Umgebungsreflexion“. Da Gruppen nur funktionieren können, wenn sie sich von ihrer Umgebung abgrenzen, was meist einen Widerspruch zur Organisation bedeutet, heißt Teamentwicklung in diesem Sinn „Grenzmanagement“. Grenzmanagement fällt schwer und ist mühsam, weil man von der Hierarchie nicht erwarten kann, dass sie dieses Management versteht oder gar fördert (vgl. Schwendenwein, 1999). Teams müssen lernen, Anforderungen zu stellen und zu definieren, was sie brauchen, um effektiv arbeiten zu können. Oft wird der unter Umständen in der Tat begrenzte Handlungsspielraum als geringer wahrgenommen, als er tatsächlich ist, oder es fehlen Vorgehens-Routinen zur Nutzung des Handlungsspielraums (vgl. Kauffeld & Frieling, 2001).

Bei der Durchführung einer Teamentwicklung sollte von vornherein klargestellt werden, dass nicht alle organisationalen Bedingungen beliebig modifizierbar sind. Es muss zwischen veränderbaren und unveränderbaren Gegebenheiten differenziert werden, um Gestaltungs- und Veränderungsmöglichkeiten aufzuzeigen. Nicht modifizierbare äußere Umstände sind dabei mit besonderer Vorsicht zu behandeln: Wenn ein Team feststellen muss, dass Missstände nicht unbegrenzt aufhebbar sind, kann es leicht passieren, dass die Mitglieder in den „Jammer-Modus“ fallen. Dabei schweift die Diskussion von der Problemerörterung ab in eine starke Betonung der negativen Situation. Eine „Jammern“-Aussage folgt der nächsten und es wird auf die Machtlosigkeit des Teams angesichts der Missstände gepocht, ohne dass Veränderungsvorschläge gemacht werden. Wenn es durch immer neue Bemerkungen über den negativen Ist-Zustand ohne Entwicklung von Lösungsansätzen zu solchen „Jammerzirkeln“ kommt, hat dies deutliche negative Konsequenzen für das Team und die Teamergebnisse (vgl. Kauffeld, 2007; Kauffeld & Meyers, im Druck). Unter Umständen kann eine Teamentwicklung einen begrenzten Rahmen für diese Äußerungen bieten, um dann verstärkt auf bestehende Handlungsspielräume des Teams einzugehen.

Teamreflexion tritt nicht spontan auf, sondern braucht Anlässe (vgl. Abschnitt 3). Allerdings gibt es keine universell gültigen Richtlinien dafür, wann eine Teamentwicklung angemessen ist. Bevor ein externer Teamentwickler oder Berater für eine Teamdiagnose oder Teamentwicklung eingesetzt wird, sollte die Frage gestellt werden: Was kann das Team möglicherweise selbst? Wann ist ein externer Berater notwendig oder hilfreich für das Team? Teamentwicklung sollte die Fähigkeit zur Reflexion im Team erhöhen, also eine Art „Hilfe zur Selbsthilfe" vermitteln, so dass in der Folge Optimierungen vom Team vermehrt selbst in Angriff genommen werden können. Teams sollten in die Lage versetzt werden, Probleme und Optimierungsmöglichkeiten selbst zu erkennen und unter den gegebenen Bedingungen möglichst selbstständig in Angriff zu nehmen.

Wenn allerdings wesentliche Umgebungsfaktoren fehlen, z. B. wenn der Vorgesetzte eben diese Selbstständigkeit des Teams nicht fördert oder die Arbeitsauslastung keine Zeit mehr für Reflexion bietet, kann auch eine Teamentwicklung nicht viel ausrichten. Wie in der Kasseler Teampyramide (vgl. Abbildung 1) dargestellt, zeichnet sich gute Teamarbeit durch Zielorientierung, Aufgabenbewältigung, Zusammenhalt im Team und Verantwortungsübernahme aus. Diese Faktoren können sich nur dann entfalten bzw. durch eine Teamentwicklung gefördert werden, wenn die Umgebung des Teams entsprechend gestaltet wird. Insbesondere bei der Einführung von Teamarbeit sollte ein Rahmen geschaffen werden, der diese Entwicklungsmöglichkeiten erlaubt. Teamarbeit heißt, im Rahmen von Vorgaben Entscheidungen zu treffen. Grenzen müssen austariert werden, die dem Team ausreichend Struktur geben und gleichzeitig ausreichend Handlungsspielraum lassen.

Teamarbeit ist kein Selbstläufer. Es reicht daher in der Regel nicht aus, bei Problemen durch eine einmalige Teamentwicklungsmaßnahme zu intervenieren. Teamentwicklung ist ein kontinuierlicher Prozess, der vom Team selbst gewünscht und von der Umgebung unterstützt werden muss.

Ingela Jöns, ***Universität Mannheim***

Erfolgsfaktoren der Einführung von Gruppenarbeit

1 Einführung von Gruppenarbeit: Ein Start ohne Ende

Wenn man von der Einführung von Gruppenarbeit spricht, dann stellen sich die meisten Menschen einen in sich abgeschlossenen Prozess vor. Es gibt einen Startpunkt oder eine Entscheidung für Gruppenarbeit, dann verschiedene Phasen und Aktivitäten (z. B. Einrichtung von Pilotgruppen, Wahl der Gruppensprecher) und schließlich einen Endpunkt, an dem die Gruppenarbeit als eingeführt gilt. Was darunter genau zu verstehen ist, hängt sicherlich im Einzelfall vom Konzept der Gruppenarbeit ab. Oft wird die Gruppenarbeit als eingeführt definiert, wenn genau jene Merkmale der Gruppenarbeit umgesetzt bzw. jene Aktivitäten durchgeführt wurden, die vorher als erforderlich erachtet wurden. Im Prinzip geht es um den formalen Abschluss des Projekts „Einführung der Gruppenarbeit“, das je nach Größe des Bereichs mit ein bis zwei Jahren veranschlagt wird.

Demgegenüber wird das Erreichen funktionierender Gruppenarbeit höchst selten als Projektziel definiert. Inwieweit also die einzelnen Aspekte für eine effiziente Gruppenarbeit genügen, inwieweit sie von den Gruppen wirklich gelebt werden, inwieweit auch die Führungskräfte und indirekten Bereiche die Gruppenarbeit unterstützen usw., wird selten berücksichtigt. Wenn man Unternehmen danach fragt, wie lange es dauert, bis Gruppenarbeit in der Unternehmenskultur verankert ist, dann liegen die Einschätzungen bei durchschnittlich über fünf Jahren. Dabei stufen Unternehmen, die über fünf Jahre Erfahrungen mit Gruppenarbeit haben, den Zeitbedarf mit über sechs Jahren nochmals deutlich höher ein (vgl. Bungard & Jöns, 1997). Berücksichtigt man zudem die zwischenzeitlichen Veränderungen in Unternehmen, die immer wieder zu Umstrukturierungen führen, dann wird man zu einem bestimmten Zeitpunkt zwar mit der Einführung von Gruppenarbeit beginnen, ein Ende wird man hingegen nur schwer definieren können. An der dauerhaften Sicherstellung effizienter Gruppenarbeit wird man permanent weiterarbeiten müssen.

Diese beiden Prozesse – der formale Einführungsprozess und der kulturelle Entwicklungsprozess – werden im Folgenden mit Blick auf zentrale Erfolgsfaktoren betrachtet. Im ersten Schritt wird der Schwerpunkt auf den Einführungsprozess im engeren Sinne gelegt. Anschließend wird im zweiten Schritt auf typische Probleme und Irrtümer eingegangen, die letztlich auf den Entwicklungsprozess zu einer teamorientierten Unternehmenskultur abzielen. Dem Commitment und Engagement des Managements wird als zentraler Erfolgsfaktor der Einführung von Gruppenarbeit ein weiterer Abschnitt gewidmet. Abschließend werden die zentralen Erkenntnisse bzw. Einsichten, die Unternehmen im Laufe der Erfahrung mit Gruppenarbeit gewinnen (müssen), zu Grundprinzipien einer erfolgreichen Einführung von Gruppenarbeit zusammengefasst.

2 Phasen und Elemente der Einführung von Gruppenarbeit

Als zentraler Erfolgsfaktor wird in der Literatur übereinstimmend angeführt, dass die Einführung von Gruppenarbeit als Organisationsentwicklungsprozess zu verstehen ist und sich nicht auf einzelne Maßnahmen und Veränderungen beschränken darf (vgl. Antoni, 2000). Im Anschluss an das Phasenmodell von Lewin – Unfreeze, Change und Refreeze – lassen sich folgende Schritte unterscheiden:

- *Unfreeze* umfasst Analyse und Diagnose, Zielfindung und Konzeption für die Gruppenarbeit. Durch diese vorbereitenden Aktionen wird nicht nur die Veränderungsbereitschaft aller Beteiligten gefördert, sondern gleichzeitig werden die konkreten Ziele und konzeptionellen Merkmale auf eine solide, partizipative Basis gestellt.
- *Change* impliziert die Schaffung der Voraussetzungen und Merkmale der Gruppenarbeit. Dies wird zumeist in mehreren Schritten erfolgen, so dass diese Phase mit ihrer Vor- und Nachbereitung mehrfach durchlaufen wird. Zum Beispiel wird man die indirekten Funktionen erst reintegrieren, wenn die Gruppen über die direkten Funktionen gebildet wurden, und man wird auch nicht alle indirekten Funktionen in einem Schritt den Gruppen übertragen. Abgesehen von erforderlichen Qualifizierungsmaßnahmen wird es Schritt für Schritt um die Weiterentwicklung der Gruppenarbeit gehen, daher ist die klare Zielfindung zu Beginn und die Zielüberprüfung nach den Zwischenschritten umso wichtiger.
- *Refreeze* lässt sich als die Phase der jeweiligen Stabilisierung der Veränderungen beschreiben. Dabei darf sich die Betrachtung nicht auf die oberflächlichen Merkmale – wie z. B. die Übernahme von bestimmten Funktionen durch die Gruppen – beschränken, sondern muss auch die Einstellungen aller Beteiligten umfassen, also auch der indirekten Bereiche und Führungskräfte.

Diesen umfassenden Ansatz vor Augen, gestaltet sich der konkrete Einführungsprozess wie andere Restrukturierungsprojekte. Nach dem Startschuss wird eine Projektorganisation mit Projektteam und Lenkungsausschuss etabliert, die neue Arbeitsstruktur wird zunächst in Pilotgruppen erprobt, bevor mit der flächendeckenden Einführung begonnen wird. Da im Zuge der Einführung von Gruppenarbeit zahlreiche mitbestimmungsrelevante Aspekte betroffen sind, ist der Betriebsrat möglichst frühzeitig in das Projekt zur Gruppenarbeit einzubeziehen. Die allgemeine Vorbereitung der Mitarbeiter und Führungskräfte erfolgt zumeist in kurzen Informationsveranstaltungen.

Neben der Partizipation einzelner Mitarbeiter und Führungskräfte der verschiedenen Bereiche an der Planung der Gruppenarbeit erfolgt die Beteiligung in der jeweiligen Ausgestaltung und Umsetzung in den einzelnen Gruppen. Zumeist werden halb- bis ganztägige Workshops mit jeder Gruppe durchgeführt, in denen über die Gruppenarbeit ausführlich informiert wird und die Gruppensprecher gleich gewählt werden. In den weiteren Gruppengesprächen und ergänzenden Workshops werden die Zusatzaufgaben auf die Mitglieder verteilt, das Gruppenorganigramm mit Leben gefüllt. Zusätzlich zur fachlichen Qualifizierung durch Job Rotation und Schulungen je nach Aufgabenreintegration erfolgt zumeist eine Qualizierung der Gruppensprecher in Moderations- und Problemlösetechniken, wenn nicht bereits vorher durch Qualitätszirkel und ähnliche Aktivitäten eine entsprechende Ausbildung erfolgt ist. Zur Gruppenarbeit gehört ein ausführliches Personalentwicklungskonzept, das die Qualifizierung auch über die Einführung hinaus sicherstellt, z. B. für neue Mitarbeiter und Aufgaben.

Zur Unterstützung der Gruppenarbeit über den Einführungsprozess hinaus wird in den Unternehmen fast immer die Funktion der Gruppenarbeitsbetreuer eingerichtet, die oft auch als Prozessbegleiter bezeichnet werden. Damit wird eine nicht unproblematische Doppelstruktur geschaffen, in der die Meister für die fachliche Führung der Gruppen verantwortlich sind, während die Prozessbegleiter für die soziale Betreuung und Entwicklung der Gruppen zuständig sind.

Bei der Konzeption der Gruppenarbeit lassen sich typische Grundregeln zur Arbeitsorganisation anführen (vgl. Tabelle 1), die allerdings in der Praxis häufig verletzt werden und dann zu Einbußen in der Arbeitsleistung und Zusammenarbeit führen. In diesen Grundregeln kommt die Spannung zwischen individuellen und kollektiven Aufgaben und Leistungen sowie deren Zuordnung und Anerkennung zum Ausdruck. Gruppenarbeit muss auch für den Einzelnen einen Anreiz bieten, ohne dass seine eigene Leistung in den Teamleistungen vollkommen aufgeht.

Tabelle 1: Grundregeln bei der Einführung von Teamarbeit (Guzzo, 1996, nach v. Dick & West, 2005, S. 60 f.)

1.	Individuen brauchen intrinsisch motivierende Aufgaben.
2.	Teams brauchen Teamaufgaben.
3.	Individuen müssen einen wichtigen Beitrag zur Gruppe leisten.
4.	Die Beiträge der einzelnen Teammitglieder müssen identifizierbar und evaluierbar sein.
5.	Auf Teamebene muss es klare Teamziele, unmittelbares Feedback und kontingente Belohnung geben.

Hieran schließen sich direkt die zentralen Elemente an, die bei der Einführung von Gruppenarbeit verändert oder angepasst werden müssen:

- Arbeitsorganisation und Technologien, Kernaufgaben, Zusatzaufgaben und Zusammensetzung der Gruppen
- Instrumente der Steuerung (Information, Dokumentation) und der Führung (Ziele, Kennzahlen) sowie Arbeitszeit- und Entgeltsysteme
- Qualifizierungskonzepte für Mitarbeiter und Führungskräfte
- Teamorientierte Führungs- und Unternehmenskultur

Der letzte Punkt, die erforderliche Kulturveränderung, lässt sich nicht durch einzelne Maßnahmen erreichen, sondern stellt einen anspruchsvollen und langwierigen Prozess dar. Erforderlich sind durchgängige Systeme, die Selbstregulation und Partizipation, Mitarbeiter- und Teamorientierung über alle Bereiche und Ebenen hinweg fördern. Wenn die Förderung der Gruppenarbeit z. B. nicht in der Beurteilung und Förderung von Meistern und Betriebsleitern berücksichtigt wird, dann lohnt sich ein Engagement nicht, sondern wird indirekt noch bestraft. Ähnliches gilt für zentrale Bereiche, die sich oft noch nicht als Dienstleister der Produktion verstehen – und für dies auch nicht wirklich honoriert werden. Insofern sind z. B. die Rechte und Pflichten in der abteilungsübergreifenden Zusammenarbeit zu überdenken und entsprechend neu auszurichten.

3 Typische Probleme und Irrtümer im Einführungsprozess

Bei den Phasen und Elementen der Einführung von Gruppenarbeit sind erste Problemfelder angesprochen worden, die sich unter einer unzureichenden Planung, Konzeption und Umsetzung zusammenfassen lassen. Im Überblick lassen sich folgende Probleme auflisten (vgl. Antoni, 1994b; Högl & Gemünden, 2005):

- Reibungsverluste durch unspezifische Ziele und Konzepte der Gruppenarbeit
- Konflikte durch unklare Zuständigkeiten zwischen Gruppen und Bereichen
- Fehlende Akzeptanz der Gruppenarbeit bei den Mitarbeitern
- Unzureichende Kompetenzen der Mitarbeiter für die Gruppenaufgaben
- Unklare Rollen und unzureichende Kompetenzen der Führungskräfte
- Widerstände aufseiten der Führungskräfte und des Betriebsrats
- Fehlende Unterstützung der Gruppenarbeit im Unternehmen
- Schleppende Umstellung der Rahmenbedingungen (Arbeitszeit, Entlohnung, Beurteilung und Zielvereinbarung etc.), auch über die Gruppen hinaus
- Inkonsequente Umsetzung aufgrund fehlender Kompetenzen im Projektteam bezüglich des Umgangs mit Problemen und Rückschlägen
- Begrenzte Umsetzung aufgrund des Fehlens einer langfristigen Vision von einer teamorientierten Unternehmensstruktur und -kultur

Dahinter verbergen sich typische Irrtümer, wie sie auch bei anderen Restrukturierungsprojekten häufig anzutreffen sind, nämlich dass man neue Arbeitsformen erstens am grünen Tisch planen und zweitens mit geringem Aufwand umsetzen kann. Der erste Punkt umfasst nicht nur die Problematik, dass man durch partizipative Analyse- und Konzeptionsphasen zu effizienteren und konsensfähigen Lösungen kommt, sondern auch dass immer nachträgliche Anpassungen erforderlich sind, die als gemeinsamer Lernprozess von allen Beteiligten eher akzeptiert und getragen werden. Deshalb ist es besonders wichtig, die Steuerung des Veränderungsprozesses von vornherein als Organisationsentwicklung anzulegen. Beim zweiten Punkt geht es um zu knapp kalkulierte Ressourcen und Zeithorizonte. Eine Umstellung von Einzel- zu Gruppenarbeit lässt sich nicht in einer zweistündigen Informationsveranstaltung vermitteln, ebenso wenig wie eine einzelne Maßnahme zur Qualifizierung von Gruppensprechern reicht. Die Erfolge der Gruppenarbeit können zumeist nicht schon nach einem Jahr erwartet werden, weil die eigentliche Einführung und Umstellung wesentlich länger dauern. Vorteile der Gruppenarbeit sind daher noch nicht erreicht oder aber sie werden noch von Reibungsverlusten der Einführung überlagert.

Darüber hinaus ist ein fundamentaler Irrtum, dass Gruppenarbeit als isolierte Maßnahme auf Dauer erfolgreich sein kann und demzufolge in einem abgeschlossenen Prozess eingeführt werden kann. Langfristige Ziele der Unternehmen werden auf diese Weise kaum unterstützt. Wenn Gruppenarbeit in einem Unternehmen eingeführt wird, dann handelt es sich zumeist um ein auf die Produktion beschränktes Projekt, von dem zahlreiche Bereiche im Unternehmen gar nichts wissen und nicht für sich selbst als relevant erachten. Je enger diese Bereiche – von der Arbeitsvorbereitung über die Arbeitssicherheit über das Lager und die Disposition bis hin zur Konstruktions- und Vertriebsabteilung – an die Produktion angebunden sind, umso offensichtlicher ist die Notwendigkeit, dass sich die Zuarbeit und das Verständnis von Produktionsarbeit bei diesen Bereichen ändern müssen. Ein klassisch hierarchisches Denken im Unternehmen ist mit Gruppenarbeit auf Dauer nicht vereinbar.

Zu den letzten drei aufgelisteten Problemfeldern passt, dass in der Praxis – so auch in den in diesem Buch berichteten Erfahrungen aus über zehn Jahren Gruppenarbeit – immer wieder zu beobachten ist,

- dass es nach einigen Jahren zu einer Stagnation kommt und
- dass ein Führungsdefizit festgestellt wird.

Nachdem viel Zeit und Energie in den Einführungsprozess gesteckt wurden, kommt es häufig zu einer nachvollziehbaren Ermüdung bei allen Projektbeteiligten. Zudem werden die Personalkapazitäten für andere Projekte im Unternehmen benötigt. Entgegen der irrtümlichen Annahme ist Gruppenarbeit kein Selbstläufer, was bei Einzelarbeit ebenso wenig gilt, aber selten thematisiert wird. Es bedarf einer permanenten Betreuung der Gruppenarbeit und der Gruppen, für die häufig zu Beginn keine Infrastruktur geschaffen wird. Die permanente Betreuung der Gruppenarbeit resultiert aus der sukzessiven Ausweitung der Gruppenarbeit, aus der Weiterentwicklung der Konzeption sowie aus den erforderlichen Anpassungen an Veränderungen in der Produktion und im Umfeld. Die Konzeption und Ausrichtung der Gruppenarbeit gilt es daher, wie alle anderen Managementkonzepte auch, immer wieder auf die ursprüngliche Vision zu beziehen und auf ihre Gültigkeit auch unter veränderten Bedingungen zu überprüfen.

Ebenso trifft die Annahme nicht zu, dass die selbstregulierte Gruppenarbeit deutlich weniger Führung bedarf. Dieser Irrtum geht vor allem auf die Lean-Management-Konzepte zurück, die gleichzeitig den Abbau von Hierarchieebenen propagierten. Gruppenarbeit bedarf aber nicht unbedingt weniger Führung als Einzelarbeit, sondern eine andere Art der Führung, um die Selbstorganisation in den Gruppen zu fördern. Die direkte Betreuung, das Coaching der einzelnen Gruppen, könnte theoretisch eine zentrale Aufgabe der direkten Führungskräfte sein. Allerdings haben die direkten Führungskräfte oft nicht mehr die Zeit- und Arbeitskapazität, weil die Führungsspannen zu groß sind und weil sie mit anderen Aufgaben betraut werden. Darüber hinaus fehlt den Führungskräften oft die Kompetenz zur Unterstützung der Gruppenprozesse. Zudem müssen sie bei Einführung von Gruppenarbeit erst lernen, Aufgaben und Verantwortung an die Gruppen zu delegieren, auf die Selbstorganisation zu vertrauen, auch Fehler der Gruppen zu tolerieren usw. Würde man die Führungskräfte zugleich wieder mit der Betreuung der gruppeninternen Prozesse beauftragen, dann würden hier erneut eine Hierarchie und Fremdkontrolle hineingetragen. Daher ist es zumindest eine gute Übergangslösung, wenn die Gruppenbeauftragten oder Prozessbegleiter die Gruppen hinsichtlich dieser gruppeninternen

Prozesse mitbetreuen. Diese Unterstützungsfunktion birgt allerdings auch Konfliktpotenzial, wenn die Führungskräfte und Prozessbegleiter nicht eng zusammenarbeiten.

In etlichen Fällen wird beim Feststellen von Stagnation der Gruppenentwicklung und bei scheinbaren Führungsdefiziten allzu schnell wieder auf die alten Konzepte hierarchischer Führung zurückgegriffen. Die Führungsspannen der direkten Führungskräfte werden wieder reduziert oder eine zusätzliche untere Führungsebene wieder eingeführt, um eine direkte Führung der Gruppen zu ermöglichen. Wenn die gruppeninternen Prozesse nicht effizient funktionieren, dann ist es kurzfristig sicherlich wirksam, wenn beispielsweise die Gruppensprecher mit mehr direktiven Kompetenzen ausgestattet werden. Ein solcher Rückschritt in der Gruppenarbeit trägt aber nicht zur langfristigen Entwicklung der Selbstorganisation und -regulation bei, die für ein zukunftsweisendes, flexibles und innovatives Unternehmensleitbild mit Gruppenarbeit als Basiskonzept von entscheidender Bedeutung sind.

Gleichzeitig lässt sich in der Praxis gerade von Projektbeauftragen, Prozessbegleitern und direkten Führungskräften ein sehr hohes Engagement für die Gruppenarbeit beobachten. Allerdings wird dieser engagierte Prozess in manchen Fällen fast ohne Vorwarnung durch Abberufung oder Zusatzaufgaben zum Stillstand gebracht. In anderen Fällen ist eine schleichende Erosion zu beobachten, weil die Anerkennung des eigenen Engagements für die Gruppenarbeit sowie überhaupt der Gruppenarbeit als Arbeitsorganisationsform und als Leistungsträger fehlt. Hier kommt dem obersten Management eine zentrale Rolle zu, auf die im nächsten Abschnitt eingegangen wird.

4 Commitment und Engagement des Managements

Obgleich dem Management eine zentrale Rolle für die erfolgreiche Einführung von Gruppenarbeit zukommt, findet diese Thematik in den einschlägigen Publikationen kaum Beachtung. Häufig diskutiert werden die Rolle der direkten Führungskräfte bzw. die veränderte Rolle der Meister sowie zumeist unter der Rubrik „Widerstände" die Rolle der mittleren Führungsebene. Das Commitment des Managements wird ab der Entscheidung für Gruppenarbeit nicht weiter thematisiert, obgleich die Rolle des Managements auch bei enger angelegten Projekten nicht mit dem Startschuss endet.

Die Einbindung des obersten Managements in den Entscheidungsprozess für die Einführung von Gruppenarbeit ist umso intensiver, je größer die technischen und organisatorischen Umstellungserfordernisse sind und je höher die damit verbundenen Kosten ausfallen. Dabei gilt es aus Sicht der Produktion, das Management primär von der Notwendigkeit der Investitionen und dem Nutzen der Gruppenarbeit zu überzeugen. Darüber hinaus scheint das oberste Management nicht stark in die Einführungsprozesse eingebunden zu sein. Wünschenswert ist selbstverständlich, dass das Management auch in diesen Fällen ein klares Commitment zur Gruppenarbeit kommuniziert und vorlebt.

Wenn die Einführung der Gruppenarbeit bereits als umfassender Organisationsentwicklungsprozess angelegt ist, dann sind das Commitment und Engagement des obersten

Managements für den Gesamtprozess unentbehrlich. Noch weitaus höher sind die Anforderungen an das Management, wenn Gruppenarbeit nicht als ausschließliches Projekt der Produktion definiert wird, sondern zum Beispiel aus übergeordneten Managementkonzepten abgeleitet wurde und damit integraler Bestandteil derselben ist. Ohne das Engagement des Managements lassen sich dabei viele Voraussetzungen und Veränderungen zu einer teamorientierten Unternehmenskultur gar nicht umsetzen.

In kaum einem Unternehmen wird sich das oberste Management, wenn der Entschluss für Gruppenarbeit gefallen ist, nicht für dieses Zukunftskonzept aussprechen. Wichtige Hinweise finden sich zum Beispiel darin, ob die Gruppenarbeit und die Teamorientierung in den Unternehmensvisionen bzw. -leitlinien enthalten sind sowie ob sie sich in den Grundsätzen des Personalmanagements und der Mitarbeiterführung in vielen Punkten niederschlagen. Allerdings reichen die verbalen Bekräftigungen nicht und Papier ist bekanntermaßen geduldig. Worum es daher eigentlich geht, ist die glaubwürdige Kommunikation und Signalisierung dieser Überzeugung, die letztlich nur über das eigene Vorleben und das konkrete Handeln des Managements zu erreichen sind.

Im ersten Schritt geht es um das Commitment für das Gruppenarbeitsprojekt. Glaubwürdig wird dieses Commitment erst, wenn auch ausreichende Ressourcen bereitgestellt werden und weitreichendere Aktivitäten bewilligt werden. Dabei geht es durchaus nicht um ein blindes Abnicken und Genehmigen, sondern inwieweit das oberste Management bereit ist, sich mit dem Thema auseinanderzusetzen. Ein äußeres Anzeichen für die beigemessene Bedeutung ist die Aufnahme als Tagesordnungspunkt in den Meetings auf oberster Ebene (Ist Gruppenarbeit ein regelmäßiger Tagesordnungspunkt? Wie schwer ist es für das Projektteam, bei Bedarf mit Anliegen auf die Tagesordnung zu kommen?).

Im zweiten Schritt bedarf es des Engagements des Managements für die umfassendere Ausrichtung zu einer teamorientierten Zusammenarbeits- und Führungskultur. Letztlich kann nur das oberste Management sicherstellen, dass sich die organisationsstrukturellen und personalpolitischen Veränderungen als Voraussetzungen für eine teamorientierte Kultur, in der die selbstregulierte Gruppenarbeit als zentraler Erfolgsfaktor der Leistungserstellung von allen Beteiligten anerkannt und unterstützt wird, von den nachgeordneten Managementebenen umgesetzt wird. Wenn Gruppenarbeit nicht auf der untersten Ebene stehen bleiben soll, dann müsste sich das in den verschiedenen Instrumenten des Personalmanagements wiederfinden (Ist die Förderung von Teamarbeit bzw. der Erfolg der Gruppenarbeit ein Kriterium der Beurteilung und Beförderung von Führungskräften? Ist teamorientiertes Verhalten ein Auswahlkriterium bei Neueinstellungen?).

Als dritten Schritt geht es um das Vorleben der teamorientierten Grundüberzeugungen durch das Management im Arbeitsalltag. Selbstverständlich spielen das Teamverhalten im eigenen Managementkreis sowie das Informations- und Partizipationsverhalten gegenüber den nachgeordneten Ebenen eine zentrale Rolle. Bezogen auf die Gruppenarbeit in der Produktion sind darüber hinaus folgende Punkte zu nennen, die nicht nur als symbolische Akte verstanden werden sollten:

- Das Management lässt sich über den Stand, Erfolge und Probleme der Gruppenarbeit von/in der Meisterrunde informieren.

- Das Management nimmt zum Beispiel an der Eröffnung bzw. am Abend am Gruppensprechertag teil, informiert über Strategien und lässt sich über die Situation in der Produktion aus Mitarbeitersicht informieren.
- Das Management geht regelmäßig in die Produktion – Management by Wandering Around –, spricht mit den Mitarbeitern und lässt sich zum Beispiel an den Informationstafeln informieren.

Dabei handelt es sich um klassische Ansätze der Kommunikation des Managements mit der Basis in der Produktion, weshalb sie aber nicht an Bedeutung verloren haben. Im Zusammenhang mit Gruppenarbeit geht es z. B. primär um die Anerkennung der Gruppen bzw. der Gruppensprecher, die über ihre Leistungen, Erfolge und Schwierigkeiten selbst berichten. Welche Managementebene diese Kommunikationsfunktion im Einzelnen wahrnimmt, hängt von der jeweiligen Unternehmensstruktur und -kultur ab. Dennoch kann zumindest für die meisten Unternehmen festgehalten werden, dass die Produktionsleitung oft den Mitarbeitern (glücklicherweise) so nah ist, dass erst durch höhere Managementebenen die unternehmensstrategische Anerkennung der Mitarbeiter- bzw. Gruppenleistungen vermittelt werden kann.

Entscheidend für die erfolgreiche Wirkung derartiger Kommunikationsrunden sind die anschließenden Aktionen und Rückmeldungen. Wenn das Management sich über die aktuellen Probleme und erforderliche Unterstützung informiert hat, darf es nicht dazu kommen, dass daraufhin nichts mehr passiert. Das entspricht nicht einer glaubwürdigen Kommunikation. Wenn zum Beispiel die Lösung von Problemen aufgrund spezifischer Rahmenbedingungen nicht möglich ist, dann ist das Mindeste, was die Gruppen erwarten können, dass sie hierüber ausführlich informiert werden. Leider ist in der Praxis oft festzustellen, dass sich das Management oder andere Zentralstellen in guter Absicht an die Gruppen wenden, dass sie dann vom Arbeitsalltag eingeholt werden – und die Gruppen mit ihren Anliegen im wahrsten Sinne des Wortes vergessen werden. Ähnliches gilt oft für die Abarbeitung von gemeldeten Problemen und angeforderten Maßnahmen im Rahmen von kontinuierlichen Verbesserungsprozessen. Letztlich ist es auch hier Aufgabe des Managements, dafür zu sorgen, dass die Prioritäten der Erledigung von Anfragen angemessen gesetzt werden. Vor allem sollten die Rückmeldungen an die Gruppen genauso schnell erfolgen, wie eine Anfrage des Managements. Dies im Alltag als Management vorzuleben, lässt sich sicherlich leichter einfordern als umsetzen.

5 Grundlegende Einsichten und Prinzipien

Die zentralen Erkenntnisse bzw. Einsichten, die Unternehmen im Laufe der Erfahrung mit Gruppenarbeit gewinnen (müssen), werden abschließend zu Grundprinzipien einer erfolgreichen Einführung von Gruppenarbeit zusammengefasst:

- Die Einführung von Gruppenarbeit ist kein ausschließliches Produktionsprojekt, sondern betrifft das gesamte Unternehmen. Zumeist ist daher ein Kulturwandel in vielerlei Hinsicht erforderlich, insbesondere eine Abkehr von hierarchischen und zentralistischen Denkansätzen und Organisationskonzepten.

- Mit der Einführung der Gruppenarbeit muss eine Anpassung bzw. Neuausrichtung des Personalmanagements und der Führungsinstrumente bezüglich der Gruppen und zumindest auch für die Mitarbeiter aller indirekten Bereiche und ihre Führungskräfte der verschiedenen Ebenen einhergehen.
- Es bedarf eines professionellen Projektmanagements zur Einführung der Gruppenarbeit, die nach Abschluss der offiziellen Einführung in eine ebenso professionelle Organisation der weiteren Unterstützung und Entwicklung der Gruppenarbeit überführt wird.
- Die Einführung erfolgt nach den Grundsätzen der Organisationsentwicklung (Diagnose, Konzept, Evaluation), wobei der Partizipation aller Beteiligten zentrale Bedeutung zukommt. Gleichzeitig sind die Qualifikation und Vorbereitung für neue Aufgaben und Rollen sicherzustellen.
- Da die Gruppenarbeit kein Selbstläufer ist und sich im Laufe der Zeit weiterentwickelt, da sich zudem die Rahmenbedingungen und ebenso die Managementstrategien immer wieder ändern, bedarf es der systematischen Überprüfung der Ziele und Konzepte der Gruppenarbeit.
- Ohne eine zukunftsweisende Managementstrategie, in deren Konzeption die Gruppenarbeit eingebettet ist bzw. auf deren Ziele die Gruppenarbeit ausgerichtet ist, kann Gruppenarbeit ihr Erfolgspotenzial nicht voll entfalten.
- Ohne das Commitment und Engagement des obersten Managements für die Gruppenarbeit und für eine teamorientierte Organisationskultur bleiben die Einführung und die Erfolge letztlich auf halbem Wege stecken.

Wenn man sich in der Praxis umhört, dann sind viele kritische Erfahrungen und Einsichten dadurch begründet, dass die Erwartungen an die Gruppenarbeit zu hoch gesteckt waren und dass oft vergessen wird, was die Alternative zur Gruppenarbeit ist. Angesichts permanenter Veränderungen wäre z. B. der Aufwand der Mitarbeiterführung in Einzelarbeit deutlich höher als bei Gruppenarbeit. Gruppenarbeit ist aber weder ein Selbstläufer noch ein Allheilmittel, insofern wird in verschiedenen Bereichen immer wieder zu überprüfen sein, ob das jeweilige Organisationskonzept noch zu den Rahmenbedingungen und Arbeitsanforderungen passt. Wenn man sich aber für Gruppenarbeit entschieden hat, dann sollte man nicht bei den ersten Rückschlägen oder Stillständen gleich das Kind mit dem Bade ausschütten. Letztlich hilft auch hier, wie bei anderen Managementkonzepten, nur eine systematische Analyse unter Beteiligung aller Betroffenen als Experten ihrer Arbeitssituation.

II. Über zehn Jahre Erfahrung mit Gruppenarbeit

Hans-Jürgen Fink, Gerald Knebel, Claudia Löwenau & Rigobert Maier, *Heidelberger Druckmaschinen AG*

Gruppenarbeit bei Heidelberg: Gemeinsam – ständig – besser werden

1 Die Heidelberger Druckmaschinen AG

Das Unternehmen

Die Heidelberger Druckmaschinen AG, im Folgenden Heidelberg genannt, ist mit über 40 % Marktanteil bei Bogenoffset-Druckmaschinen der weltweit führende Lösungsanbieter in der Druckmedien-Industrie. Das Produktspektrum umfasst Geräte zur Druckplattenbebilderung, Druckmaschinen und Anlagen zur Weiterverarbeitung inklusive Lösungen zur integrierten Steuerung des betriebswirtschaftlichen und produktionstechnischen Workflows. Hinzu kommen das Schulungsangebot der Print Media Academy mit Standorten in Deutschland, Ägypten, Kanada, Malaysia, Mexiko, Russland, Brasilien, China, Australien, Japan und Belgien, Systemserviceleistungen, Serviceteilversorgung, Verbrauchsmaterialien, der Vertrieb von Gebrauchtmaschinen und Finanzierungskonzepte.

Standorte

Heidelberg verfügt über 15 Entwicklungs- und Produktionsstandorte in sechs Ländern (Deutschland, China, Schweiz, Schweden, Slowakei und USA) und betreut seine weltweit rund 200.000 Kunden über 250 Vertriebsniederlassungen in 170 Ländern. 2006 hat der jüngste Produktionsstandort (Qingpu in China) den Betrieb aufgenommen.

Umsatz und Mitarbeiter

Heidelberg generiert seinen Umsatz zu 85 % durch eigene Vertriebsgesellschaften und erzielt weit über 80 % seines Umsatzes im Ausland. Aktuell sind weltweit rund 19.000 Mitarbeiter im Unternehmen beschäftigt (rund 12.000 in Deutschland; allein 1.500 in Forschung und Entwicklung). Im Geschäftsjahr 2006/2007 erzielte Heidelberg einen Umsatz in Höhe von 3,8 Milliarden Euro. Rund 6 % des Umsatzes fließen in Forschung und Entwicklung. Heidelberg hält rund 5.200 Patente im In- und Ausland. Mit 6 % weist Heidelberg eine überdurchschnittlich hohe Ausbildungsquote mit 13 Ausbildungsberufen und fünf Studiengängen (BA) auf.

Der Standort Wiesloch-Walldorf

Der Standort Wiesloch-Walldorf rund 15 Kilometer südlich von Heidelberg ist mit über 6.000 Mitarbeitern und einem Areal von 873.000 Quadratmetern (das entspricht 88 Fußballfeldern) die größte und modernste Druckmaschinenfabrik der Welt für Bogenoffset-Maschinen. Eine Druckmaschine besteht aus bis zu 100.000 Einzelteilen. Fertigung und Montage stellen höchste Ansprüche an Genauigkeit (im Bereich von Tausendstel Millimetern). Heidelberg verfügt über eine überdurchschnittlich hohe Zahl an Mitarbeitern mit Hochschulabschluss und im gewerblichen Bereich gut ausgebildete Facharbeiter.

2 Historie Gruppenarbeit

2.1 Startzeitpunkt

Die Heidelberger Druckmaschinen AG hat im Jahr 1993 an ihrem Produktionsstandort Wiesloch-Walldorf die ersten Gehversuche mit Gruppenarbeit gemacht. Zu dieser Zeit steckte Gruppenarbeit in der Industrie noch in den Kinderschuhen. In der Regel beherrschten sehr hierarchische Strukturen mit relativ strenger personenbezogener Zuordnung der Arbeitsaufgaben das Bild in den deutschen Produktionshallen; nicht anders bei Heidelberg.

2.2 Ziele

Mit der Internationalisierung des Wettbewerbs und dem Wandel zu einem „Käufermarkt“, verbunden mit einem steigenden Kostendruck, mussten neue Wege zur Senkung der Herstellungskosten und zur Steigerung der Produktivität beschritten werden. Ein Werkzeug dabei war und ist die Gruppenarbeit. Höhere Wirtschaftlichkeit, bessere Qualität, mehr Produktivität und mehr Flexibilität als Ergebnisse der Gruppenarbeit sollten die Konkurrenzfähigkeit des Unternehmens langfristig und nachhaltig steigern. Nicht weniger wichtig aber war bei Heidelberg das Thema Arbeitszufriedenheit: Mehr Mitsprache, Mitgestaltung und Mitverantwortung sind wichtige Faktoren für höhere Produktivität.

Heidelberg entschied sich deshalb für einen gesamthaften Ansatz bei der Einführung von Gruppenarbeit: Wirtschaftliche, personelle und organisatorische Ziele greifen ineinander und wirken gemeinsam auf eine höhere Wettbewerbsfähigkeit des Unternehmens hin. Die wirtschaftlichen Ziele umfassen dabei die Senkung der Durchlaufzeiten, die Sicherstellung der Termineinhaltung, Qualitätsverbesserung, Senkung der Kosten und insgesamt eine höhere Produktivität.

Unter den organisatorischen Zielen hatte man eine Erhöhung der Flexibilität, die Unterstützung und Verstärkung des kontinuierlichen Verbesserungsprozesses und eine Verbesserung des Informationsflusses subsumiert. Gleichgewichtig wurden die personellen Ziele formuliert: Gruppenarbeit sollte dazu beitragen, die Kommunikation zu verbessern, die Motivation zu steigern, eine höhere Qualifikation der Mitarbeiter zu erreichen, das Betriebsklima zu verbessern und die Arbeitsplätze langfristig zu sichern.

2.3 Einführungsstrategie

Vor der Einführung stand bei Heidelberg eine umfangreiche Konzeptphase. Festgelegt wurde dabei, neben den bereits definierten unternehmensspezifischen Zielen, auch die Marschroute, die zur schrittweisen Einführung in den einzelnen Bereichen am Produktionsstandort Wiesloch-Walldorf verfolgt wird. Heidelberg ist bewusst diesen Weg gegangen, um in allen Folgebereichen aus den Erfahrungen der jeweils vorangehenden Bereiche lernen zu können. Im Wesentlichen gab es dabei folgende Meilensteine für den Standort Wiesloch-Walldorf:

- 1993: Start eines Pilotbereiches in der Montage
- 1995: Beginn der flächendeckenden Einführung
- 1997: Gruppenarbeit ist in allen Montagebereichen eingeführt
- 2002: Beginn der schrittweisen Einführung in der Fertigung Wiesloch-Walldorf
- 2004: Gruppenarbeit ist in den Produktionsbereichen eingeführt

Heute arbeiten die Produktionsbereiche nach der Konzept-, der Pilot- und der Einführungsphase in unterschiedlichen Optimierungsphasen.

Abbildung 1: Produktion in Wiesloch-Walldorf: In Fertigung und Montage gelten höchste Qualitätsansprüche

3 Merkmale bei Heidelberg

Heidelberg hat in einem Soll-Modell zentrale Elemente entwickelt. Sie sind die wesentliche Voraussetzung dafür, dass von Gruppenarbeit gesprochen werden kann. So wurde festgelegt, dass die Arbeitsinhalte prozess- und verrichtungsorientiert definiert sein müssen. Eine Gruppe kann sich innerhalb der gemeinsamen Gesamtaufgabe bei ihren Teilaufgaben abwechseln. Auch sollen die Gruppen möglichst viele sinnvolle Tätigkeiten übernehmen, beispielsweise Aufgaben aus den Bereichen Steuerung, Planung, Qualität oder Instandhaltung.

Dies geht einher mit einer entsprechenden Selbstorganisation der Gruppen. Als selbstregulierende Einheiten üben sie beispielsweise die Planung, Steuerung, Koordinierung und Kontrolle ihrer Aufgaben selbstständig aus und treiben den kontinuierlichen Verbesserungsprozess voran. Für diese Aufgaben wird ihnen die entsprechende Verantwortung und Kompetenz übertragen.

Gruppensprecher, regelmäßige Gruppengespräche und Zielvereinbarungen pro Gruppe sind weitere Elemente.

Unterstützt werden die Gruppen in ihrer Arbeit durch bestimmte Führungsinstrumente wie Kennzahlen, Zielvereinbarungen, Visualisierung, Aufgabenorganigramme und den Gruppencheck. Zur Visualisierung und Information dienen standardisierte Infotafeln, die für alle Mitarbeiter gut zugänglich in den Hallen und Gebäuden angebracht sind.

4 Instrumente bei Heidelberg

4.1 Gruppensprecher

Der Gruppensprecher und sein Vertreter werden durch die Gruppe gewählt. Sie koordinieren die Gruppenaktivitäten und vertreten die Gruppe nach außen. Weisungs- oder Disziplinarbefugnisse haben sie nicht. Zusammen mit der Personalentwicklung wurden Trainings und Methoden entwickelt. So wird der Gruppensprecher dabei unterstützt, die Instrumente und Methoden anzuwenden wie zum Beispiel Moderationstechnik.

4.2 Gruppengespräche

Zu diesen Gruppenaktivitäten zählen die in der Regel einmal wöchentlich stattfindenden etwa einstündigen Gruppengespräche zur Lösung fachlicher, organisatorischer und sozialer Fragen. Räume und Zeit dafür stellt das Unternehmen zur Verfügung. Die Gruppe nutzt für die Gespräche standardisierte Elemente wie die eigens entwickelte Besprechungsuhr, die den Gesprächen Struktur gibt, Themenspeicher zum Sammeln und Verfolgen von Problemen oder Ideen. Den Gruppensprechern wird ein so genannter Moderationskoffer an die Hand gegeben. Vorher festgelegte Tagesordnungen und anschließende Protokolle sorgen für diszipliniertes Arbeiten und sichern das Abarbeiten der zu verfolgenden Themen. Mit dem systematischen Problemlösungsprozess (SPP) steht den Gruppen eine standardisierte und bewährte Methode dafür zur Verfügung.

4.3 Gruppencheck

Der Gruppencheck hat sich aus mehreren Vorläufern heute als das beste Mittel zur Messung der Sozialkompetenz innerhalb der Gruppe etabliert. Anhand von 14 standardisierten Merkmalen in Form eines Fragebogens können sich die Gruppen selbst einschätzen, insbesondere bezüglich ihrer Zusammenarbeit innerhalb der Gruppe. Heidelberg hat dafür vier Stufen definiert, von der „Technikstufe“ als erster Ebene bis hin zur „Verantwortungsstufe“ als höchster Ebene. Detaillierter wird hierauf im Beitrag von Fink, Knebel, Löwenau und Maier in Teil IV dieses Buches eingegangen.

4.4 Zielvereinbarungen

Heidelberg setzt, angefangen von der Vorstandsebene, die die Ziele der Heidelberg-Gruppe auf strategischer und operativer Ebene definiert, bis hin zu den einzelnen Meisterbereichen beziehungsweise Gruppen, auf die Balanced Scorecard (BSC). In dieser Balanced Scorecard hält die jeweilige Ebene oder der jeweilige Bereich ihre bzw. seine Ziele in den vier gleichwertigen Bereichen Finanzen, Kunden, Mitarbeiter und Prozesse fest. Einmal jährlich wird sie überprüft, überarbeitet und weitergeführt sowie mit dem jeweiligen Vorgesetzen abgestimmt, wo sie dann in die BSC der nächst höheren Verantwortungsebene einfließt. So gewährleistet die BSC einerseits, dass die Ziele der Unternehmensführung bis in die kleinsten Organisationseinheiten heruntergebrochen und mit eigenen Zielen unterstützt werden, und andererseits, dass die Erreichung der Ziele permanent und systematisch nachgehalten wird.

4.5 Steuerkreis

Steuerkreise sind bei Heidelberg auf zwei Ebenen mit unterschiedlicher Funktion eingerichtet: Die Segmentleiter treffen sich in regelmäßigen Abständen mit ihren Produktionsmeistern, um den Stand in den Gruppen, aktuelle Themen und notwendige Maßnahmen zu besprechen. Auf Operationsebene geht es darum, dem Operationsleiter ein Bild über den Entwicklungsstand der einzelnen Gruppen zu vermitteln. Hierbei ist der Gruppencheck als Basis eine hilfreiche Unterstützung.

4.6 Qualifizierung der Gruppen und Führungskräfte

An dieser Stelle darf eine der wesentlichen Erkenntnisse vorweggenommen werden: Gruppenarbeit ist nur so gut, wie sie von den Mitarbeitern umgesetzt, von den Führungskräften genutzt wird und wie weit diese Vorgesetzten selbst von der Organisation unterstützt werden.

Bei Heidelberg hat deshalb das Thema Qualifizierung einen sehr hohen Stellenwert. „Rollenklärung zwischen Gruppe und Produktionsmeister“ zum Beispiel ist ein Thema für Schulungen und Trainings. Konfliktmanagement, Handhabung von definierten Werkzeugen, Schulungen für die Gruppensprecher, insbesondere hinsichtlich organisatorischer Themen, oder Methoden wie der systematische Problemlösungsprozess (SPP) sind weitere Beispiele. Personalentwicklung und die jeweiligen Vorgesetzten arbeiten hier eng und zielorientiert zusammen.

4.7 Prozessbegleitung

Der Prozess von der Pilotphase bis hin zur Optimierungsphase wird begleitet von so genannten Gruppenentwicklern. Sie stimmen die Entwicklungsschritte einer Gruppe mit dem Produktionsmeister ab. Gerade in der Startphase sind sie als Begleiter und Vermittler zwischen Gruppe und Meister wichtig. Sie sind aber auch danach „Motoren“ der Gruppenarbeit und unterstützen die Gruppen und auch den Produktionsmeister in sozialen und methodischen Belangen. Gleichzeitig fördern sie den Selbststeuerungsprozess der Gruppen und geben den einzelnen Gruppen Rückmeldung dazu, wo sie in ihrer Kompetenzentwicklung stehen. Auf Segmentebene fungieren sie als „Informationsdrehscheibe“ für die Gruppenarbeit.

5 Einbindung in das Heidelberg-Produktionssystem

Für das Bestehen im internationalen Wettbewerb sind letzten Endes auch die Produktionskosten entscheidend. Heidelberg hat mit dem Heidelberg-Produktionssystem einen Weg zur ganzheitlichen Optimierung und Synchronisierung aller am Herstellungsprozess beteiligten Prozessschritte beschritten. Wesentliche Faktoren dabei sind das Know-how der Mitarbeiter, die optimale Formulierung und Ausrichtung aller Prozesse und eine konsequente Orientierung an höchster Qualität. Heidelberg hat als eines der fünf Prinzipien seines Produktionssystems effiziente Arbeitsstrukturen definiert (vgl. Abbildung 2), Gruppenarbeit ist dabei neben der Fließmontage, der Fertigung in Produktionseinheiten, der Standardisierung, der Produktionsplanung und Zeitwirtschaft und der Visualisierung ein Element.

6 Lessons Learned

Bevor auf die einzelnen Punkte eingegangen wird, muss betont werden, dass die Gruppenarbeit und die damit aufgebaute Qualifizierung der Mitarbeiter eines der entscheidenden Kriterien dafür ist, dass Heidelberg das Heidelberg-Produktionssystem einführen und umsetzen kann. Hohe Eigenverantwortung und Selbstständigkeit sowie die Bereitschaft, eigene Prozesse infrage zu stellen und in hoher Selbstständigkeit an deren Optimierung zu arbeiten, sind das Ergebnis der jahrelangen, kontinuierlichen Strategie, Mitarbeiter konsequent zu hoher Verantwortung weiterzuentwickeln, und die Voraussetzung dafür, ein hochkomplexes System in Einzelschritten und Einzeleinheiten gesamthaft einführen zu können. Viele können vieles – so ließe sich einer der Vorteile, die Funktionsintegration, beschreiben, die Einzelne in der Gruppe entlastet hat und die die in der Gruppe zur Verfügung stehende Gesamtkompetenz erhöht hat.

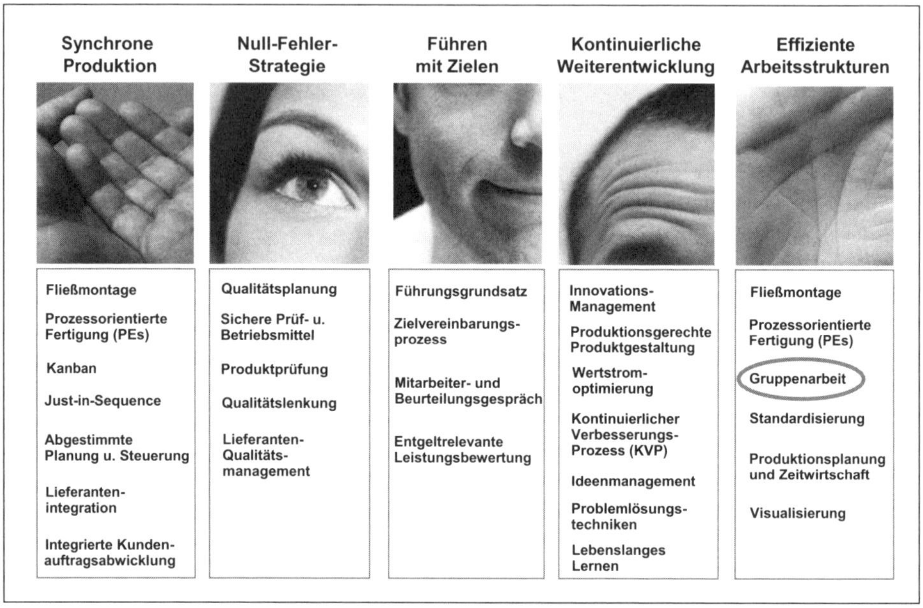

Abbildung 2: Das Methodenhaus zeigt die fünf Prinzipien des Heidelberg-Produktionssystems sowie die jeweiligen Methoden

Aus der Übernahme von Verantwortung und Aufgaben durch die Gruppe resultiert nicht nur eine höhere Zufriedenheit mit der eigenen Arbeitssituation, sondern insbesondere auch eine Entlastung des Meisters von rein organisatorischen Aufgaben. Das bedeutet, dass sich der Meister wesentlich stärker auf Führungsaufgaben konzentrieren kann: die Weiterentwicklung einzelner Mitarbeiter, die Unterstützung bei von der Gruppe festgelegten Verbesserungsmaßnahmen und die selbstständige Arbeit an der Optimierung des Bereichs beziehungsweise dessen Einbindung in den Prozess Lieferant-Gruppe-Kunde.

Die Frage, welche Empfehlungen gegeben werden können, ist äußerst subjektiv zu beantworten. Dennoch gibt es eine Reihe von objektiven Kriterien, die unabhängig von Branche und Größe eines Unternehmens Gültigkeit haben. Völlig unstrittig dürfte sein, dass das Management, gerade in der auch von Rückschlägen und schleppenden Fortschritten gekennzeichneten Einführungsphase, ohne Wenn und Aber dahinterstehen muss. Das bedeutet auch, mit Pilotgruppen zu beginnen, um Fehler in der Einführungsphase auf kleinen Raum zu begrenzen und es in größerem Rahmen besser machen zu können. Dass in der Einführungsphase insbesondere den ersten Gruppen gegenüber Geduld und Nachsicht angebracht ist, dürfte sich von selbst verstehen. Der anfangs in Schulungen gesteckte Aufwand wird sich rechnen.

Jede Gruppe braucht Rückhalt, insbesondere in der von Unsicherheit und Tatendrang gleichermaßen gekennzeichneten Anfangsphase; das heißt, dass sowohl der Produktionsmeister als auch der höhere Vorgesetzte zeigen müssen, dass sie hinter den Gruppen stehen. Besonders während der Anfangsphase ist es wichtig, dass Gruppenentwickler die Gruppe und den Meister begleiten. Bewährt hat sich, dass diese Gruppenentwickler das Thema auch weiterhin verfolgen und als Ansprechpartner für Gruppe, Meister und Management für soziale und methodische Themen zur Verfügung stehen und so als Bindeglied zwischen Gruppe und Management fungieren.

Aber auch später ist es wichtig, dass Führungskräfte den Prozess kontinuierlich betreuen beziehungsweise dahinterstehen, sonst besteht die Gefahr, dass Gruppenprobleme nicht mehr aktiv angegangen werden und Gruppengespräche nicht mehr regelmäßig stattfinden. Dies kann zu einer gewissen Frustration führen und dazu, dass sich keine Gruppensprecher mehr wählen lassen. Genauso wichtig ist es, dass der Rückhalt für die Gruppe bei einem Führungskräftewechsel nicht verloren geht.

Der gleichen Selbstfindung wie bei der Gruppe unterliegt natürlich auch der jeweilige Meister. Heidelberg hat deshalb spezielle Schulungen für Meister aufgesetzt. In diesen lernt der Meister nicht nur, mit den neuen, erweiterten Funktionen umzugehen, sondern insbesondere das Managen der Gruppe: Abgabe von Verantwortung, Einbeziehung der Gruppe beziehungsweise des Gruppensprechers oder aller Gruppenmitglieder in Entscheidungen oder zumindest die Informationen und Hintergründe dazu. Und er lernt, der Gruppe neben den reinen Produktionsaufgaben Freiraum für ihre Gruppenaufgaben zu geben. Natürlich bedarf die Abgabe von Kompetenzen durch den Meister an die Mitarbeiter eines Gewöhnungsprozesses.

Bildet man Gruppen, sollte berücksichtigt werden, dass

- die Gruppe die richtige Größe hat (fünf bis 15 Mitglieder),
- die Gruppe ihre Arbeitsaufgabe komplett bearbeiten kann,
- regelmäßig Gruppengespräche stattfinden können,
- Erfolge erreichbar, sichtbar und nachvollziehbar sind,
- Spielregeln wie Pünktlichkeit, der Einsatz eines Schriftführers und Konsequenz bei Terminüberschreitungen eingehalten werden.

Als zentraler Punkt hat sich bei Heidelberg in weit über zehn Jahren Erfahrung mit Gruppenarbeit die Frage des Vertrauens herauskristallisiert: Eine gut funktionierende Gruppe braucht ein gewisses Maß an Führung genauso wie die selbstbewusste Entscheidungssouveränität für die ihr eingeräumten beziehungsweise übertragenen Kompetenzen. Dies mag durchaus im Einzelfall ein Balanceakt zwischen Freiraum und Überforderung sein – und zwar für die Gruppe genauso wie den Meister, der sich in einer neuen Position zurechtfinden muss.

Gruppenarbeit ist kein Selbstläufer, sondern muss ständig gefördert und weiterentwickelt werden. Sie ist die wesentliche Basis für erfolgreiche Verbesserungsprozesse.

Klaus Henkel & Dieter Hecker, *B. Braun Melsungen AG*

Prozessbegleitung Gruppenarbeit: Unterstützen, verbessern, gestalten mit System

1 Einleitung

Mit diesem Beitrag möchten wir Sie einladen, einen Blick in „unsere“ Gruppenarbeit zu werfen, wobei wir bereits zu Beginn eine grundlegende Erfahrung weitergeben möchten. Es gibt keine einheitlich anzuwendende, standardisierte Methode zur Gruppenarbeit, auch wenn in einigen der unzähligen Veröffentlichungen zu diesem Thema anderes behauptet wird.

Wir wollen hier beispielhaft über das sprechen, was uns gut gelungen ist, und gleichermaßen auch das benennen, was anstrengend war und woran wir nach über zehn Jahren in dieser Arbeitsform noch arbeiten und gestalten. Wir wollen Sie weiterhin dazu ermutigen, Ihren Weg in eine stärker mitarbeiterbeteiligende Arbeitsform zu finden, und aufzeigen, dass gerade in Zeiten inflationärer Methodenvielfalt eine ausgewogene konstruktive Beteiligung der Mitarbeiter an Organisationsprozessen ein immer wichtiger werdender unternehmerischer Erfolgsfaktor ist.

Dazu haben wir uns hier mit den Fragen der Mitarbeiterführung sowie der Prozessbegleitung näher auseinandergesetzt.

2 Die B. Braun Melsungen AG

Als Julius Wilhelm Braun im Jahre 1839 die Rosenapotheke in Melsungen erwirbt und sein ältester Sohn Bernhard Braun genau 25 Jahre später mit der Produktion pharmazeutischer Erzeugnisse wie z. B. Migränestifte oder Pflaster beginnt, ist sicher nicht vorstellbar, dass aus dieser Apotheke ein international tätiges Unternehmen entsteht, das allein im Geschäftsjahr 2006 einen Konzernumsatz von 3,3 Mrd. Euro erwirtschaftet.

Die B. Braun Melsungen AG ist heute als Hersteller von Produkten für den Krankenhausbedarf sowie den ambulanten Versorgungsbereich auf den Weltmärkten präsent. Die breite Produktpalette des Unternehmens beinhaltet Kunststoffeinmalartikel von der Spritze bis zu Produkten der Infusions- und Transfusionstherapie, ferner pharmazeutische Lösungen, Desinfektions- und Hygieneprodukte, chirurgische Instrumente und Implantate, Nahtmaterialien und Produkte zur Wundversorgung sowie Dialyselösungen und Dialysegeräte.

Mit zahlreichen Tochtergesellschaften im In- und Ausland verfügt der B. Braun-Konzern über mehrere Produktionsstätten in Deutschland, Europa, Nord- und Südamerika sowie in Asien. In Deutschland sind im Jahr 2007 rund 9.000 Mitarbeiter beschäftigt, weltweit liegt die Mitarbeiterzahl derzeit bei über 34.000.

In der 170-jährigen Geschichte von B. Braun verweist man stolz auf die enge Verbundenheit mit den jeweiligen Regionen, in denen das Unternehmen tätig ist; dieses Selbstverständnis ist bis in die Unternehmensleitlinien verankert: Nachhaltigkeit ist eine der tragenden Säulen des Unternehmens und spiegelt sich im Firmenclaim „B. Braun Sharing Expertise“ wider. Mit diesem Markenwert ist auch gesellschaftliche Verantwortung gemeint – für die Menschen, für die Umwelt, für die Kultur in den Regionen, in denen wir tätig sind.

3 Ausgangssituation

Mit der Vorgabe der Unternehmensleitung, dem Engagement des Managements und der beteiligten Mitarbeiter sowie der Unterstützung von Unternehmensberatungen wird 1996 beginnend innerhalb von zwei Jahren eine systematische Reorganisation hin zu der neuen Arbeitsform, der *teilautonomen, selbstregulierten Gruppenarbeit* vollzogen. Hierbei galt es, unter Beachtung der theoretischen Modelle den auf die Unternehmenskultur abgestimmten eigenen Weg zu finden.

Bausteine der neuen Arbeitsform sind:

- Zielvereinbarung, jede Gruppe individuell, verhandelbar, nicht Vorgabe
- Aufgabenerweiterung und Qualifizierung mit der Methode Qualifikationsmatrix
- persönliche Mitarbeiterbewertung durch den Vorgesetzten
- Einführung Entlohnungsmodell mit gestaffeltem Anreizsystem
- Einführung der Werkerselbstprüfung
- Inprozessprüfung als eigenständige Dienstleistergruppe
- Veränderung des Aufgabengebietes der Führungskraft und Stabilisierung des Führungsverhaltens

Der letztgenannte Aspekt war dabei ein besonders grundlegender Prozess und wird nachfolgend ausführlicher beschrieben.

3.1 Mitarbeiterführung versus Coaching

Die Einbindung der direkten Führungskräfte (Meisterebene) in den Gestaltungsprozess der Gruppenarbeit findet zu einem Zeitpunkt statt, der sich aus heutiger Sicht betrachtet als sehr spät erweist. Das führt zu anfänglichen Irritationen auf Seiten der Mitarbeiter aber auch auf Seiten der Führungskräfte, die ihre Führungsaufgabe nicht mehr deutlich wahrnehmbar gestalten. Mitarbeiter beklagen zu diesem Zeitpunkt fehlende Entscheidungen und das Gefühl, alleingelassen zu werden. Führungskräfte sind unsicher, die Grenzen zwischen Gruppenverantwortung und dem notwendigen eigenen Eingreifen als Vorgesetzter richtig einzuschätzen. Dieses Verhalten muss mit einigem Aufwand korrigiert werden. Auch die zu Beginn der Gruppenarbeit veränderte Bezeichnung der Führungskräfte vom Meister zum Coach wird später wieder zurückgenommen. Der gewollte, verstärkte Einsatz von Coachingelementen, aber auch eine eindeutige Wahrnehmung der Führungsaufgabe ist ein Gestaltungs und Lernprozess, der uns über einen längeren Zeitraum beschäftigt. Wir haben gelernt, dass es bei der Einführung von Gruppenarbeit sehr zielführend ist, der Ebene der direkten Führungskräfte eine besondere Aufmerksamkeit zu widmen. Die Wichtigkeit der Meisterfunktion bestätigt sich für uns in der Arbeitsform Gruppenarbeit absolut.

Entstanden ist in dieser Zeit ein Qualifikationsmodul für Führungskräfte mit dem Namen „Fit for Führung", das die Voraussetzung für dort anzusiedelnde Führungskräfte ist. Ziel dieser Qualifikationsmaßnahme ist die Vermittlung eines auf die jeweilige Situation angepassten Verhaltens (situativer Führungsstil) und die damit verbundene immer wieder neu zu treffende Entscheidung zwischen der Hilfe zur Selbsthilfe in Form eines beratenden Coachings oder einer klaren Entscheidung als Vorgesetzter.

Die besondere Herausforderung wird ersichtlich, wenn man bedenkt, dass mit Einführung von Gruppenarbeit die Übertragung von Aufgaben und Verantwortlichkeiten an die Gruppe und gleichzeitige Aufgabenumverteilung/Erweiterung hin zu den Führungskräften stattfindet. Abbildung 1 verdeutlicht dies: Die Darstellung zeigt in den rechteckigen Boxen Arbeitsinhalte, die vor Einführung der Gruppenarbeit ausschließlich Führungskräften und Dienstleistern vorbehalten waren und die heute im Aufgabengebiet der Gruppenmitglieder liegen. In dem großformatigen Pfeil sind die erweiterten Aufgaben der Führungskräfte dargestellt.

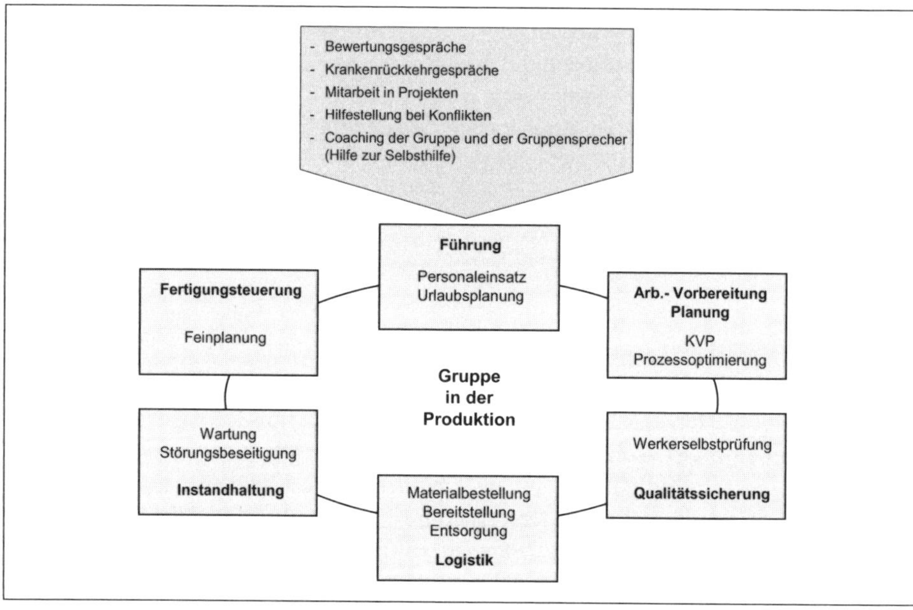

Abbildung 1: Aufgaben der Gruppe in der Produktion

Wir verfügen heute über einen gut ausgebildeten Stamm an Mitarbeitern in den verschiedensten Funktionen – vom Gruppensprecher bis zur Führungskraft – sowie die dazugehörigen Rollenbeschreibungen, Qualifizierungsprogramme und das Verständnis, eine Arbeitsorganisation geschaffen zu haben, die alle gesetzten betriebswirtschaftlichen sowie strategischen Unternehmensziele erreicht. Diese Arbeitsorganisation der Gruppenarbeit muss, wie jede andere Arbeitsform auch, betreut und weiterentwickelt werden. Die Weiterentwicklung fängt an, wo Hürden überwunden und Ziele erreicht werden. Das ist für uns auch der Punkt, an dem die Schaffung und Einführung von Standards einsetzt, um ein Zurückfallen in undefinierte Zustände zu verhindern.

3.2 Standards schaffen, einführen und aufrechterhalten

Am Beispiel des Problemlösungsmodells P-U-M-V-T (vgl. Abbildung 2) wird im Folgenden dargestellt, welche Faktoren den Erfolg dieses Konzeptes ausmachen.

Ein wichtiges Element der Gruppengespräche ist die systematische Bearbeitung von Problemen des Arbeits- und Betriebablaufes. Um eine möglichst hohe Effizienz der Gespräche zu ermöglichen, setzen wir hier eine Methode ein, die universell einsetzbar ist und mit einer einfachen Logik von den Gruppensprechern angewendet wird.

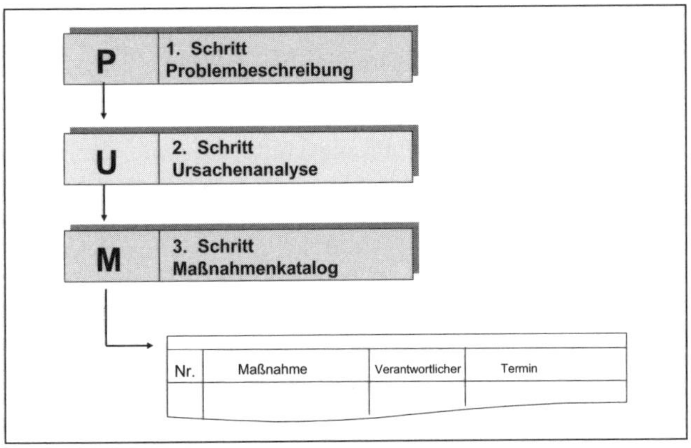

Abbildung 2: Das Problemlösungsmodell P-U-M-V-T

Dies geschieht in folgender Reihenfolge: 1. *P*roblembeschreibung erstellen, 2. mögliche *U*rsachen benennen, 3. *M*aßnahmen zur Behebung des Problems festlegen, 4. *V*erantwortlichen benennen und 5. *T*ermin der Umsetzung planen. So beschreiben wir sämtliche Abweichungen und Verbesserungspotenziale, die von den Mitarbeitern ins Gruppengespräch eingebracht werden. Die sofortige Dokumentation im Gruppenprotokoll trägt dazu bei, die Inhalte sowie getätigte Maßnahmen für alle ersichtlich darzustellen. Alle getroffenen Maßnahmen verbleiben bis zur endgültigen Abarbeitung im Status „offen". In regelmäßig stattfindenden Reviews werden der Stand sowie die nächsten Schritte besprochen und so einer Lösung zugeführt. Eine spezielle Software unterstützt diesen Vorgang EDV-technisch.

Folgende Vorteile ergeben sich aus der Anwendung dieser Methode:

- Transparenz von Störungen und Problemen im Arbeits- und Betriebsablauf
- schichtübergreifende Kommunikation durch Dokumentation/Aushang der Protokolle
- Vermeidung von Doppelbearbeitung

- Einbindung der Mitarbeiter als „Spezialisten vor Ort“
- praktikable, oft kostenoptimale Lösungen

3.3 Nachhaltigkeit

Zur Sicherung der korrekten Anwendung der Methoden, hier noch einmal am Beispiel von P-U-M-V-T, finden im jährlichen Rhythmus Schulungen für Vorgesetzte und Gruppensprecher statt. D. h., nach diesen Schulungen begegnet man sich sozusagen auf gleicher Augenhöhe, was zu höherer Akzeptanz der Methode sowie zu größtmöglicher Übereinstimmung in der Anwendung führt.

Eine weitere große Unterstützung erwarten wir von dem zurzeit im Aufbau befindlichen Braun-Produktionssystem, das alle Methoden zusammenführt und beschreibt. Von dem jeweiligen Methodeneigner unterstützt, kann nach Bedarf in allen Fachabteilungen auf gleiches Wissen und dessen Anwendung zugegriffen werden.

Dass die Unterstützung durch Methoden allein bekanntlich keine Nachhaltigkeit erzeugt, mussten wir dadurch erfahren, dass Führungskräfte aufgrund der veränderten Anforderungen an ihre eigene Person zeitlich nicht ausreichend in der Lage waren, die qualitative Prozessbegleitung und Methodenaufrechterhaltung ihrer Mitarbeiter/innen zu gewährleisten.

Als *Fazit* können wir folgende Aussage treffen: Um nachhaltige Veränderungen im Verhalten von Menschen zu erhalten, reichen das Bereitstellen von Ressourcen und das Schulen von Methoden nicht aus. Ständige zeitnahe und zeitintensive Betreuung der Mitarbeiter ist hier gefragt. Die gleiche hochwertige Betreuung, die wir an technischen Anlagen in Form von Instandhaltung und vorbeugender Wartung bereits Jahrzehnte erfolgreich praktizieren und die unseren Erfolg in den Produktionsabteilungen bis heute ausmacht, müssen wir in Form der Begleitungfunktion auch in der Personalarbeit stärker berücksichtigen.

Im Folgenden stellen wir daher unsere Erfahrungen zur Wichtigkeit einer funktionierenden Prozessbegleitung vor.

4 Prozessbegleitung bei Gruppenarbeit, Entstehung

Sehr erstaunt stellen wir bereits drei bis vier Jahre nach der erfolgreich abgeschlossenen Einführung der Gruppenarbeit ein Stagnieren der gruppendynamischen Prozesse in den Startgruppen fest (vgl. Abbildung 3). Dies äußert sich z. B. in dem Auslassen der wöchentlich zu absolvierenden Gruppengespräche oder dem Versiegen von Ideen im kontinuierlichen Verbesserungsprozess. Die Führungskräfte, die mittlerweile umfassend geschult und auf ihre neuen Aufgaben vorbereitet sind, schlagen Alarm. Alle Bemühungen im Bereich des Führungskräfteverhaltens sowie eine stringente Umsetzung von Gruppenarbeitsmethoden können aber die eingangs erwähnte Situation nicht deutlich verbessern. Dies hat zur Folge, dass sich Produktionsleitung und Personalabteilung intensiv mit Methoden und Funktionen auseinandersetzen, die das Aufbrechen der gerade neu gestalteten Rahmenbedingungen zur Gruppenarbeit wirkungsvoll verhindern sollen. Die Begleitungsfunktion der Gruppenarbeit wird diskutiert.

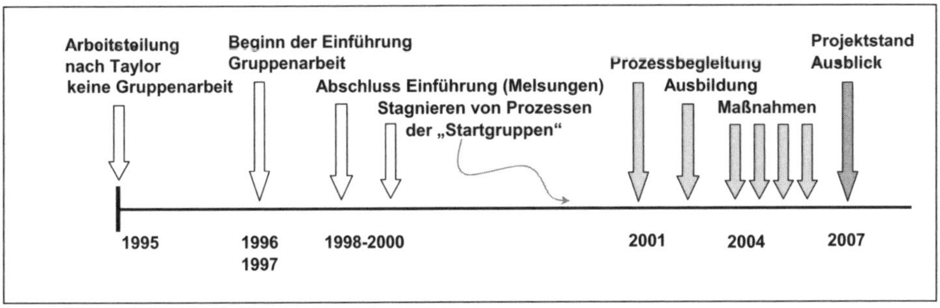

Abbildung 3: Zeitliche Dimension zwischen Einführungsbeginn der Gruppenarbeit, Zurückfallen in alte Methoden und Installieren von Prozessbegleitung

Es entsteht die Übereinkunft, eine Funktion zu schaffen, die die Menschen im Gruppenarbeitsprozess intensiv betreut. Diese Funktion wird in den Jahren 2000 bis 2002 ausgebildet und besetzt.

Der so genannte „Prozessbegleiter Gruppenarbeit" wird installiert und soll die Weiterentwicklung der Gruppenarbeit sicherstellen. Der Stelleninhaber wird in einer Qualifizierungsmaßnahme, einem Mix aus Kompetenzerweiterung und Training, mit einem Umfang von ca. 300 Stunden auf seine zukünftigen Aufgaben vorbereitet. Ein Schwerpunkt der Maßnahme ist das unterstützende Einwirken bei Konflikten. Hier gehen wir erstmalig neue Wege, indem der Prozessbegleiter in Konflikten direkt vom Mitarbeiter angesprochen wird und eine neutrale Konfliktbearbeitung ohne Zeitverzug und ohne Bindung von Kapazitäten der Vorgesetzten stattfinden kann.

4.1 Auswahl und Ausbildung

Die Vorgehensweise bei der Personenauswahl und Absolvierung der ersten Ausbildungsreihe der Prozessbegleiter in den Jahhren 2001 bis 2002 gilt heute als hervorzuhebendes Beispiel einer lernenden Organisation und wird im Folgenden vorgestellt.

Da es faktisch eine solche Funktion im Unternehmen bisher nicht gibt und am freien Markt sowie im wissenschaftlichen Sektor keine passgenauen Konzepte gefunden werden, entschließen wir uns, eine erste Gruppe von zukünftigen Prozessbegleitern mit Erfahrungen in Personalführungsfragen zusammenzustellen (Meister). Eine der ersten Aufgaben der ausgesuchten Personengruppe wird die Entwicklung des eigenen zukünftigen Profiles sein, welches zur Auswahl und notwendigen Qualifizierung sowie zur späteren Personalauswahl herangezogen wird (vgl. Abbildung 5).

Abbildung 4 zeigt die einzelnen Ausbildungsmodule von je zwei bis drei Tagen, die durch Arbeitsaufgaben und Projekte im eigenen Arbeitsumfeld ergänzt werden und die mit einer halbtägigen schriftlichen sowie mündlichen Prüfung zur innerbetrieblichen Qualifikation Prozessbegleiter führen.

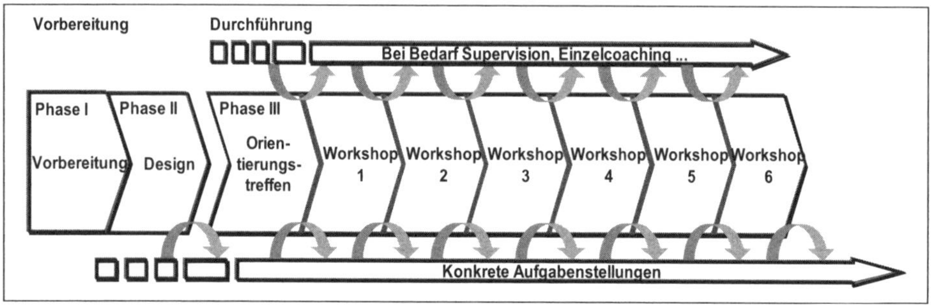

Abbildung 4: Ausbildung der Prozessbegleiter im Überblick

Die Inhalte der Ausbildungsmodule ergeben sich aus dem im Folgenden dargestellten Kompetenzprofil sowie aus dem Aufgabengebiet selbst. Besonders durch eine Ausprägung im Bereich der Selbstkompetenzen sei darauf hingewiesen, dass eine besondere Gewichtung auf der Personenauswahl liegt, da dieser Kompetenzbereich nur bedingt und mit erheblichem Aufwand qualifizierbar ist.

„Welche Wissen, Fähigkeiten und Fertigkeiten muß der Prozessbegleiter mitbringen, um diese Aufgaben zu erfüllen?“

Fachkompetenz
- Grundlagenwissen; Profi im Thema Gruppenarbeit
- BBM- Konzept, Betriebsvereinbarungen
- Standortspezifische Besonderheiten

Soziale Kompetenz
- Kommunikationsfähigkeit
- Akzeptanz bei den Kollegen
- Vertrauen seitens der Vorgesetzten und der Gruppe
- Unterstützung bei Konflikten

Methodenkompetenz
- Rhetorik
- Moderation
- Präsentation
- Konfliktmanagement
- Schulungen vorbereiten, durchführen und nachbereiten

Personale Kompetenz/Selbstkompetenz
- Motiviert
- Kreativ
- Innovativ
- Durchhaltevermögen
- Körpersprache
- Persönliche Autorität
- Souveränität

Führungskompetenz
- Personalführung

Veränderungskompetenz
- Teamentwicklung
- Change-Management
- Innovativ

Unternehmerische und strategische Kompetenz
- (keine Nennung)

Abbildung 5: Kompetenzprofil eines Prozessbegleiters

Anhand des Kompetenzprofiles (vgl. Abbildung 5) wird nun eine Qualifizierungsmaßnahme erarbeitet, die sich über einen Zeitraum von eineinhalb Jahren mit ca. 320 Stunden erstreckt. Die Inhalte verteilen sich über interaktive Lerneinheiten, Praxistrainings und das Erarbeiten und Abschließen eines Projekts aus dem zukünftigen Wirkungskreis des Prozessbegleiters.

4.2 Aufgabengebiet

Das Aufgabengebiet wird ebenfalls von den Teilnehmern erarbeitet, abgestimmt und für zukünftige Absolventen der Qualifizierung festgeschrieben. Das Erstellen einer Funktions- und Stellenbeschreibung sowie regelmäßige Aufgabenreviews und Schulungen runden das Verfahren als weiteren Standardisierungsprozess ab. Abbildung 6 beschreibt Aufgabenschwerpunkte aus dem Arbeitsumfeld der Prozessbegleiter.

Erfahrungsaustausch/Workshops
- Planen, durchführen und nachbereiten
  → intern und extern
- Moderation von Workshops

GA-Schulungen
- Grundschulung neuer Mitarbeiter
- Schulung der Vorgesetzten
- Schulung der GS
- Feedback-Schulungen von GS
- Schulung von Dienstleistern

Betreuung
- Gruppencoaching
- Einzelcoaching (auf Ersuchen)
- Konfliktgespräche moderieren
- Einsehen der Gruppenprotokolle

Außenbeziehungen gestalten
- Bindeglied zwischen allen im Prozess Beteiligten
- Input von außen aufnehmen
- Betriebsrat
- Informationsträger
- Image bildende Maßnahmen
- Networking
- Kontakt zu anderen Prozessbegleitern
- Teilnahme an Steuerkreissitzungen

Entwicklung/Implementierung von Standards
- Gruppenbarometer

Abbildung 6: Aufgaben der Prozessbegleitung

4.3 Wirtschaftlichkeitsbetrachtung Prozessbegleitung

Nachdem die Einführung der Prozessbegleitung in den produzierenden Werken in 2002 abgeschlossen wird, waren bereits nach einem Jahr durch die hohe Inanspruchnahme der Funktion die zeitlichen Ressourcen der Teilzeitprozessbegleiter soweit ausgeschöpft, dass wir eine Lösung für das Kapazitätsproblem suchen mussten.

Also weiteten wir in den Jahren 2003 bis 2004 an allen produzierenden Standorten die Prozessbegleitung auf Vollzeitstellen aus, so dass heute ein Prozessbegleiter in der Regel für einen Bereich von ca. 200 bis 300 Mitarbeiter in zehn bis 15 Schichtgruppen zuständig ist.

Vorangegangen ist eine Wirtschaftlichkeitsuntersuchung der Prozessbegleitung unter Hochschulbeteiligung. Mit Unterstützung der Studie konnten Prozesse und somit Zeiten mit nicht wertschöpfenden Inhalten identifiziert und berechnet werden, die durch die Unterstützung des Prozessbegleiters dem Produktionsprozess heute zur Verfügung stehen. Zusammenfassend stellen wir fest, dass nach Abgleich der Studie mit innerbetrieblichen Kostenrechnungsverfahren eine Kosten-Nutzen-Relation für den Prozessbegleiter von 1:1,7 angesetzt werden kann.

5 Resümee und Ausblick

Zusammenfassend haben wir u. a. folgende wichtige Erfahrungen gemacht:

- Unser ursprüngliches System (hierachiegetrieben) war in Veränderungsprozessen vordergründig schneller. Gruppenarbeit wirkt nachhaltiger.
- Qualitative Führungsarbeit ist unerlässlich, ist offener zu gestalten, muss sachlicher Kritik standhalten.
- Die Einhaltung von Methoden und gewünschten Verhaltensweisen muss, neben Schulung und Einführung, auch überprüft werden. Auf Abweichungen muss reagiert werden (Eskalationsprinzip). Das schafft Nachhaltigkeit.
- Gruppenarbeit ist kein Selbstläufer. Durch die Erweiterung der Aufgaben erwarten wir von unseren Mitarbeitern ein zunehmend komplexeres Denken und Handeln. Eine intensive Betreuung/Begleitung der Mitarbeiter ist hier unerlässlich.
- Der Umgang mit Konflikten ist wichtiger Bestandteil der Mitarbeiterqualifikation.
- Gruppenarbeit bildet unsere Basis für eine Vielzahl von Produktionsmethoden (Lean, KVP, ATS, Six Sigma etc.).

Für anstehende Kapazitätserweiterungen zeitgleich in mehreren Produktionsbereichen und die damit benötigte Bereitschaft zur Arbeitsflexibilisierung der Mitarbeiter kommt uns der durch Gruppenarbeit erreichte Grad der Selbstorganisation (beispielsweise in Schicht- und Urlaubsabsprachen) in hohem Maße zugute. Eine umfangreichere Beteiligung der Mitarbeiter an den Informations- und Entscheidungsprozessen erzeugt eine deutlich höhere Akzeptanz auch bei weniger attraktiven, aber notwendigen Maßnahmen.

Für die zukünftige Entwicklung unserer Gruppenarbeit stehen ausreichend Ideen und Arbeitspakete an, wie z. B. Gruppenarbeitsaudits, Gruppenbarometer (Abfrage und Verbesserung der Arbeitszufriedenheit), Gruppenarbeit unter Einbeziehung von Angestellten etc. Diesen Anforderungen werden wir uns stellen und wir sind davon überzeugt, auch zukünftig mit Gruppenarbeit den betriebswirtschaftlichen Erfolg unseres Unternehmens in hohem Maße sichern zu können.

Karl Heinz Krämer & Heinz Leo Becker, *Rasselstein GmbH*

Mitarbeiter im Mittelpunkt

1 Ausgangssituation und Ziele der Gruppenarbeit

Die Rasselstein GmbH besitzt in Andernach am Rhein den weltweit größten Produktionsstandort für Verpackungsstahl und gehört damit zu den führenden „Global Players" dieser Branche. Seit über 150 Jahren ununterbrochen produziert das seit 1760 bestehende Unternehmen Weißblech. Kunden aus aller Welt schätzen die hohe Qualität und den umfassenden Service des einzigen deutschen Herstellers von Verpackungsstahl, einem Unternehmens von ThyssenKrupp Steel.

Anfang der neunziger Jahre wurden aufgrund der angespannten Marktlage umfangreiche betriebliche Reorganisationsmaßnahmen erforderlich, um die Qualitätsführerschaft am Markt zurückzuerlangen. Ziel war die Schaffung einer lernfähigen, flexiblen und schlanken Organisation.

Die ursprüngliche Unternehmensorganisation war gekennzeichnet durch eine funktionale und hierarchische Gliederung. Konkurrierende Unternehmenseinheiten mit teilweise widersprüchlichen Zielen sowie bis zu sechs hierarchische Ebenen erreichten deutlich die Grenzen dieser Organisationsform angesichts verschärfter Herausforderungen des Marktes im Hinblick auf Tempo, Qualität und Flexibilität. Um diesen Herausforderungen gerecht zu werden, begann Rasselstein mit der Einführung der Teamorganisation.

Sie ist im Wesentlichen durch folgende Merkmale gekennzeichnet:

- Das grundlegende Gestaltungsprinzip der Teamorganisation ist die Orientierung an den Unternehmensprozessen.
- Zuschnitt und Größe eines Teams hängen primär von der Ganzheitlichkeit der Aufgabenwahrnehmung und Sicherstellung eines zeitnahen Informationsflusses ab, die zusammen ein Höchstmaß an Kundenorientierung ermöglichen.
- Die Ganzheitlichkeit der Aufgabenwahrnehmung erfordert die Integration von Kompetenzen und eine Delegation der Zuständigkeiten und Verantwortlichkeiten in das Team. Dies geht einher mit dem weitgehenden Abbau von Hierarchien.
- Die Ziele des Teams leiten sich ab aus den kundenorientierten Zielen des Unternehmens.

Hierbei wurde schnell deutlich, dass die Einbeziehung der Mitarbeiter sowie die Nutzung ihrer Potenziale im Mittelpunkt stehen müssen. In diesem Zusammenhang wurde Gruppenarbeit daher als konsequente Fortführung und Umsetzung des Teamgedankens angesehen. Die Einführung der Gruppenarbeit wurde vom Vorstand ausdrücklich gewünscht. Sie spiegelt damit die Unternehmens- und Führungskultur bei Rasselstein wider, die geprägt ist durch Eigenverantwortlichkeit, Zusammenarbeit, Integration von Aufgaben, flache Hierarchien und permanente Weiterbildung.

Mit der Einführung der Gruppenarbeit erhoffte man sich einen Produktivitätszuwachs durch eine besser abgestimmte, reibungsärmere, verantwortungsbewusstere und qualifiziertere Arbeitsweise. Die Betriebsvereinbarung macht deutlich, dass aus Sicht von Rasselstein mit Hilfe der Gruppenarbeit sowohl Unternehmens- als auch Mitarbeiterziele verfolgt werden (vgl. Betriebsvereinbarung über die Grundsätze zur Durchführung der Gruppenarbeit, Andernach/Neuwied, 01.04.1999):

„Folgende Ziele werden durch Gruppenarbeit angestrebt:

- *Höhere Wirtschaftlichkeit, Qualität und Produktivität, zur Steigerung der Wettbewerbsfähigkeit und zur Sicherung des Unternehmens*
- *Sicherung der Arbeitsplätze*
- *Steigerung der Arbeitszufriedenheit und Verbesserung der Arbeitsbedingungen*
- *Mitsprache und Mitverantwortung am Arbeitsprozess*
- *Verbesserung der Qualifikation und Aufgabenerweiterung der beteiligten Mitarbeiter*
- *Null Unfälle*
- *Verbesserung des Informationsflusses und der Kommunikation."*

2 Implementierung der Gruppenarbeit im Unternehmen

Die ersten Einführungsschritte begannen bereits 1996. In Arbeitskreisen schufen Teamleitung, Tages- und Schichtkoordinatoren, Belegschaftsvertreter, Personalleitung und Betriebsrat die Voraussetzungen für die Einführung der Gruppenarbeit. Wichtige Meilensteine waren dabei die Umstellung auf eine fünfschichtige Arbeitsweise sowie die Erstellung einer Qualifizierungsmatrix für die Ausbildung der Mitarbeiter. Mit Hilfe externer Unterstützung wurde ein Einführungskonzept entwickelt. Im Rahmen von Informationsveranstaltungen wurde anschließend die geplante Vorgehensweise der Belegschaft und den Führungskräften vorgestellt.

Die Gruppenarbeit startete als Pilotprojekt in einem Produktionsteam und wurde dann schrittweise innerhalb von etwa vier Jahren auf alle Produktionsteams ausgedehnt (insgesamt ca. 110 Gruppen mit rund 1400 Mitarbeitern).

Der Einführungsprozess beginnt in der Regel mit der Bildung eines Arbeitskreises zur Vorbereitung der Gruppenarbeit im jeweiligen Team. Vertreter der zukünftigen Gruppe, Führungskräfte und Betriebsrat entwickeln ein gemeinsames inhaltliches Konzept. Im Wesentlichen erstellen sie eine Sammlung potenzieller Gruppenthemen und definieren die für die Gruppe erforderlichen Kompetenzen. Dieses Konzept wird in einer Kick-off-Veranstaltung allen Mitgliedern der zukünftigen Gruppe zur Diskussion gestellt. Im ganztägigen Grundlagenseminar Gruppenarbeit formiert sich die Gruppe und lernt, Schwierigkeiten zu erkennen und mit Problemen umzugehen. Die Gruppenmitglieder geben sich Regeln der Zusammenarbeit und wählen eine Gruppensprecherin oder einen Gruppensprecher.

Nun erst beginnt der eigentliche Prozess der Gruppenarbeit: Regelmäßige Gruppengespräche mit Analysen von Problemen sowie Entwicklung und Umsetzung von Verbesserungsmaßnahmen. Hierbei finden die Gruppen Unterstützung beim operativen Personalbetreuer, beim Betriebsrat oder beim Prozessbegleiter im Team.

3 Merkmale der Gruppenarbeit

Die Gruppen umfassen in der Regel zehn bis zwölf Mitarbeiter. Der unmittelbare Vorgesetzte, bei dem es sich in den Produktionsteams um eine mitarbeitende Führungskraft handelt (Schichtkoordinator), ist Mitglied der Gruppe.

Der Gruppensprecher hat keine Führungsaufgaben und wird durch die Gruppe gewählt. Jede Gruppe gibt sich „Regeln der Zusammenarbeit".

Gruppengespräche finden regelmäßig etwa monatlich statt und dauern ungefähr zwei Stunden. Im Schichtbetrieb der Kontianlagen können Gruppengespräche nur außerhalb der Schicht, z. B. nach der Frühschicht, stattfinden. Die verpflichtende Teilnahme an den Gruppengesprächen ist in einer Betriebsvereinbarung geregelt. Die Gruppengespräche werden durch die Gruppe protokolliert. Mögliche Themen für die Gruppe sind beispielsweise die Optimierung von Arbeitsabläufen, die Arbeitsplatzorganisation, die Kommunikation mit internen und externen Kunden und Lieferanten, der Informationsaustausch, die gegenseitige Unterstützung, Qualifizierung und gegenseitige Vertretung.

Das Maßnahmen-Controlling obliegt innerhalb des Teams einem so genannten Prozessbegleiter. Dieser organisiert auch die jährlichen Gruppentage sowie regelmäßige Gruppensprechertreffen aller Gruppensprecher eines Teams.

Teamübergreifend werden durch den Personalservice unternehmensweite Veranstaltungen zum Informations- und Erfahrungsaustausch angeboten.

Gruppensprecher und Prozessbegleiter finden Unterstützung in zahlreichen Qualifikationsangeboten der innerbetrieblichen Weiterbildung sowie durch Coachingmaßnahmen der Personalserviceteams.

Um den zielorientierten Einsatz von Maßnahmen zu fördern, durch die sich die Gruppe weiterentwickelt, setzt Rasselstein den Gruppencheck ein. Dieses Instrument wurde an der Universität Mannheim – ursprünglich für die Heidelberger Druckmaschinen AG – entwickelt (vgl. Jöns, in Druck; Erke, Racky, Jöns. & Boelter, 2005; Fink, Knebel, Löwenau & Maier, in diesem Buch) und durch geringfügige Modifikationen den unternehmensspezifischen Umständen angepasst. Hierbei handelt es sich um einen theoretisch fundierten Fragebogen, der die selbsteingeschätzte Kompetenz von Gruppen auf vier verhaltensverankerten Ausprägungen erfasst. Daneben erfasst der Gruppencheck den von den Gruppenmitgliedern wahrgenommenen Verbesserungsbedarf in den verschiedenen Bereichen. Die Gruppenergebnisse werden jeder Gruppe möglichst umgehend in standardisierter Form zurückgemeldet. Die Gruppe erhält so Auskunft über ihren Entwicklungsstand, den wahrgenommenen Verbesserungsbedarf und – in Zusammenfassung dieser beiden Teilergebnisse – eine Übersicht über die Merkmale, bei denen Handlungsbedarf besteht.

Durch die Aggregation der Gruppenergebnisse auf Team- und Werksebene ergeben sich auch für die jeweiligen Führungskräfte interessante Informationen für den eigenen Managementprozess.

4 Gruppenarbeit im Kontext der Teamorganisation

Das Engagement, mit dem die Mitarbeiterinnen und Mitarbeiter ihre Fähigkeiten und Kenntnisse in die Arbeit einbringen, sehen wir als das größte Erfolgspotenzial unseres Unternehmens an.

Die Teamorganisation bietet den Rahmen, in dem dies ermöglicht und gefördert wird. Sie ist das Grundprinzip unserer Unternehmensorganisation. Gruppenarbeit ist die konsequente Fortsetzung der Teamorganisation in unserem Unternehmen. Die Zusammensetzung und die Größe einer Gruppe ergeben sich aus der gemeinsamen Arbeitsaufgabe. Die Gruppen können die ihnen übertragenen Arbeitsaufgaben in Form eines vollständigen Arbeitsprozesses eigenverantwortlich erledigen.

Je nach Komplexität des organisationsbegründenden Prozesses wird die Anzahl der Teammitglieder zu groß für den direkten gegenseitigen Austausch. Deshalb wurde innerhalb der Teamorganisation das Konzept der teilautonomen Arbeitsgruppen umgesetzt. Gruppenarbeit ist somit eine Arbeits- und Organisationsform, die sicherstellt, dass Mitarbeiterinnen und Mitarbeiter, die gemeinsame Arbeitsaufgaben erfüllen, diese auch selbst organisieren.

Die Basis für das Einbringen von Kenntnissen und Fähigkeiten ist derjenige Teilprozess, in dem die Mitarbeiter ständig zusammenarbeiten. So umfasst beispielsweise ein Produktionsteam einen fünfschichtig organisierten Produktionsprozess sowie die Servicefunktionen des jeweiligen Tagdienstes. In diesem Fall ergeben sich dann sechs Gruppen mit je etwa zehn bis zwölf Mitarbeitern.

Die unternehmensweite Koordination der Gruppenarbeit liegt beim Personalservice. Die Koordination und Betreuung der Gruppen im Team erfolgt durch die Teamleitung und das jeweils zuständige Personalservice-Team. In Teams mit mehreren Gruppen werden für diese Aufgabe Prozessbegleiter eingesetzt.

Gruppenarbeit stellt hohe Anforderungen an die Mitarbeiter, insbesondere an diejenigen mit besonderen Aufgaben im Rahmen dieses Organisationskonzeptes: Gruppensprecher, Prozessbegleiter, Führungskräfte.

Die interne Weiterbildung bietet eine Vielzahl aufeinander abgestimmter Maßnahmen an, um die entsprechenden methodischen und sozialen Kompetenzen zu wecken, zu fördern und weiterzuentwickeln.

4.1 Gruppenmitglieder

Der Erfolg der Gruppenarbeit hängt entscheidend von der Einstellung, der Motivation und der aktiven Mitarbeit der Gruppenmitglieder ab. Die Mitglieder können am besten Probleme in der Gruppe aufzeigen und Ideen zur Lösung dieser Probleme finden. Sie haben die Verantwortung zur Umsetzung der abgeleiteten Maßnahmen. Zudem ist es ihre Aufgabe, sich die Unterstützung zu suchen, die sie brauchen.

Die Gruppenmitglieder unterstützen den Gruppensprecher durch die freiwillige Übernahme weiterer Aufgaben, für die sie dann auch schwerpunktmäßig verantwortlich sind. Sie sind zuständig für die Organisation der Aufgabenverteilung innerhalb der Gruppe.

Ein solches „Gruppenorganigramm" (vgl. Abbildung 2) ist fester Bestandteil der Selbstpräsentation der Gruppen an den jeweiligen anlagennahen Infowänden.

Abbildung 1: Aufgabenaufteilung in der Gruppe

Diese Aufgabenverteilung stellt sicher, dass der Gruppensprecher entlastet und zugleich die Einbindung der Gruppenmitglieder in den Gruppenarbeitsprozess erhöht wird. Die Identifikation mit den Gruppenaufgaben wird damit verbessert.

4.2 Gruppensprecher

Gruppensprecherinnen und Gruppensprecher sind keine Vorgesetzten, sondern Gleiche unter Gleichen. Zu ihren Aufgaben gehören die Vertretung der Gruppe nach außen, die Organisation, Durchführung und Dokumentation der Gruppengespräche sowie die Schlichtung von Konflikten innerhalb der Gruppe.

Im Grundlagenseminar erarbeiten die Gruppenmitglieder mit Hilfe der Leitfrage *„Welche Eigenschaften sollte unser Gruppensprecher haben?"* das Anforderungsprofil ihres Gruppensprechers. Damit werden auch zugleich die Erwartungen der Gruppe an die Person des Gruppensprechers offengelegt. Wichtig ist, an dieser Stelle deutlich zu machen, was die Gruppe selbst tun kann, um dem zukünftigen Gruppensprecher zu helfen, diese Erwartungen zu erfüllen.

Im nächsten Schritt werden alle Gruppenmitglieder mit einer Kartenabfrage um anonyme Wahlvorschläge gebeten. Wichtig hierbei ist, dass jeder Wahlvorschlag begründet sein muss. Für jeden Wahlvorschlag sollen daher zwei Karten abgegeben werden: *„Als Gruppensprecher schlage ich vor ..."* (Vorname, Name)" und *„weil ..."* (Gründe für diesen Wahlvorschlag). Alle Wahlvorschläge werden nun zusammen mit den jeweiligen Begründungen angeheftet. Auf diese Weise entsteht eine Vorschlagsliste, die den einzelnen Personen positive Eigenschaften zuordnet. Der erste Vorteil dieses Verfahrens liegt in der Erzeugung einer größeren Zahl von Wahlvorschlägen. Da es sich bis dahin aber lediglich um eine Vorschlagsliste handelt, müssen nun die vorgeschlagenen Personen nach ihrer Bereitschaft zur Kandidatur befragt werden. Der zweite Vorteil dieses Verfahrens ist darin zu sehen, dass durch die Nennung positiver Eigenschaften der jeweils vorgeschlagenen Person ein vorschnelles Ausschlagen der Kandidatur erschwert wird.

Den vorgeschlagenen Personen wird durch die dokumentierte Wertschätzung zugleich der Rückhalt im Kollegenkreis verdeutlicht.

Nachdem die Bereitschaft zur Kandidatur geklärt wurde, kommt es zur geheimen Wahl von Gruppensprecher und Stellvertreter. Die Wahl gilt jeweils für ein Jahr, anschließend ist die Wiederwahl möglich. Der Gruppensprecher erhält eine finanzielle Anerkennung seiner Arbeit in Form einer Funktionszulage sowie ein Zeitkontingent zur Vor- und Nachbereitung der Gruppengespräche.

Die Teilnahme an Gruppensprechertreffen und qualifizierenden Weiterbildungsveranstaltungen wie Moderationstechnik oder Rhetorik hilft den Gruppensprechern, ihre Aufgaben besser zu erfüllen und ein Netzwerk zu bilden.

4.3 Führungskraft in der Gruppe/Schichtkoordinator

Die Führungskraft in der Gruppe/der Schichtkoordinator sorgt dafür, dass sich die Gruppe an den Teamzielen orientiert und dementsprechend handelt. Diese Perspektive bringt sie als Gruppenmitglied in die Gespräche und den Problemlöseprozess mit ein. Urlaubs- und Arbeitszeitplanung, Aufgabenaufteilung, Gruppengespräche, Zielvereinbarungen und Kennzahlen sowie Verbesserungen sind Bereiche, in denen die Gruppen mehr Selbstständigkeit erlangen und somit die unmittelbare Führungskraft in ihrer Arbeit entlasten sollen.

4.4 Prozessbegleiter

Der Prozessbegleiter im Team unterstützt die Gruppensprecher und gibt Hilfestellung bei Schwierigkeiten. Er koordiniert die Gruppen eines Teams und organisiert z. B. Gruppensprechertreffen. Der Prozessbegleiter soll den Entwicklungsprozess der Gruppen in Gang halten und vorantreiben. Dazu pflegt er den Themenspeicher, eine Sammlung von Problemen und Aufgaben, mit denen sich die Gruppe beschäftigen möchte. Er hält sich auf dem Laufenden über die weiteren Arbeitsschritte der Gruppen. Insbesondere die Überprüfung der Umsetzung der abgeleiteten Maßnahmen gehört zu seinen Aufgaben. Er soll sicherstellen, dass diese Maßnahmen auch umgesetzt werden.

4.5 Teamleiter

Der Teamleiter fördert und unterstützt die Gruppenarbeit in seinem Zuständigkeitsbereich. Er ist verantwortlich für die Umsetzung der Unternehmensziele und sorgt für das Verständnis dieser Ziele bei seinen Mitarbeitern. Gruppensprecher und Prozessbegleiter informieren den Teamleiter über die Entwicklung der Gruppe. Daneben dient der zusammengefasste Gruppencheck aller Gruppen seines Teams dem Teamleiter zur Orientierung.

5 Erfahrung mit Gruppenarbeit

Die Gruppenarbeit startete als Pilotprojekt in einem Produktionsteam und wurde schrittweise innerhalb von etwa vier Jahren auf alle Produktionsteams ausgedehnt. Zu den positiven Erfahrungen gehört, dass die Identifikation der Mitarbeiter mit Aufgaben und Produkt deutlich gestärkt wurde. Die Verkürzung der Entscheidungswege und die Übertragung von mehr Verantwortung an die Basis haben dazu geführt, dass Informationen schneller und effektiver ausgetauscht werden und dass Mitarbeiter ihr kreatives Potenzial stärker einbringen. Dadurch wurde auch die Personalflexibilität gesteigert.

Die Mitarbeiter nehmen sich im Rahmen der Gruppenarbeit vielfältiger Themen an, deren erfolgreiche Bearbeitung sich niederschlägt in niedrigen Unfallzahlen, geringen Fehlzeiten, einer hohen Produktivität und stetig wachsenden Beiträgen zum betrieblichen Vorschlagswesen. Es sind die vielen kleinen Verbesserungen aus der Gruppenarbeit in Prozessen und Abläufen (vgl. Abbildung 2), die mit dazu beitragen, dass Rasselstein heute die Qualitäsführerschaft in seiner Branche einnimmt.

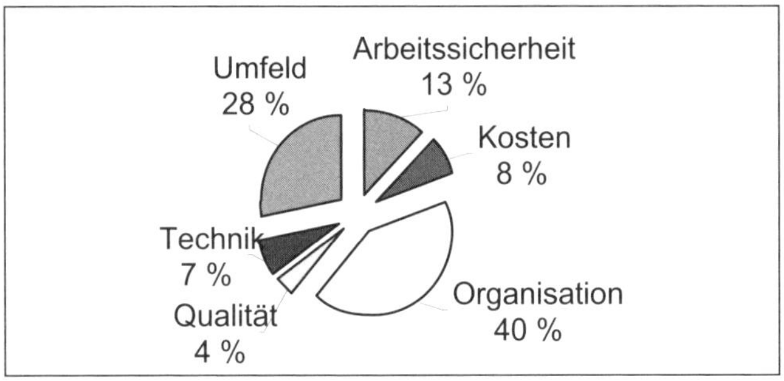

Abbildung 2: Schwerpunktthemen der Gruppenarbeit im Geschäftsjahr 2004/2005

Diese Erfahrungen führten zur Entscheidung, Gruppenarbeit auch im Tagdienst der Produktionsteams sowie den überbetrieblichen Service- und Verwaltungsbereichen einzuführen. Dieser Prozess ist zurzeit in Umsetzung (insgesamt ca. 40 Gruppen mit rund 600 Mitarbeitern); an seinem Ende werden dann bis auf wenige Ausnahmen alle Unternehmensbereiche in Gruppenarbeit organisiert sein.

Die Entwicklung des Unternehmens hat gezeigt, dass der 1999 begonnene Weg erfolgreich war. Er muss fortgesetzt werden. Dabei ist es notwendig, immer wieder vorhandene Strukturen zu hinterfragen.

Zum Erfolg von Teamorganisation und Gruppenarbeit trägt bei, dass Bausteine wie flexible Arbeitszeit, Lohnsystem, Verbesserungsvorschlagswesen, Teamarbeit in der Ausbildung und autonome Wartung ergänzend eingeführt werden.

Das Vorhandensein der erforderlichen sozialen Kompetenzen wird konsequent bei den Auswahlverfahren für Fach- und Führungskräfte, aber auch bereits bei den Auszubildenden mit Hilfe von Assessment Centern überprüft. Eine moderne Personalentwicklung stellt darüber hinaus die notwendigen Qualifikationen von Mitarbeitern und Führungskräften sicher.

6 Zukünftige Entwicklung der Gruppenarbeit

Ein Ziel in der Zukunft ist es, das Qualifikationsniveau der Mitarbeiter stetig zu verbessern. Die Erfahrung zeigt, dass qualifizierte Mitarbeiter eigenverantwortlicher handeln und innovativer sind. Gleichzeitig steigen damit auch das Anspruchsniveau und die Verantwortlichkeit der Gruppe. Stärkere gruppenübergreifende Vernetzungen und komplexe gemeinsame Problemlösungen über Teamgrenzen hinaus sind die Gebiete, in denen sich die hoch entwickelten Gruppen beweisen werden. Denkbar ist eine stärkere Flexibilisierung über die bisherigen organisatorischen Grenzen hinaus, bis hin zur Einbindung von Kunden und Lieferanten. Erste Erfahrungen damit sind vielversprechend.

Dieser Prozess muss durch geeignete Führungskräfte begleitet werden. Sie müssen nicht nur eine fachliche und methodische, sondern auch eine gute soziale Kompetenz nachweisen. Die Veränderungsbereitschaft aller Mitarbeiter wird immer mehr zum kritischen Faktor werden. Mitarbeiter in Gruppenarbeit begreifen durch die eigene Mitwirkung Veränderungsprozesse als Möglichkeit der Weiterentwicklung für sich selbst und für das Unternehmen. Diese Mitarbeiter werden selbstständiger und selbstbewusster – das bedingt einen kooperativen Führungsstil.

Zusätzlich gilt es, die Herausforderungen des demografischen Wandels zu meistern, d. h. Nachwuchs zu rekrutieren, Wissen zu transferieren und die Arbeitsfähigkeit der Mitarbeiter zu erhalten. Auch für diese Aufgaben kommt den Gruppen eine Schlüsselstellung zu.

Monika Koreng, *Boehringer Ingelheim Pharma GmbH & Co. KG*

Mehr Führung wagen

1 Das Unternehmen Boehringer Ingelheim

Der Unternehmensverband Boehringer Ingelheim zählt weltweit zu den 20 führenden Pharmakonzernen. Mit Hauptsitz in Ingelheim, Deutschland, ist Boehringer Ingelheim mit 137 verbundenen Unternehmen in 47 Ländern tätig und beschäftigt insgesamt 38.400 Mitarbeiter. Die Schwerpunkte des 1885 gegründeten Unternehmens in Familienbesitz liegen in der Forschung, Entwicklung, Produktion sowie im Marketing neuer Produkte mit hohem therapeutischem Nutzen für die Humanmedizin sowie die Tiergesundheit.

Im Jahr 2006 erwirtschaftete Boehringer Ingelheim Gesamterlöse von 10,6 Mrd. Euro. Ein Fünftel der Umsätze aus dem größten Bereich verschreibungspflichtige Arzneimittel investierte das Unternehmen in die Forschung und Entwicklung neuer Medikamente.

2 Die „Geschichte“ der Gruppenarbeit bei Boehringer Ingelheim

2.1 Anlass für die Implementierung der Gruppenarbeit

Teilautonome Gruppenarbeit wurde bei Boehringer Ingelheim 1993 am Standort Biberach und 1995 am Standort Ingelheim eingeführt. Hintergrund für die Entscheidung war zum einen die Erkenntnis, dass die Pharma-Welt komplexer wurde und Boehringer Ingelheim in starker Konkurrenz zu anderen Unternehmen in dieser Branche stand bzw. steht. Angesichts der globalen Wettbewerbsbedingungen musste das Unternehmen noch „schlanker“ und flexibler werden und seine Leistungs- und Kundenorientierung weiter optimieren.

Zum anderen war in Expertenkreisen unbestritten, dass die Leistung kleiner, flexibler Arbeitsteams wesentlich höher ist als die Summe der Leistungen von Mitarbeitern an einzelnen Arbeitsplätzen.

Mit der Einführung der „Teilautonomen Gruppenarbeit“ sollten die im Rahmen der Arbeitsteilung fragmentierten Produktionsprozesse sowie die Führung und die planenden und ausführenden Tätigkeiten wieder zusammengeführt werden. Die einzelnen Arbeitsaufgaben sollten zielbezogen zu einer gemeinsamen Aufgabe der Gruppe zusammengefasst werden.

2.2 Leitidee und Zielsetzung

Die Leitidee der Gruppenarbeit bei Boehringer Ingelheim war es, so viel Verantwortung, Information, Qualifikation und Kompetenz so nah wie möglich an die Mitarbeiter der ausführenden Ebenen zu geben. Ein Grundgedanke dabei war, dass durch mehr Selbststeuerung der Teams die Hierarchien flacher werden könnten. Dies bedeutet, dass ein

Coach (vormals „Meister“) mehrere Teams führen und sich darüber hinaus auch fachlichen Projektaufgaben widmen kann.

Ziele (vgl. Abbildung 1), die mit der Einführung der teilautonomen Gruppenarbeit besser erreicht werden sollten, waren einerseits optimierte Arbeitsabläufe, d. h. zum Beispiel Einhaltung abgestimmter Liefertermine, Sicherung einer gleichbleibend hohen Qualität, Einhaltung der vereinbarten Kosten und – als Konsequenz daraus – eine bessere Leistung und damit mehr Erfolg im Markt.

Andererseits sollten durch mehr Mitgestaltungsmöglichkeiten bei den Arbeitsabläufen, der Arbeitszeit und der Planung der Arbeit sowohl höhere Chancen der beruflichen Weiterentwicklung, ein breiteres Spektrum an Qualifikation und vielfältigere Tätigkeiten als auch motiviertere, zufriedenere und verantwortungsbewusstere Mitarbeiter angestrebt werden.

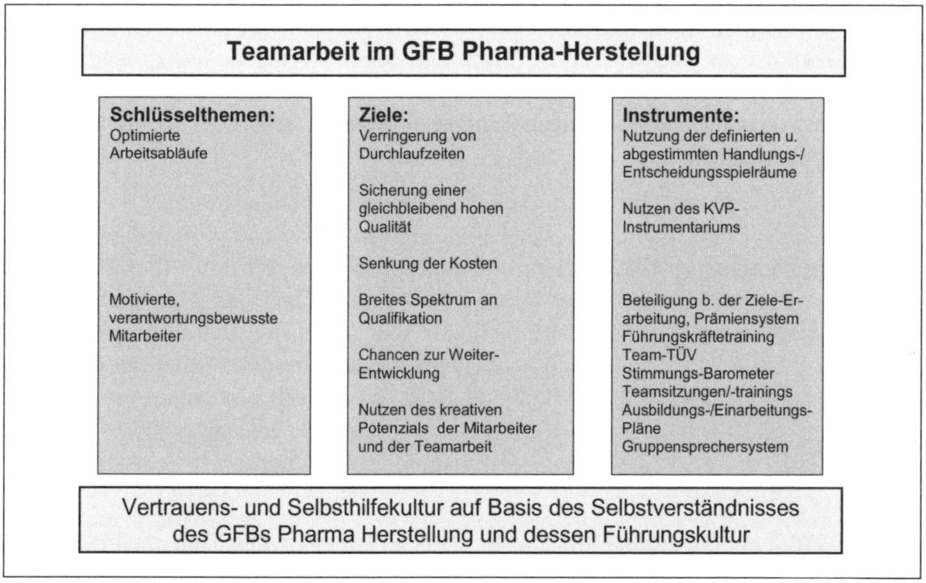

Abbildung 1: Zielübersicht

2.3 Implementierung

An den beiden Standorten Biberach (1993) und Ingelheim (1995) haben Projektgruppen – zusammengesetzt aus Vertretern der Produktionsbetriebe, Personalbetreuung, Personal- und Organisationsentwicklung und des Betriebsrates – die Einführung von teilautonomen Arbeitsgruppen (TAG) im Geschäftsführungsbereich Pharma Herstellung durchgeführt.

Bei der Einführung der Gruppenarbeit haben sich die Beteiligten folgenden Grundsätzen verpflichtet:

- Produktion hat Vorrang, aber Qualifizierung ist unabdingbare Voraussetzung
- Vertrauen geben, Zeit lassen und Fehler als Lernchancen sehen
- Beteiligung der Betroffenen am Einführungsprozess
- trotz einiger Grundprinzipien flexibel im Detaildesign der einzelnen Fertigungsgruppen bleiben
- rechtzeitige und offene Informationspolitik
- sich ergebende Personalprobleme möglichst fair lösen
- Verantwortung für den Einführungsprozess liegt bei den Führungskräften (= den jeweils zuständigen Betriebsleitern) und nicht bei der Projektgruppe

Die zugrunde liegende Definition einer teilautonomen Fertigungsgruppe war (und ist):

Eine TAG ist ein festes Team von Mitarbeitern im Rahmen der Arbeitsorganisation mit deutlich erweitertem Handlungs- und Entscheidungsspielraum. Sie ist für einen ganzheitlichen Arbeitsvorgang verantwortlich (Prozessorientierung) und sie leistet nicht nur die Arbeit, sondern organisiert sich auch weitgehend selbst. Die Gruppe ist (teil-)autonom bezogen auf Planungs- und Steuerungsaufgaben sowie Ausführungs-, Entscheidungs- und Kontrollvorgänge.

Das Konzept wurde zunächst in Pilotgruppen schichtübergreifend eingeführt und später auf die gesamte Produktion des Geschäftsführungsbereiches Pharma Herstellung ausgeweitet. Die Pilotgruppen bestanden zu diesem Zeitpunkt aus sieben bis fünfzehn Mitarbeitern, die Gruppen hatten in der Regel zwischen zwei und vier Maschinen fest zu betreuen. Vorgesetzte von bis zu zwei teilautonomen Gruppen waren/sind Coaches, die wiederum Betriebsleitern unterstellt sind. Innerhalb der Gruppen wurde ein Gruppensprecher (und Stellvertreter) gewählt, der die Belange der Gruppe vertritt.

2.4 Evaluation der Gruppenarbeit in 2000 und 2006

Hinter der TAG bei Boehringer Ingelheim verbirgt sich kein allgemeingültiges Konzept oder gar Rezept, das einheitlich eingeführt wurde und schnell den Erfolg in Richtung Steigerung der Produktivität und der Wirtschaftlichkeit sowie Erhöhung der Mitarbeiterzufriedenheit garantiert.

Vielmehr liegt ein Prozess vor, der sich an den jeweils aktuellen Rahmenbedingungen, Zuständigkeiten und Fähigkeiten der Gruppe ausrichtet. Um zu erfahren, wie erfolgreich das Konzept der Gruppenarbeit für das Unternehmen und seine Mitarbeiter einige Jahre nach Einführung ist, wurde im Jahr 2000 zunächst am Standort Ingelheim eine erste Evaluation des Konzepts mittels Interviews (ca. 50) durchgeführt. Interviewt wurden ein Teil der zuständigen Führungskräfte (Abteilungsleiter, Gruppen- und Betriebsleiter sowie Coaches) und ein repräsentativer Querschnitt der Mitarbeiter der an der Gruppenarbeit beteiligten Bereiche durch eine externe Beraterin.

Grundsätzlich wurde attestiert, dass die Gruppenarbeit zur erfolgreichen Entwicklung des Geschäftsführungsbereiches bezüglich der eingangs erwähnten Ziele beigetragen hatte. Von Mitarbeiterseite wurden die durch die Gruppenarbeit entstandene größere Vielfalt der Tätigkeiten und die zusätzlichen Mitgestaltungsmöglichkeiten als positiv erlebt.

Es zeigte sich trotzdem einiger Nachbesserungsbedarf. Eine zu schnelle Implementierung dieser Arbeitsform in Ingelheim, basierend auf den Erfahrungen aus Biberach, hatte Akzeptanzprobleme bei den an der Gruppenarbeit Beteiligten zur Folge. Die Gruppenarbeit wurde teilweise als aufgedrückt empfunden oder als „heilige Kuh", die keiner kritisieren durfte. Die Akzeptanzpobleme resultierten u. a. aus Verständnisproblemen über die veränderten Führungs- und Arbeitsstrukturen. Dies hatte wiederum eher negative Auswirkungen auf das Miteinander in den Gruppen.

Darüber hinaus wurde aufgezeigt, dass einige Elemente der Gruppenarbeit, wie z. B. das Prämiensystem, ergänzt oder überarbeitet werden mussten.

Ein Team aus Vertretern der verschiedenen Betriebe, der Personalbetreuung, der Personal- und Organisationsentwicklung und des Betriebsrates hat die Ergebnisse aus den Interviews analysiert und Verbesserungen unter Mitwirkung der Führungskräfte und Mitarbeiter der teilautonomen Arbeitsgruppen erfolgreich umgesetzt. Insbesondere dem Thema „Führung und Zusammenarbeit in teilautonomen Arbeitsgruppen" wurde im Rahmen von Workshops eine hohe Bedeutung beigemessen.

Aufgrund der positiven Erfahrungen mit der Evaluation 2000 wurde in 2006 erneut eine Reflexionsrunde eingeplant. Dabei wurden aufgrund veränderter wirtschaftlicher und organisatorischer Rahmendingungen einige Elemente der Gruppenarbeit überarbeitet: Gruppensprecherwahlen in zweijährigem Rhythmus, intensive Einarbeitung der Gruppensprecher, Definition von Entscheidungsspielräumen der Teams (was entscheidet das Team, wo wird es einbezogen, wo wird es informiert?). Neu hinzugefügt wurden KVP (kontinuierlicher Verbesserungsprozess), die Implementierung eines Prozessbegleiters, ein System der Betriebszeitengangschaltung und der Freitagsrundgang des Managements mit Darstellung von Kennzahlen durch die Gruppen (vgl. hierzu die beiden Beiträge von Thorwest in diesem Buch).

Als besonders wichtige Erkenntnisse sind an dieser Stelle hervorzuheben:

Die Gruppengröße weicht mittlerweile erheblich von dem zum Zeitpunkt der Einführung erklärten Idealzustand von sieben bis 15 Mitarbeitern ab. Durchaus üblich in einer Gruppe sind in Wirklichkeit 20 bis 25 Mitarbeiter. Häufiger Wechsel in der Führung auf Betriebsleiterebene (Vorgesetzte der Coaches) und auch Wechsel der Mitarbeiter in und zwischen den Gruppen – abhängig vom Arbeitsanfall – erschweren zusätzlich die Führungs- und Teamarbeit. Indiz hierfür war u. a. eine teilweise Unzufriedenheit der Gruppensprecher mit ihrer Aufgabe: Sie erlebten sich als „Mädchen für alles" und in der sehr schwierigen Position, ohne offizielle Führungsverantwortung im großen Team agieren zu müssen. Teamsprecher, die sich aufgrund ihrer Persönlichkeit einfacher in der Gruppe durchsetzen konnten und dadurch informell Führung übernahmen, taten sich leichter als

Teamsprecher, die sich erst in dieser Aufgabe etablieren mussten. Das Problem „Teamsprecher“ wurde intensiv bearbeitet durch ein umfangreicheres Angebot von Unterstützungsmöglichkeiten. Unter dem Motto „Mehr Führung wagen“ wurden vor allem die Coaches in ihrer Funktion als Führungskraft für dieses Thema weiter sensibilisiert.

3 Gruppenarbeit bei Boehringer Ingelheim 2007: „Mehr Führung wagen“

3.1 Struktur und Elemente heutiger Gruppenarbeit bei Boehringer Ingelheim im Geschäftsführungsbereich Pharma Herstellung

Bei Boehringer Ingelheim gibt es derzeit insgesamt rund 90 teilautonome Arbeitsgruppen mit ca. 1.300 Mitarbeitern, davon im Geschäftsführungsbereich Pharma Herstellung 31 Teams mit rund 600 Mitarbeitern. Die folgenden Beschreibungen beziehen sich ausdrücklich auf die Gruppenarbeit im Geschäftsführungsbereich Pharma Herstellung, die nach der Evaluation 2006 „FIT-Teamarbeit“ heißt. FIT steht für „Führung – Fortschritt – Fairness Im Team“. Dieser Titel soll die Schlüsselfaktoren verdeutlichen, die für das Gelingen von Teamarbeit als besonders wichtig identifiziert wurden. Sie basieren auf den im Gesamtunternehmen bestehenden Grundsätzen von „Lead & Learn“, die beschreiben, welche vier Fragen sich jeder Einzelne und die Teams im Rahmen der Arbeit routinemäßig stellen sollten:

- Ergreifen wir die Initiative?
- Haben wir eine gemeinsame Ausrichtung?
- Entwickeln wir uns zusammen weiter?
- Erzielen wir Ergebnisse?

Direkte Beteiligte an der Gruppenarbeit sind die Betriebsleiter, die mehrere Coaches führen, die Coaches, die wiederum ein bis zwei Teams führen, und die Teamsprecher ohne Führungsverantwortung.

Die wichtigsten aktuellen Merkmale und Instrumente der FIT-Teamarbeit auf Basis der beiden Evaluationen 2000 und 2006 sind:

- *Teamsprechersystem:* Dem Teamsprecher einer Gruppe obliegt z. B. die Aufgabe, das Team nach außen zu vertreten, die Aufgabenverteilung und den Erfahrungsaustausch im Team zu sichern sowie die Teamsitzung vorzubereiten und zu moderieren. Die Amtszeit für den Teamsprecher und den Stellvertreter beträgt zwei Jahre mit einer einmaligen Wiederwahlmöglichkeit. Die Wahlen finden jeweils im Oktober statt, der offizielle Amtsantritt ist der erste Januar des Folgejahres. Die Zeit zwischen Oktober und Januar dient der intensiven Einarbeitung sowie dem Training der Teamsprecher.
- *Durchführung von Teamsitzungen:* Mit der Durchführung von Teamsitzungen soll dem Team schichtübergreifend und abseits des Tagesgeschäfts die Möglichkeit gegeben werden, wichtige im Rahmen der Teamarbeit auftauchende Themen anzu-

sprechen und zu diskutieren. Die Häufigkeit der Teamsitzung ist abhängig vom jeweiligen Team und dessen Schwerpunkten (empfohlen ist eine wöchentliche Teamsitzung).

- *Betriebsbesprechung:* Diese dient dem Informationsaustausch zwischen den FIT-Teams eines Betriebes, den Coaches, Betriebsleitern, Technikern und der Personalabteilung.
- *Teamworkshops* (einmal pro Jahr) und *Team-TÜV* bzw. *Stimmungsbarometer* zur Vorbereitung des Workshops: Jedes Team hat einmal im Jahr die Möglichkeit, einen eineinhalb- bis zweitägigen Teamworkshop außerhalb des Unternehmens unter externer Moderation durchzuführen. Ziel dieser Teamworkshops ist die Weiterentwicklung des Teams bezüglich der Optimierung der Aufgabenerfüllung und der Weiterentwicklung der Zusammenarbeit.
- *Kontinuierliches Verbesserungswesen:* Hier ist ein Prozess zur Ideenfindung und -umsetzung eingeführt.
- *Prämiensystem:* Das Prämiensystem legt Augenmerk auf das Kriterium „Qualität zu abgestimmten Terminen“ sowie auf die jeweils vereinbarten Betriebs- und Teamziele. Die Visualisierung der Ziele erfolgt über ein Formular, dem die Balanced Scorecard-Systematik zugrunde liegt.
- *Ausbildungspläne:* Jedes Team bzw. der hierfür Verantwortliche im Team erstellt und pflegt Ausbildungspläne, jeder Mitarbeiter besitzt einen Ausbildungspass. Es besteht insgesamt ein Qualifizierungs- und Trainingskonzept.
- *Freitagsrundgang* des Managements und *Betriebszeitengangschaltung:* Hier sei auf die Beiträge von Thorwest in Teil IV in diesem Buch verwiesen.
- *Wegweiser zur Teamarbeit:* Alle Grundsätze, Spielregeln sowie hilfreiche Instrumente (Grundlagen der Moderation, Konfliktlösungsstrategien etc.) sind in einem „Wegweiser der Teamarbeit“ zusammengefasst, der den Mitarbeitern im firmeninternen Intranet zur Verfügung steht.

3.2 Zehn Jahre Teamarbeit: „Mehr Führung wagen“

Wie bereits ausgeführt, hat sich die teilautonome Gruppenarbeit bzw. FIT-Teamarbeit bei Boehringer Ingelheim in den letzten zehn Jahren stark gewandelt: Steigende Komplexität und ständige Veränderungen (organisatorisch/strukturell, personell), steigende Anforderungen an die Qualifikation der Mitarbeiter (z. B. unternehmerisches Denken, Verstehen der relevanten Kennzahlen, Präsentieren von Ergebnissen) und die Arbeit in großen Teams prägen das heutige Bild. Dies führt zu besonderen Anforderungen an Führungsprozesse und damit an unsere Führungskräfte. Hier sind insbesondere die Coaches zu nennen, die in Zeiten der Veränderungen besonders wichtige Stabilisatoren darstellen (wobei angemerkt sei, dass hier im Vergleich zu anderen Führungsebenen wenige Personalwechsel stattgefunden haben, die Coaches besitzen enormes Fach- und Erfahrungswissen!).

Durch die Einführung von TAG hat sich tendenziell eine Irritation beim Rollenwechsel im Selbstverständnis des Coaches ergeben. Dies äußerte sich zum Beispiel in einem partiellen Verzicht auf Führungsarbeit. In der Annahme, dies sei mit „Coaching“ und „teilautonom“ gemeint, nahmen die Coaches nur auf ausdrückliche Einladung an einer Teamsitzung teil und entweder gar nicht oder nur teilweise an den Teamworkshops („wir dürfen das ja nicht mehr ...“). Es war ein gewisser Grad an Unsicherheit bezüglich des benötigten Ausmaßes an Führung (bzw. Einflussnahme) spürbar. Infolgedessen ergab sich eine stärkere Konzentration auf ein vermeintlich sicheres, konkreteres Terrain: die fachliche Projektarbeit. Das wiederum hatte zur Konsequenz, dass der Coach bei den Mitarbeitern als eine „Eier legende Wollmilchsau“ mit hoher Verantwortung für alles Mögliche wahrgenommen wurde.

Weiteres Indiz für diese Unsicherheit war die Schwierigkeit, freiwerdende Coachstellen mit internen Nachwuchskräften zu besetzen. Coachfunktionen waren nicht mehr attraktiv, obwohl aus Sicht der Verantwortlichen hierfür menschlich wie fachlich hervorragend geeignete Mitarbeiter vorhanden waren.

Die traditionell verwendeten Begriffe wie „Coach“ und „Coaching“ haben mit Sicherheit nicht zu einer Klärung des Selbstverständnisses eines Coaches beigetragen, da sie bisher im Kontext von Begleitung bzw. Beratung verstanden wurden und der steuernde, Einfluss nehmende Aspekt weniger im Fokus war.

Als Konsequenz war es sehr wichtig, mit den derzeitigen Coaches in Diskussion zu treten und ein gemeinsames Verständnis von Führung zu entwickeln sowie die Rolle und Aufgaben des Coaches zu präzisieren, kurz: „mehr Führung zu wagen“. Darüber hinaus wurde in diesem Kreis auch das Thema „Führung von Großgruppen“, die naturgemäß in Teilteams zerfallen, behandelt.

Um den Coachnachwuchs zu fördern, wurde zum einen ein Förderkreis etabliert, der entsprechende Mitarbeiter mittels eines konkreten Projektes auf diese Funktion vorbereitet, um den „Sprung“ vom Mitarbeiter direkt in die Coachfunktion zu erleichtern (dies wurde früher durch die zusätzliche Hierarchie der Vorarbeiter gemildert).

Darüber hinaus war es ebenso wichtig, die Vorgesetzten der Coaches – die Betriebsleiter – in diesen Diskussionsprozess einzubeziehen. Im Verlauf der beiden Evaluationen, aber auch in Gesprächen mit allen Führungskräften stellte sich heraus, dass diese Führungsebene bei der Implementierung zu wenig eingebunden war. Erkenntnis insgesamt ist, immer die gesamte Führungskultur (vom Geschäftsführer über Abteilungs-, Gruppen- und Betriebsleiter bis zu den Coaches) bzw. das gesamte Führungssystem zu betrachten, um ein stimmiges Konzept „zu leben“.

Was sollte in Zukunft bezüglich der Optimierung von Führungsprozessen geschehen? Führungskräfte sollten zukünftig weniger beurteilt werden, sondern vielmehr könnte gemeinsam mit Mitarbeitern (z. B. in einer Teamsitzung mit allen Mitarbeitern) der Führungsprozess reflektiert werden. Relevant ist also nicht mehr, wie Führungskräfte als Menschen „wirken“ (Wie wirke ich?), sondern was sie in ihrer Führungsfunktion „bewirken“ (Was be-wirke ich?). Von Mitarbeiterseite aus ist zu beschreiben, an welcher Stelle genau sie ihre Führungskraft benötigen, um die Ziele zu erreichen. Ist der Führungsprozess (Informationsfluss, Informationsdichte, Partizipation, Übersetzung der Unternehmensstrategie, Förderung des Erfahrungsaustauschs etc.) der Zielerreichung förderlich? Maxime des Führungsprozesses ist eine konstruktive Kommunikationskultur, in der Attacken und Unterstellungen vermieden werden.

3.3 Fazit und Ausblick

Führungskräfte wie Mitarbeiter wünschen sich keinesfalls mehr in die alten Führungs- und Organisationsstrukturen zurück. Der Geschäftsführungsbereich arbeitet erfolgreich; dies ist u. a. an den Kennzahlen ablesbar. Hierzu hat die Einführung der Teamarbeit einen Beitrag geliefert. Die Bereitschaft der Verantwortlichen bei Boehringer Ingelheim, die Meinung und den Sachverstand der Mitarbeiter einzubeziehen und sich mit konstruktiven Vorschlägen zur Weiterentwicklung auseinanderzusetzen sowie das große Engagement der Mitarbeiter haben wesentlich zum Erfolg der Gruppenarbeit beigetragen.

Als Fazit aus den zehnjährigen Erfahrungen mit TAG lässt sich festhalten:

- Vor der Implementierung der Gruppenarbeit ist eine genaue Beschreibung des Zielzustandes herzustellen, der mit dieser Struktur erreicht werden soll.
- Bei der Einführung von Teamarbeit ist Geduld angesagt, die Entwicklung von Teamarbeit braucht Zeit. Es ist wichtig, mit den Beteiligten herauszuarbeiten, was das Arbeiten in dieser Struktur für sie bedeutet und welche Haltungen und Einstellungen für ein Gelingen relevant sind. Das ausschließliche Vermitteln von Techniken (Moderation, KVP) greift zu kurz.
- Teams brauchen Führung: Es ist Auftrag der Führungskräfte, die richtigen Ziele zu setzen und die Mitarbeiter durch gute Rahmenbedingungen bei der Zielerreichung zu unterstützen. Darüber hinaus ist es wichtig, Mitarbeitern Orientierung über die Modalitäten von Veränderungsprozessen zu geben.
- Es ist wichtig, jedes Team gesondert zu betrachten, und nicht ein System der Teamarbeit allen Teams aufzupfropfen.
- Teamarbeit braucht permanente Aus- und Weiterbildung im fachlichen und sozialen Bereich, insbesondere der Führungskräfte; sie ist kein Selbstläufer.
- Teamarbeit ist ein permanenter (Veränderungs)prozess, der eine regelmäßige Prozessbetrachtung erfordert, z. B. in Teamworkshops. Diese Prozessbetrachtung überprüft nicht nur die Ergebnisse, sondern vor allen Dingen den Weg dorthin hinsichtlich positiver und verbesserungsbedürftiger Vorgehensweisen.
- Teamarbeit ist auf allen Ebenen wichtig und nicht nur auf Fertigungsgruppen beschränkt.
- Organisation (Struktur, Prozesse), Ziele/Strategien und (Führungs-)kultur müssen gut miteinander verknüpft sein und unterstützen sich gegenseitig.
- Teamarbeit ist kein Selbstzweck!

Gudrun Klabunde, ***Bauknecht Hausgeräte GmbH***

Bessere Einbeziehung der Mitarbeiter durch neue Wege der Gruppenarbeit

1 Das Unternehmen Bauknecht Hausgeräte GmbH

Die Bauknecht Hausgeräte GmbH ist ein seit Jahrzehnten etablierter Hersteller und Anbieter hochwertiger Markengeräte für den Haushalt – Tochtergesellschaft des Whirlpool-Konzerns, der mit rund 73.000 Mitarbeitern und über 18 Mrd. US-Dollar Umsatz eines der weltweit führenden Unternehmen der Branche ist.

1.1 Ausgangssituation

„Weltweit das Beste" ist das Ziel unseres Unternehmens. So wird auch im Werk Schorndorf, in dem Waschmaschinen gefertigt werden, ständig an neuen Verbesserungsprojekten gearbeitet. Ein wichtiger Bestandteil ist hierbei die Förderung und Einbeziehung der Mitarbeiter. Deshalb war eines der ersten Projekte im Rahmen von World Class Manufacturing 1994 das Projekt „Training and Education of Blue Collar Workers". Dies bedeutete, dass alle Mitarbeiter innerhalb der Produktion regelmäßige Weiterbildungen und Informationen über den Produktionsablauf, die Qualität und Produktinformationen erhielten. Hierzu wurden Mitarbeiter ausgewählt, die zu internen Trainern ausgebildet wurden. Aus den anfänglich großen Schulungsgruppen wurden dadurch kleinere Verbesserungsteams. Die Trainer bearbeiteten mit den Mitarbeitergruppen systematisch Probleme, Verbesserungen und Wünsche aus dem Arbeitsumfeld.

Anfang 1996 begann in den Whirlpool-Werken in Europa ein Wandel in der Arbeitsorganisation und im Umfeld, der die Struktur und die Zusammenarbeit wesentlich veränderte. Um die Produktivität zu steigern und die Organisation für die Zukunft zu rüsten, wurde ein Programm erarbeitet, das innerhalb der folgenden Jahren stufenweise umgesetzt werden sollte: High Performance Partnership – Einführung selbststeuernder Teams.

1.2 Ziele der Gruppenarbeit

Ziel war es, eine *Führungsumgebung zu schaffen, die intensive Kommunikation erlaubt und in der selbststeuernde Teams (SMTs) anspruchsvolle Geschäftsziele erreichen und ihr maximales Potenzial verwirklichen können.*

Was steckte dahinter? Es sollte in Zukunft in den Werken nur noch drei Hierarchieebenen geben. Verantwortung, Problemlösung und Entscheidung sollten da platziert werden, wo sie am wirksamsten sind. Diese strategische Unternehmensentscheidung setzten wir mit der Einführung von Gruppenarbeit um. Selbststeuernde Teams von zehn bis 15 Mitarbeitern kümmern sich um einen Bereich und übernehmen Aufgaben im Rotationsverfahren.

Die SMTs sollten sich in vier Phasen entwickeln:

1. Organisation der eigenen Arbeit wie z. B. Zeit, Tätigkeit, Ressourcen, Material, Wartung

2. Organisation der eigenen Personalfähigkeiten wie z. B. Urlaubsplanung, Disziplin, Fehlzeiten, Personalentwicklung
3. Übernahme der Verantwortung für die Zielerreichung und Ergebnisse wie z. B. Qualitätsverbesserung, Kosten, Kundenzufriedenheit, Verbesserung der Durchlaufzeiten
4. Selbstlernende Organisation wie z. B. Verbesserung der Fähigkeiten und Anpassung, technische Innovationen, Continuous Improvement (ständige Verbesserung)

Auch die Rolle des Meisters sollte sich zunehmend zum Coach und Teamkoordinator verändern. Er sollte zukünftig die SMTs unterstützen/betreuen. Dies umfasste u. a. zwischenmenschliche Konfliktlösung, Vorplanung, Brückenfunktion zur stufenweisen Verbesserung. Der Vorgesetzte sollte eine wichtige Schnittstelle zwischen den Teams und dem Management sein.

2 Einführung/Implementierung

2.1 Voraussetzung zur Einführung

Vor der Einführung der Gruppenarbeit in der Produktion wurden die verschiedenen Ebenen und Bereiche im Werk Schorndorf über Informationsveranstaltungen auf die geplante Veränderung der Organisation vorbereitet. Darüber hinaus erfolgte ein Skill Assessment für die Meister im Produktionsbereich, um sie durch den daraus resultierenden Entwicklungsplan für ihre neue Rolle als Coach zu qualifizieren.

2.2 Fragen zur Gruppenarbeit

Die Mitarbeiter der Gruppen innerhalb der Produktion wurden zunächst jeweils durch eine Einführungsveranstaltung („Einführung HPP“) auf die Veränderungen vorbereitet.

Da innerhalb unseres Konzerns das Gruppenarbeitskonzept unter dem Projektnamen *„High Performance Partnership (HPP) – Einführung selbststeuernder Teams“* vorgegeben wurde, war dies die erste Frage, die den neuen potenziellen Gruppen nähergebracht werden musste: High Performance Partnership – *Was ist HPP?*

HPP = High Performance Partnership; HPP ist die Gruppenarbeit in der Produktion innerhalb des Whirlpool-Konzerns.

HPP bedeutet, dass in der Produktion in weitgehend selbstständigen Teams gearbeitet wird. Selbstständig heißt, dass diese Teams ihre gesamte Arbeitsumgebung (Personal, Ausbildung, Material, Arbeitsplatz etc.) selbst organisieren.

Weitere Fragen zur Gruppenarbeit waren Inhalte der Einführungsveranstaltung, z. B.:

- Was ist Gruppenarbeit?
- Was bringt Gruppenarbeit?
- Wie funktioniert Gruppenarbeit?
- Wie ist Gruppenarbeit organisiert?
- Welche Aufgaben und Rechte erhalten die Gruppen?
- Wie vertragen sich Gruppenarbeit und Schichtarbeit?
- Wann geht's los?
- Wie geht's weiter?

Eine wesentliche Frage für uns am Standort Schorndorf mit seinen unterschiedlichen Bereichen innerhalb der Produktion bezog sich darauf, wie wir Schichtarbeit und Fließbandlinie mit der Organisation der Gruppen vereinbaren können.

Hierzu waren zunächst zwei Lösungsansätze denkbar: Eine Gruppe besteht aus Mitgliedern einer Arbeitsplatzgruppe in einer Schicht oder aber die Gruppe setzt sich aus einer Gruppe von Arbeitsplätzen aus allen Schichten zusammen. In unterschiedlichen Pilot-Gruppen wurden beide Modelle erprobt. Aufgrund dieser Erfahrungen entschieden wir uns für die Variante der Gruppen aus einer Schicht.

2.3 Start mit Pilotgruppen und Ausdehnung

Im Juni 1996 starteten die ersten beiden Teams mit der Gruppenarbeit im Werk Schorndorf. Damit wurde eine neue Organisationsform eingeführt, die in den nächsten Jahren die Art und Weise, wie in der Produktion gearbeitet wird, völlig neu gestaltete.

Gleichzeitig wurde mit dem Start der Gruppenarbeit die Stelle des HPP-Prozessbegleiters geschaffen. Aufgabe des Prozessbegleiters war die Unterstützung, Förderung/Weiterentwicklung und Betreuung des HPP-Konzeptes und der HPP-Gruppen.

Die Gruppen trafen sich zunächst zweimal wöchentlich, um Probleme im Arbeitsumfeld und Verbesserungsmöglichkeiten zu diskutieren. Die Gruppen nahmen sehr schnell aktuelle Themen auf und versuchten mit Unterstützung des Meisters, Prozessbegleiters und Betriebsrates Lösungswege zu suchen. Schwerpunkte waren Fehleranalyse, Urlaubsplanung, Arbeitsausschuss sowie Ordnung und Sauberkeit im Arbeitsbereich. Ein wichtiges Thema, das auch einen gewissen Lernumfang benötigte, war, dass Entscheidungen von der ganzen Gruppe beschlossen und getragen wurden.

Mit den Informationen und ersten Erfahrungen aus den Pilotgruppen starteten im November 1996 zwei weitere Gruppen und zwar diesmal nicht in der Vorfertigung, sondern in der Montage/E-Baugruppe. Aufgrund ihrer Größe wurden die beiden Schichten jeweils in getrennte Gruppen eingeteilt. Anschließend folgten weitere Gruppen im Montagebereich. Die Einführung der Gruppenarbeit war eines der Hauptziele des Werkes Schorndorf für das Jahr 1997.

Im März 1997 hatten wir sieben Gruppen, die nun schon etwas Erfahrungen mit der Gruppenarbeit gesammelt hatten. Weitere Gruppen konnten dann nach der Vorbereitung auf die Gruppenarbeit im Laufe des Jahres 1997 starten. Anfang 1998 waren 18 Gruppen (83 % der Mitarbeiter in der Produktion) in die Gruppenarbeit einbezogen. Die Gruppengrößen waren zunächst noch sehr unterschiedlich und teilweise in der Montagelinie sehr groß (bis zu 28 Gruppenmitglieder). Alle Gruppen wurden je nach Bedarf durch die Meister/Gruppenbetreuer unterstützt. Diese wurden in Workshops für ihre Rolle als Gruppenbetreuer und Coaches trainiert.

Ein Schwerpunkt bei der Einführung war der Lernprozess, selbstständig zu handeln und etwas zu unternehmen. Deshalb wurde zur Unterstützung eine Broschüre mit den für sie wichtigen Ansprechpartnern (zu Themen wie z. B. Qualität, Zeiterfassung, Personal und Abrechnungsfragen, Arbeitssicherheit, Umweltschutz, Werkschutz, Konstruktion, Arbeitsplatzgestaltung, Betriebsrat etc.) erstellt.

2.4 Förderung und Schulung der Gruppensprecher

Die Gruppensprecher wurden von der Gruppe gewählt. Die Einweisung und Unterstützung erfolgte durch die Gruppenbetreuer (Meister oder Band-/Anlagenführer) bzw. durch den Prozessbegleiter. Darüber hinaus wurden ganztägige Workshops zur Weiterqualifizierung mit Unterstützung durch einen externen Trainer durchgeführt. Für die Gruppensprecher wurden zum Erfahrungsaustausch und gegenseitigen Lernen regelmäßige Gruppensprechertreffen eingeführt.

3 Prozessschritte

Vorrangig stand und steht immer das Ziel, das Engagement und die Einbeziehung aller Mitarbeiter zu fördern, um dadurch die Produktivität, die Qualität und Flexibilität zu steigern.

Anfang 1999 wurde eine Steuerkreisgruppe etabliert. Sie bestand und besteht aus der Werkleitung, Produktionsleitung, Personalleitung und dem Qualitätsleiter. Dieses Team hatte zu Beginn nur eine beobachtende, überprüfende Rolle. Das Team tritt mindestens einmal im Quartal oder bei Bedarf auch kurzfristig zusammen. Der HPP-Prozessbegleiter ist hierbei die „Schnittstelle“ zwischen dem Steuerkreisteam und den Gruppen.

Die weiteren Schritte von HPP werden im Steuerungsteam vorgegeben und besprochen und dann durch den Prozessbegleiter an die Gruppensprecher übermittelt. Schwerpunktmäßig sind dies folgende Themen:

- Verbesserung der Zusammenarbeit und des Informationsflusses zwischen den Mitarbeitern und allen Bereichen; alle wichtigen Informationen werden durch die Gruppensprecher in die Gruppen transportiert
- Förderung der offenen Kommunikation, um so voneinander zu lernen und zur lernenden Organisation zu werden, Fehler zu vermeiden und dadurch die Qualität zu verbessern

- Erarbeiten und Umsetzen einer Qualifikationsmatrix – die Gruppen legen mit den Gruppenbetreuern fest, wer, wann und wie weiterqualifiziert wird
- Abarbeitung von Montagefehlern – Fehlerquoten und Fehlerinformationen aus der Nacharbeit und den Prüflabors werden in die Gruppen kommuniziert
- Erarbeiten und Einführen eines Notfallplans bei Band-/Anlagenstillstand, z. B. Instandhaltungs- und Reinigungsarbeiten
- Integration von neuen Mitarbeitern – schwerpunktmäßig durch die Aufstockung der Mitarbeiter für den neuen Produktanlauf Access

Diese Vorgaben wurden von den einzelnen Gruppen mit unterschiedlicher Qualität bearbeitet. Ein Problem war hierbei die Größe einzelner Gruppen und die relativ hohe Führungspanne im Montagebereich, die eine optimale Betreuung durch die Führungskräfte speziell für schwächere Gruppen nicht immer gewährleistete. Deshalb und auch um einer sich einschleichenden Stagnation entgegenzuwirken, stellte sich immer wieder die Frage, ob eine Fortführung der Gruppenarbeit in dieser Art sinnvoll ist.

4 Neue Wege zur Gruppenarbeit

Erneut wurde das Thema im Jahr 2003 im Steuerungsteam diskutiert. Als zusätzliche Herausforderung erwies sich die Frage: Wie kann Gruppenarbeit mit einem weiteren großen Projekt verbunden werden, das konzernweit in den Werken startete, *die Veränderung der Fabrik in Richtung einer schlanken Produktion gemäß „Lean Manufacturing"?*

Es wurde sehr schnell deutlich, dass die Gruppenarbeit auf dem derzeitigen Stand nicht mehr ausreicht, um die neuen Herausforderungen der internen und externen Wettbewerbsfähigkeit zu bestehen. Durch Firmenbesuche und die Teilnahme am Erfahrungsaustausch mit anderen Unternehmen sowie durch die begleitende Unterstützung durch Professorin Dr. Jöns (Universität Mannheim) wurde klar, welche zusätzlichen Potenziale durch erfolgreiche Gruppenarbeit erzielt werden können.

4.1 Konzept und Zielsetzung

Deshalb wurde mit der externen Unterstützung und mit Einbeziehung unseres Lean-Koordinators ein Konzept erarbeitet, wie die Gruppenarbeit im Werk Schorndorf weiterentwickelt werden kann. Ziele waren zunächst die Erhebung des Ist-Zustandes und die Weiterentwicklung der Gruppenarbeit zur leistungsfähigen Säule in unserem Lean-Manufacturing-Programm unter Einbeziehung aller Mitarbeiter.

Das Konzept wurde Mitte 2004 dem Werks-Management vorgestellt, zusätzlich konnten die Kontakte aus dem regelmäßig stattfindenden Erfahrungsaustausch mit Vertretern anderer Unternehmen zum Thema Gruppenarbeit an der Universität Mannheim genutzt werden, um durch einen Firmenbesuch bei der Heidelberger Druckmaschinen AG die Umsetzung und die Vorteile in der Praxis zu besichtigen. Natürlich konnte aufgrund unserer veränderten Organisation nicht alles eins zu eins übertragen werden.

Das Konzept überzeugte das Management – die Entscheidung zum Start des neuen Projekts „Neue Wege der Gruppenarbeit“ wurde getroffen. Im Juli 2004 startete der Kick-off-Workshop. Teilnehmer waren die Werkleitung, Produktionsleiter, Personalleitung, Lean-Koordinator und das Projektteam „Neue Gruppenarbeit“ bestehend aus Projektleiter (Qualitätsmanager), einer Prozessbegleiterin und einer Peronalreferentin.

Inhalte waren zunächst der aktuelle Stand der Gruppenarbeit sowie die derzeitigen Aufgaben und Tätigkeiten. Es erfolgte nochmals das Aufzeigen der Potenziale der Gruppenarbeit. Gemeinsam wurde ein Gesamtkonzept für das Werk Schorndorf erarbeitet, welches Themen integriert, wie z. B.:

- Qualität
- Lean Manufacturing (z. B. 5 S, vgl. Ilg in diesem Buch)
- Selbstständigkeit (Urlaubsplanung)
- Ideenmanagement
- Kostenorientierung
- Arbeitssicherheit

Weiterhin erfolgen das Festlegen von Aufgaben, Verantwortlichkeiten und Kennzahlen sowie der Zeitplan für die nächsten Schritte.

Ein wichtiger Schritt war zunächst die Erstellung eines Kommunikationskonzeptes, um alle Beteiligten sowie die Vorgesetzten umfassend über die neuen Wege der Gruppenarbeit zu informieren. Die Informationen sollten über die Hierarchieebenen erfolgen, sprich Werkleiter/Produktionsleiter mit Meistern, dann Meister mit Bandführern und Pilot-Gruppen.

Qualität
- FOR (interne Ausfallrate) + Q-loss (Ablieferqualität aus Kundensicht)

Produktivität
- Produzierte Stückzahl — direkte > Taktererfüllung; indirekte > Einarbeitung, Unterstützung

Lean Manufacturing (5-S Audit)
- Ordnung, Sauberkeit und Organisation am Arbeitsplatz; Reinigungsplan

Arbeitssicherheit
- Arbeitssicherheitsaudit zur Prävention

Selbstständigkeit
- Selbstständige Lösung von festgestellten Problemen (Abarbeitung der Punkte im Maßnahmenplan in einem bestimmten Zeitraum)

Kosten
- Fehlzeiten
- Umgang mit Material
- Sperrlager & Nacharbeit

Mitarbeiter
- Ergonomie, Arbeitssicherheit
- Zusammenarbeit (Gruppencheck)

Qualifikationsmatrix
- Qualifikationsmatrix der Gruppenmitglieder

Abbildung 1: Gruppenbezogene Kennzahlen

Jede Gruppe erhält eine standardisierte Gruppentafel zur Visualisierung der Gruppenleistung. Gruppenbezogene Kennzahlen werden umfassend betrachtet, aus den Bereichen Produktion, Lean/5S Audit, Qualität, Maßnahmenplan-Abarbeitung, Krankenstand und Arbeitssicherheitsaudit (vgl. Abbildung 1). Die Qualifikationsmatrix wurde neu gestaltet.

Schulungen für die Verantwortlichen aus dem Gruppenorganigramm wie z. B. neue Rolle des Gruppensprechers, 5S Auditoren, Arbeitssicherheitsauditoren, Protokollführer werden konzipiert und durchgeführt. Hierbei war bzw. ist zu beachten, dass auch zu gegebener Zeit nochmals Refresh-Trainigs erfolgen müssen. Eine wesentliche Veränderung war, dass jedes Gruppenmitglied eine Aufgabe übernehmen sollte (vgl. Abbildung 2). Dadurch sollten alle Mitarbeiter noch mehr einbezogen werden, die Aufgaben verteilt werden und jeder für seine Aufgabe die Verantwortung übernehmen.

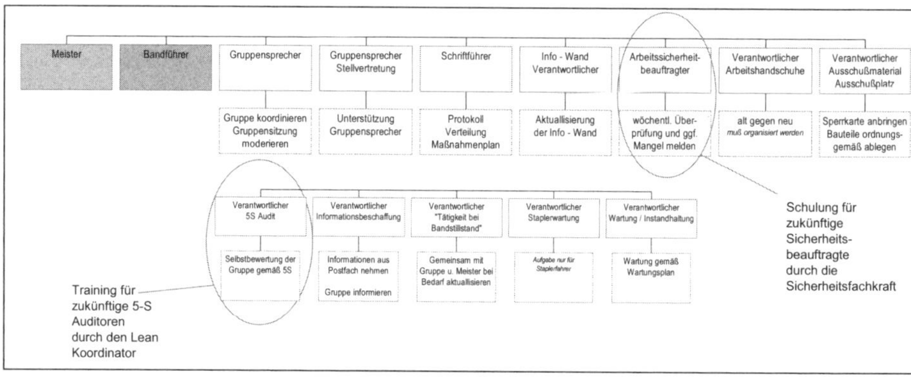

Abbildung 2: Gruppenorganigramm – Jedes Gruppenmitglied übernimmt eine Aufgabe

Die ersten Pilotgruppen starteten im November 2004, die vollständige Umsetzung in allen Gruppen erfolgte im ersten Halbjahr 2005.

4.2 Kenngrößen und Zielvorgaben der Gruppenarbeit

Im neuen Konzept wurden Kennzahlen definiert (vgl. Abbildung 1), die zunächst nicht in allen Punkten schon gruppenbezogen vorlagen. Hierfür mussten die Voraussetzungen neu installiert bzw. die Checklisten erstellt und die Auditoren geschult werden. Schwerpunkte der Kennzahlen sind neben der Qualität (interne Ausfallrate und die Ablieferqualität) und der Produktivität (produzierte Stückzahlen) alle weiteren aufgeführten Merkmale.

4.3 Tools

Die Instrumente unseres Umsetzungskonzeptes sind in Abbildung 3 dargestellt, als Erstes die *Visualisierung* (Gestaltung der Gruppentafeln, die Gruppenorganigramme). Im Rahmen von *Lean Manufacturing* wurde für jede Gruppe ein 5S Auditor geschult. Der Auditor auditiert den Arbeitsreich der Gruppe (vgl. Ilg in diesem Buch). Der Fokus der Maßnahmenpläne liegt auf der selbstständigen Lösung der Probleme und Maßnahmen durch die Gruppe *(Selbstverantwortung)*. Die Maßnahmen wurden zunächst manuell geführt und gegebenfalls in einen schichtübergreifenden Maßnahmenplan übertragen.

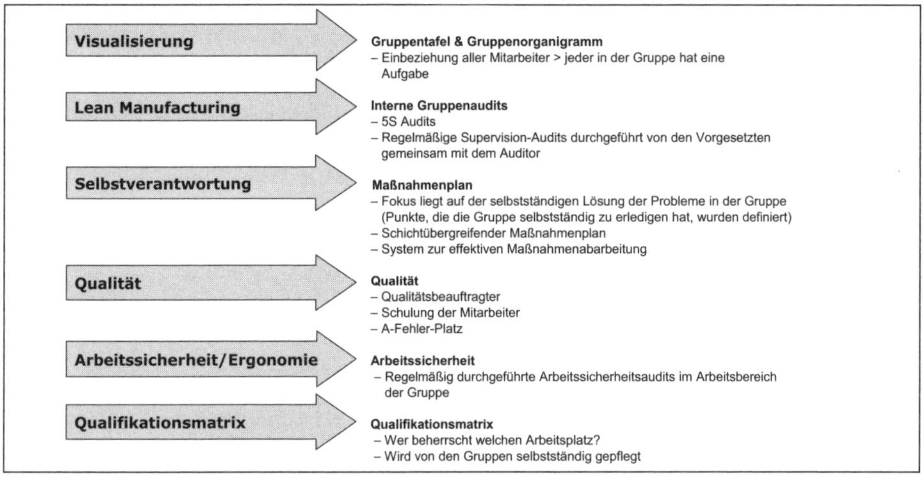

Abbildung 3: Instrumente zur Umsetzung der Gruppenarbeit

Um die Effizienz des kontinuierlichen Verbesserungsprozesses zu unterstützen, wurde seit Frühjahr 2007 nun ein System (Workflow) installiert, mit dem die Maßnahmen, die nicht von der Gruppe selbst gelöst werden können, schnell an die zuständigen Stellen weitergeleitet und erledigt werden können. Zur *Qualitätsverbesserung* wurde aus jeder Gruppe ein zusätzlicher Qualitätsbeauftragter geschult und eingesetzt. Zusätzlich werden die Gruppenmitglieder bei Bedarf durch Mitarbeiter aus dem Qualitätsbereich gezielt auf Montagefehler oder Veränderungen hingewiesen bzw. geschult. Bei auftretenden Montagefehler werden zur Visualisierung die Geräte an gekennzeichneten Plätzen innerhalb der Fertigung aufgestellt und mit Montagehinweisen versehen. Zur Prävention werden *Arbeitssicherheitsaudits* im Umfeld der Arbeitsgruppe durch einen Auditor der Gruppe durchgeführt. Die *Qualifikationsmatrix* wird von den Gruppen eigenständig gepflegt. Aus der Matrix ist kurzfristig ersichtlich, welche Mitarbeiter an welchen Arbeitsplätzen eingesetzt werden können.

4.4 Resümee und Ausblick

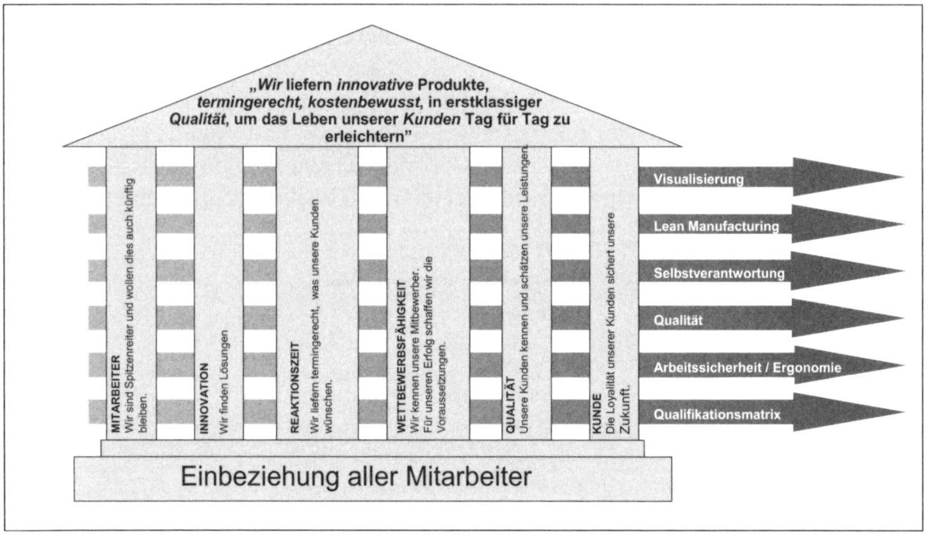

Abbildung 4: Vision des Werkes Schorndorf und die Driver

Durch die Weiterentwicklung der bestehenden Gruppenarbeit sind wir in der Lage, alle unsere Mitarbeiter umfassend einzubeziehen. Mit dem Herunterbrechen der Unternehmensziele auf Gruppenebene haben wir eine bessere Identifikation und eine Steigerung der Eigenverantwortlichkeit der Mitarbeiter erreicht. Sie können dadurch ihre Fähigkeiten und Ideen einbringen und Verbesserungen mitgestalten.

Mit dem Einsatz von Gruppentafeln wurde die Transparenz der Gruppenarbeit wesentlich verbessert. Die Effektivität der eingesetzten Mittel steigerte sich erheblich durch den Einsatz einer systematischen Maßnahmenbearbeitung und -verfolgung. In Bezug auf Verbesserung der Produkt- und Prozessqualität konnte durch die Ausbildung von HPP-Qualitätsbeauftragten für jede Gruppe ein deutliche Verbesserung erzielt werden.

Mitte 2007 fand ein weiterer Schritt zur Selbstständigkeit der Gruppen statt. Wir starteten mit der Zielvereinbarung für Gruppen. Dadurch soll die Gruppenarbeit mit Unterstützung von Kennzahlen teilweise messbar gemacht werden. Ein hilfreiches Werkzeug hierzu ist der Gruppencheck, dessen Einführung im nächsten Schritt geplant ist. Die weitere aktive Teilnahme am Erfahrungsaustausch für Gruppenarbeit an der Universität Mannheim und das damit verbundene Benchmarking unterstützt uns dabei, unsere Gruppenarbeit auch weiterhin an zukünftigen Anforderungen auszurichten und uns damit einen entscheidenden Wettbewerbsvorteil zu schaffen.

Sven Betz, *ZF Friedrichshafen AG*

Aus Abweichung lernen

1 Das Unternehmen ZF Friedrichshafen AG

ZF ist ein weltweit führender Automobilzuliefererkonzern in der Antriebs- und Fahrwerktechnik und ist mit Unternehmensbereichen und Geschäftsfeldern dezentral organisiert. Der Unternehmensbereich Nutzfahrzeug und Sonder-Antriebstechnik erzielte 2007 mit 7.046 Mitarbeitern einen Umsatz von 2,09 Mrd. Euro. Im Folgenden werden die Erfahrungen mit Gruppenarbeit im Fertigungsbereich von ZF in Friedrichshafen dargestellt. Dieser umfasst 5 Leistungscenter mit ca. 1.800 Mitarbeitern.

2 Historie Gruppenarbeit

2.1 Neue Fertigungsstrukturen – NFS

Wie in vielen Unternehmen der Automobil- und Zuliefererindustrie wurde zu Beginn der neunziger Jahre auch bei der ZF Friedrichshafen AG die bis dahin gängige tayloristische Arbeitsform im Rahmen der NFS (Neue Fertigungsstruktur) neu konzipiert. Ziel war es, parallel zur Segmentierung der Fertigung nach Produktgruppen, Gruppenarbeit einzuführen.

Dabei stand die Zukunftssicherung des Standortes Friedrichshafen im Mittelpunkt. Dazu wurde die Fertigung in überschaubare, weitestgehend autonome und eindeutig abgrenzbare Fertigungssegmente unterteilt, wobei der Technologie- und Produktionsbezug im Vordergrund stand. Die so genannten Fertigungsinseln, in denen die Mitarbeiter schichtübergreifend für eine bestimmte Anzahl von Maschinen und Montageplätzen zuständig waren, wurden geschaffen.

Dabei galten folgende Gestaltungsprinzipien:

- materialflussorientierte räumliche Zusammenfassung
- Integration indirekter Funktionen
- Kostenverantwortung
- Trennung von Leistung und Lohn
- Teamorientierung
- flexible Arbeitszeitmodelle
- flexibler Prämienlohn
- Werkerselbstprüfung
- selbststeuernde Regelkreise
- Entkopplung von Mensch und Maschine

Um dies zu erreichen, wurden die Mitarbeiter auf den drei Ebenen der fachlichen, der methodischen und der sozialen Kompetenz qualifiziert. Dabei wurde es allerdings versäumt, nach den verschiedenen Qualifizierungsbausteinen eine weitere Begleitung der Mitarbeiter und Führungskräfte sicherzustellen. Nach relativ kurzer Zeit ließen die ersten Erfolge der Gruppenarbeit wieder nach. In der Erinnerung der Mitarbeiter und Führungskräfte blieb eine Erfolg versprechende Anfangsphase zusammen mit dem Eindruck zurück, anschließend mit den Umsetzungsschwierigkeiten alleinegelassen worden zu sein. Dieser Eindruck hält sich zum Teil noch bis heute und ist ein wichtiger Aspekt in der Einführungsphase der heutigen Form der Gruppenarbeit. Durch die fehlende konsequente Umsetzungsbegleitung wurde sicher eine noch erfolgreichere Umsetzung der Neuen Fertigungsstrukturen verpasst. Die Formel ZF kann jedoch auf den Erfolgen und den Erfahrungen der NFS aufbauen.

2.2 Formel ZF

Um weitere Effektivitäts- und Effizienzsteigerungen zu erreichen, wurde zwischen 1998 und 2000 von der Unternehmensleitung ein synchrones Produktions- und Managementsystem entwickelt und unter dem Produktionssystem Formel ZF mit der Umsetzung begonnen.

Der Name Formel ZF wurde als Analogie zur Formel 1 gewählt: Schnelligkeit, Zuverlässigkeit, Innovation und der Wille zur ständigen Verbesserung der Abläufe sind die charakteristischen Merkmale.

Für die Formel ZF wurden Gruppenarbeit und 15 weitere Elemente als Grundregel definiert (vgl. Abbildung 1), deren Inhalte an sich nicht neu sind. Das Besondere ist, dass diese Elemente vielfach miteinander verzahnt und deswegen in ihrer Bearbeitung voneinander abhängig sind. Die Elemente sollen zu einer systematischen Vorgehensweise beim Start der Verbesserungsprozesse verhelfen. Das klare Ziel der Formel ZF ist es, die weltweit beste Getriebefabrik für schwere Nutzkraftwagen (NKW größer 6 T) zu sein. Dies bedeutet im Einzelnen:

- Qualitätsverbesserung durch jährliche Halbierung der Fehlerrate
- Produktivitätssteigerung um mehr als 5 % pro Jahr
- Tage Durchlaufzeit für die Fertigung

Die Strategie der Formel ZF sieht vor, dass im Mittelpunkt der künftigen Ausrichtung der Materialfluss der gesamten Wertschöpfungskette steht. Vom Einkauf des Materials über die Herstellung bis zur Kundenauslieferung werden die Durchlaufzeiten systematisch verkürzt. In allen Stufen der Wertschöpfungskette muss das Material „fließen“, also ständig in Bewegung sein. Um unnötige Puffer zu vermeiden, wird nur noch so viel produziert, wie im nächsten Arbeitsschritt benötigt wird. Das Element Gruppenarbeit leistet einen erheblichen Beitrag zur Erreichung der Formel ZF-Ziele, da durch diese Arbeitsform ein Großteil der 16 Elemente der Formel ZF vor Ort umgesetzt werden soll.

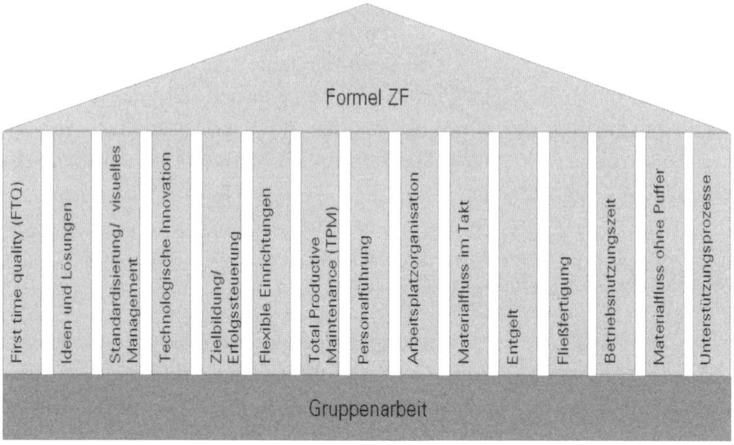

Abbildung 1: Elemente der Formel ZF

3 Selbststeuernde Gruppenarbeit

3.1 Ziele der selbststeuernden Gruppenarbeit

Stand bisher vor allem die Optimierung von technischen Prozessen der jeweiligen Fertigungsinseln im Vordergrund, so wird jetzt besonders auf die Optimierung der Aufgabensteuerung und die Zusammenarbeit der Mitarbeiter Wert gelegt. Ziel ist es, dass sich im Rahmen gemeinsam vereinbarter Ziele (Produktivität, Termin, Menge, Qualität) und Standards die schichtbezogenen Gruppen als eigenverantwortliche, selbststeuernde und flexible Einheiten wahrnehmen, in die der Meister nur im Ausnahmefall regulierend eingreifen muss. Durch die Selbststeuerung sollen einerseits Mitarbeiterpotenziale (intelligenteres Arbeiten, Aufgabenerweiterung und -anreicherung, sozialer Austausch, Mitarbeiterqualifizierung) und andererseits auch wirtschaftliche Potenziale (flexibler Ausgleich von Engpässen, Auftragsfertigung, Kundenorientierung in Termin, Kosten und Qualität) genutzt werden. Die Selbststeuerung wird durch die Übergabe von Verantwortung und durch die Verlagerung von indirekten Funktionen in die Gruppen erreicht (vgl. Abbildung 2).

Damit diese Zielsetzungen erreicht werden können, müssen die verschiedenen Elemente der selbststeuernden Gruppenarbeit zusammenwirken.

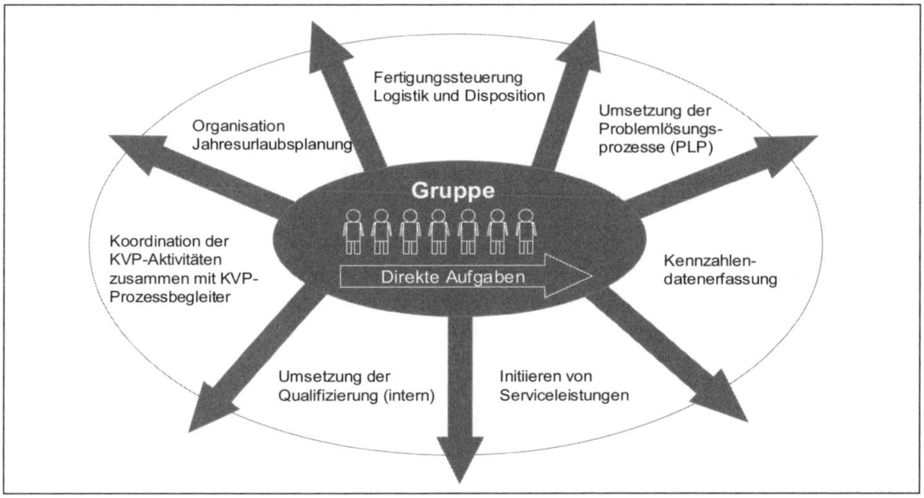

Abbildung 2: Integration indirekter Funktionen

3.2 Elemente der selbststeuernden Gruppenarbeit

Um dieses Zusammenwirken zu gewährleisten, trifft der Meister gemeinsam mit seinen Gruppen verbindliche Vereinbarungen im Rahmen vorgegebener Unternehmensziele. Qualitative Ziele werden über die Kennzahlen abgebildet:

- Qualität (PPM)
- Liefertreue (LT)
- Gruppenproduktivität (GP)
- Bestandsreichweite (BRW)
- Gesamtanlageneffizienz (GAE)

Zusätzlich können qualitative Ziele mit den Gruppen vereinbart werden zu Themen, wie:

- Problemlösung
- Qualifizierung
- Mitarbeiterrotation
- Einhaltung von Standards
- Ziele aus den Audits (Gruppenarbeitsaudit, KVP-Audit)

Der Zielerreichungsgrad ist für alle Gruppenmitglieder transparent. Er ist im regelmäßig stattfindenden Gruppensprecherzirkel, einer Besprechung des Meisters mit allen Gruppensprechern seines Verantwortungsbereiches, und den wöchentlichen Gruppengesprächen der Schichtgruppen Ausgangspunkt für Diskussionen. Im Gruppensprecherzirkel bespricht der Meister mit seinen Gruppensprechern Abweichungen von den Zielvereinbarungen und stimmt Schwerpunkte ab, die in den Gruppengesprächen bearbeitet werden sollen.

Im Gruppengespräch werden diese Themen mit allen Mitarbeitern diskutiert und Lösungen gesucht. Einfache Problemstellungen werden in einem Aktionsplan gesammelt und abgearbeitet. Bei komplexen Aufgabenstellungen wird ein Problemlösungsprozess initiiert, bei dem speziell ausgebildete Problemlösungscoaches der Gruppe mit Kollegen und eventuell zusätzlichen Experten anderer Bereiche das Problem systematisch bearbeiten. Die Ergebnisse werden mit dem Meister und der Gruppe abgestimmt und in einen Aktionsplan für die spätere Umsetzung übernommen. Die Wirksamkeit der Maßnahmen kann wiederum durch die bestehenden Kennzahlen überprüft werden. So entsteht ein in sich geschlossener Regelkreis, den die Gruppen zu großen Teilen selbstständig in Gang halten. Dabei ist es notwendig, dass der verantwortliche Meister diesen Prozess begleitet und immer wieder Impulse gibt, damit der Prozess sich stabilisiert.

Dieser Regelkreis funktioniert allerdings nur dann, wenn die Qualifikation der Beteiligten im ausreichenden Maße vorhanden ist. Zum einen müssen die Schlüsselpersonen (Gruppensprecher, Problemlösungscoaches und Meister) durch spezielle Qualifizierungsmaßnahmen auf ihre Aufgaben vorbereitet werden, zum anderen müssen alle Mitarbeiter die Sinnhaftigkeit des Vorgehens verstehen. Die notwendige Qualifikation erhalten die Mitarbeiter u. a. durch die ständige Rotation in ihrem Arbeitssystem. Durch das regelmäßige Wechseln der Arbeitsplätze fällt es den Mitarbeitern deutlich leichter, sich am Verbesserungsprozess zu beteiligen.

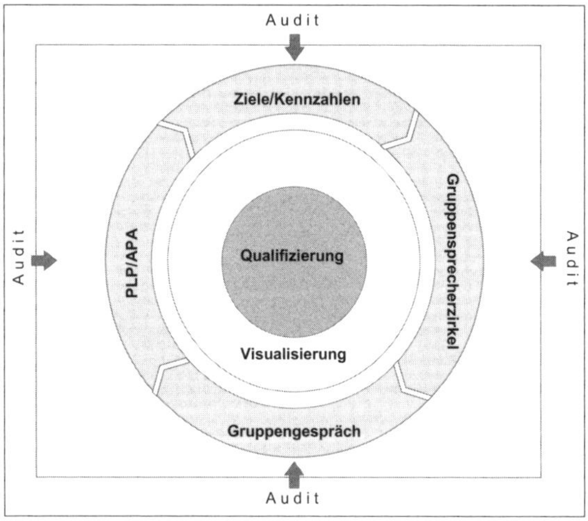

Abbildung 3: Regelkreis der selbststeuernden Gruppenarbeit

Die Funktionsfähigkeit dieses Regelkreises (vgl. Abbildung 3) und damit der Gruppenarbeit wird durch ein halbjährlich stattfindendes Gruppenarbeitsaudit überprüft. Dabei wird einerseits die Sicht der Gruppenmitglieder und andererseits die Sicht der Führungskräfte abgebildet. Nach der Analyse der Ergebnisse werden gemeinsam mit der Gruppe Maßnahmen abgeleitet, um die Gruppenarbeit zu optimieren.

Damit dieses System nachhaltig implementiert werden kann, wurde aus den Fehlern des Einführungsprozesses der NFS gelernt und der jetzige Einführungsprozess umfassend gestaltet.

3.3 Einführungsprozess der selbststeuernden Gruppenarbeit

Nachdem der Auftrag zur Weiterentwicklung der Gruppenarbeit durch die Unternehmensleitung erteilt worden war, wurde eine fachübergreifende Projektorganisation gebildet, die aus drei Ebenen besteht (Entscheidungs-/Steuerungs-/Arbeitsebene) und auch Vertreter des Betriebsrates umfasst.

Um eine hohe Akzeptanz des Konzeptes im Unternehmen sicherzustellen, wurde es von einer Projektgruppe entworfen, die sich aus Mitarbeitern verschiedener Hierarchieebenen und Funktionsbereiche zusammensetzte.

Die Funktionsfähigkeit des neu entworfenen Rahmenkonzeptes wurde in einem Pilotbereich überprüft. Die daraus gewonnenen Erfahrungen stellten die Basis für die anschließend abgeschlossene Betriebsvereinbarung zur Einführung der selbststeuernden Gruppenarbeit dar.

Bei der flächendeckenden Umsetzung des Projektes hat die aus drei Ebenen bestehende Projektgruppe folgende Aufgaben:

- Die Entscheidungsebene ist für die Gesamtplanung der Formel ZF-Projekte und die Ressourcenfreigabe verantwortlich.
- Die Steuerungsebene legt die Einführungsbereiche fest, entscheidet über den Projektstart und hat die Kontrollfunktion zur Einhaltung der Betriebsvereinbarung Gruppenarbeit.
- Die Umsetzungsebene implementiert sämtliche Elemente der Gruppenarbeit und ist für die Qualifizierung aller Beteiligten verantwortlich.

In der folgenden Abbildung 4 sind die vier Phasen des Einführungsprozesses mit den wesentlichen Aufgaben der jeweiligen Phase dargestellt.

Die Einführungsbereiche werden während der vier Einführungsphasen durch ein Umsetzungsbegleitungsteam (UB Team) betreut, dessen Aufgabe es ist, die standardisierte Einführung von Gruppenarbeit sicherzustellen, zwischen den Einführungsbereichen durch den wechselseitigen Austausch Synergieeffekte zu schaffen und den Einführungsprozess ständig zu verbessern. Die Kopplung zwischen den Einführungsbereichen und dem UB Team findet in wöchentlichen Kernteamsitzungen statt, die der Projektsteuerung dienen. Zudem stellt das UB Team die Projekt-/Prozessberatung, den Qualifizierungs-Support, die Fachberatung Gruppenarbeit, die Meisterunterstützung und die Fachberatung hinsichtlich der Kennzahlen sicher.

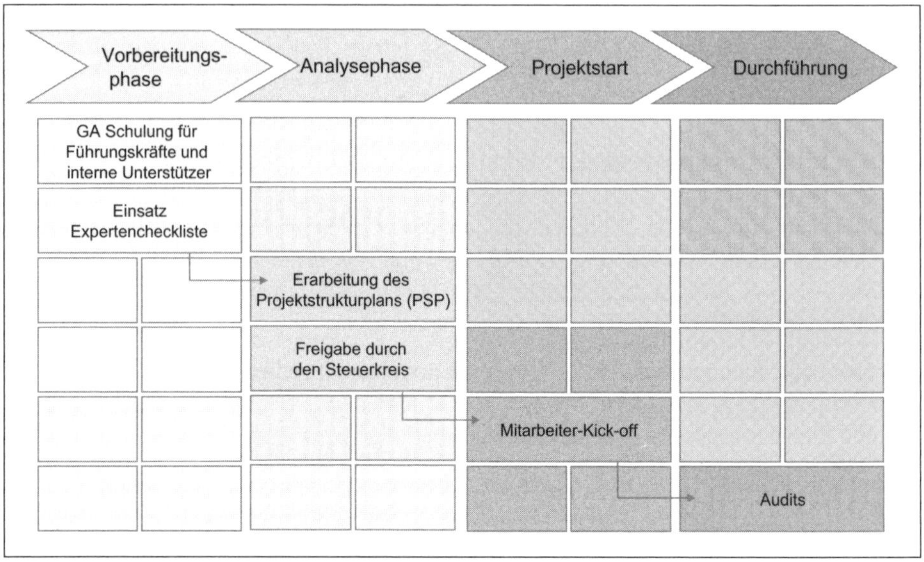

Abbildung 4: Wesentliche Aufgaben der vier Einführungsphasen

Ein wesentlicher Erfolgsfaktor ist die Integration der Segmentleiter (sie sind Auftraggeber zur Einführung von Gruppenarbeit in ihren Segmenten) in die Steuerungs- und Entscheidungsebene, da so eine höhere Verbindlichkeit in der Umsetzung durch die Linienhierarchie hergestellt werden kann.

4 Aktuelle Fragestellungen und Ausblick

4.1 Einführungsprozess bei stetig steigenden Stückzahlen

Der Einführungsprozess der Gruppenarbeit wird seit Anfang 2007 durch einen massiven Anstieg der Stückzahlen belastet. Damit das Programm bewältigt werden kann, ist der Anteil der Leiharbeiter deutlich gestiegen, mit der Konsequenz, dass ein großer Zeitanteil der Gruppe für die Qualifizierung der neuen Leiharbeiter verwendet wird, der an anderer Stelle für die Aufgaben der Gruppenarbeit fehlt. Dadurch verlangsamt sich der Einführungsprozess merklich. Weitere Auswirkungen betreffen die Inhalte der Gruppengespräche, die stark im Fokus der Sicherstellung der Stückzahlen stehen und wodurch andere Themen kaum mehr Raum haben. Bereiche, deren Einführungsprozess weniger fortgeschritten ist, opfern zum Teil Gruppengespräche dem Stückzahldruck. Sie haben noch nicht erkannt, dass durch zielführende Gruppengespräche mehr erreicht werden kann als durch ein kurzzeitiges Weiterproduzieren.

4.2 Stabilisierung nach der Einführungsphase

Durch den 15-monatigen Einführungsprozess der Gruppenarbeit werden sämtliche Voraussetzungen für erfolgreiche Gruppenarbeit geschaffen, es ist aber kein abgeschlossener Vorgang. Gerade in der jetzigen Situation der hohen Stückzahlbelastung muss eine weitere Begleitung sichergestellt werden, damit sich die Gruppenarbeit wirklich etabliert und die angestrebten Effekte eintreten. Dazu werden im Moment die notwendigen Voraussetzungen (klares Konzept, Einbindung in die Organisation und die Ressourcen) geschaffen. Im Fokus steht dabei die Begleitung der Führungskräfte, die als Coaches der Gruppenarbeit fungieren sollen. Um den Austausch über die Segmente hinaus zwischen den beteiligten Führungskräften zu erhöhen, werden thematisch fokussierte Gruppenarbeitsforen durchgeführt, bei denen das Lernen voneinander im Mittelpunkt steht.

4.3 Ausweitung der Gruppenarbeit auf indirekte Bereiche

Um die Gruppenarbeit im Unternehmen weiter zu verankern, werden Elemente der Gruppenarbeit im gewerblichen Ausbildungsbereich eingeführt. Ziel ist es, die jungen Mitarbeiter auf ihre Einsatzbereiche in der Fertigung vorzubereiten. Sie lernen dabei die Elemente der Gruppenarbeit kennen und üben mit angepassten Elementen der Gruppenarbeit das Wirken in der neuen Arbeitsform. So wird sichergestellt, dass die neuen Mitarbeiter problemlos in die neuen Einsatzbereiche integriert werden können und die Gruppenarbeit dadurch weiter vorangebracht wird.

Zusätzlich wird die Einführung der Gruppenarbeit in indirekten Bereichen geplant. Dazu wird das bestehende Konzept der Gruppenarbeit leicht angepasst (z. B. neue Kennzahlen). Durch diese Ausweitung soll die Schnittstellenkomplexität zu den indirekten Bereichen deutlich reduziert und das Konzept der selbststeuernden Gruppenarbeit nachhaltig im Unternehmen verankert werden.

4.4 Brauchen wir einen Hancho?

In verschiedenen Bereichen wurde bei der Wahl des Gruppensprechers das bestehende Anforderungsprofil (vor allem hinsichtlich der Methoden- und Sozialkompetenz) nicht konsequent genug umgesetzt. Es besteht nun das Problem, dass die Gruppensprecher trotz Qualifizierungsmaßnahmen ihren Aufgaben nicht gewachsen sind und zum Teil der Ruf nach einem vom Meister eingesetzten Gruppensprecher mit Weisungsbefugnis laut wird. Der Blick geht nach Japan, und der Vergleich mit dem Hancho kommt auf, also einer Führungskraft auf unterer Führungsebene, dessen Aufgabe in der Überwachung der der Qualität sowie der Standards und deren kontinuierlicher Verbesserung besteht. Gleichzeitig ist der Hancho angehalten, seine Mitarbeiter zu fördern, selbst Problemlösungen zu entwickeln und umzusetzen.

Die Aufgabe besteht nun darin, den durch das Gruppenarbeitskonzept definierten Standard zur Auswahl der Gruppensprecherkandidaten einzuhalten und die Gruppensprecher noch stärker zu begleiten, damit sie den Anforderungen gewachsen sind. Vom Meister eingesetzte, mit Weisungsbefugnis ausgestattete Gruppensprecher sind keine Alternative, da es ein Schritt zurück wäre zu den Zeiten des Vorarbeiters, in denen die Einbindung der gesamten Gruppe nie gelang. Zudem überwiegen die positiven Beispiele der gewählten Gruppensprecher deutlich.

III. Ausgewählte Gestaltungsaspekte der Gruppenarbeit

Svenja Hennlein & Ingela Jöns

Entwicklung durch Feedback

1 Einleitung

Ob Organisations-, Personal- oder Teamentwicklung: Die Diagnose der aktuellen Situation bzw. das Feedback hierüber steht am Anfang jeder gezielten Veränderung. Sind Entwicklungspotenziale im Sinne von Handlungsfeldern identifiziert, können Maßnahmen erarbeitet werden, die konkrete Aktionen nach sich ziehen.

Welche Feedbackarten und -instrumente werden typischerweise in Organisationen eingesetzt? Welchen Beitrag kann Feedback im Rahmen der Gruppenentwicklung leisten? Welche Bedingungen determinieren die Entwicklung der Gruppen? Was sind Kriterien für ein effektives Feedback? Diesen Fragen wird im folgenden Beitrag im Hinblick auf den Schwerpunkt Gruppenarbeit in Produktionsbereichen nachgegangen.

2 Arten von Feedback im organisationalen Umfeld

Wird Feedback als Teil eines Regelkreises innerhalb eines Systems betrachtet, wird deutlich, warum es für das Funktionieren einer Organisation so wichtig ist. Ohne eine Rückmeldung über den IST-Zustand kann ein gewünschter SOLL-Zustand nicht erreicht werden. Ohne Feedbackschleifen ist ein System nicht lebensfähig.

2.1 Definition und Funktionen von Feedback

Der Feedback-Begriff wird in vielen Zusammenhängen verwendet. Ganz allgemein handelt es sich um einen Vorgang der kreisförmigen Rückkopplung zwischen mindestens zwei Personen oder Systemen (vgl. Fengler, 2004). Feedback hat eine verhaltenssteuernde oder verhaltensmodulierende Wirkung. Es kann das Verhalten von Personen beeinflussen, und ein Individuum braucht eine Rückmeldung, um selbst Bewertungsmaßstäbe für das eigene Verhalten entwickeln zu können.

Generell kann Feedback je nach Kontext und Einsatz verschiedene Funktionen wahrnehmen. Blickensderfer, Cannon-Bowers und Salas (1997) nennen die Aufmerksamkeits-, Lern- und Motivationsfunktion; Bungard (2005) ergänzt diese Aufzählung um die Diagnose-, Kommunikations-, Evaluations-, Steuerungs- und Sozialisationsfunktion. Ziel des Feedbacks und entsprechender Instrumente ist in letzter Konsequenz immer die Effizienzsteigerung bzw. Existenzsicherung einer Organisation.

Die Systematisierung von Feedback bzw. der Befundlage zu diesem Themengebiet ist dadurch erschwert, dass es zahlreiche verschiedene Herangehensweisen gibt (vgl. ausführlich Jöns, 2000a). Ein Zugang ist die Unterscheidung zwischen Feedbackgeber, -nehmer und -inhalt. Feedbackgeber kann ein Individuum (z. B. der Mitarbeiter selbst, ein Kollege, ein Vorgesetzter) oder eine Gruppe (Team, Bereich) sein. Ebenso kann die Rückmeldung an ein Individuum (Mitarbeiter, Führungskraft) oder eine Gruppe (Team, Bereich, Organisation) als Feedbacknehmer gerichtet sein. So ergeben sich zahlreiche

Kombinationen von Feedbackgebern und -nehmern. In diesem Zusammenhang sei erwähnt, dass der Einfachkeit halber zwar eine Feedbackrichtung betrachtet wird, in der Praxis aber immer eine Interaktion zwischen Geber und Nehmer stattfindet. Der Feedbacknehmer ist auch keinesfalls als passiver Part zu betrachten, er kann mehr oder weniger aktiv nach Feedback suchen (vgl. hierzu Farr, 1991).

Inhaltlich wird häufig zwischen arbeitsbezogenem und interpersonellem Feedback differenziert. Arbeitsbezogenes Feedback bezeichnet die Rückmeldung zum Arbeitsverhalten und -ergebnis, was in der Praxis oft durch Leistungskennzahlen erfolgt. Interpersonelles Feedback im Kontext von Organisationen kann verkürzt beschrieben werden als „die beabsichtigte, verbale Mitteilung an eine Person, wie ihr Verhalten oder die Auswirkung ihres Verhaltens wahrgenommen oder erlebt worden ist" (Oberhoff, 1978, S. 6).

Gegenstand dieses Kapitels ist in erster Linie das Feedback zur Gruppe selbst und zum Entwicklungsstand der Gruppe. Andere Feedbackarten, z. B. anhand von Produktivitäts- oder Leistungskennzahlen (z. B. Lebherz, 2005), werden nur am Rande betrachtet.

2.2 Feedback in Organisationen

Zur weiteren Einordnung des Feedbacks auf Gruppenebene werden die verschiedenen Feedbackformen bzw. -instrumente in Unternehmen kurz betrachtet (ausführlich vgl. in Jöns & Bungard, 2005). Ausgehend vom Empfänger des Feedbacks sind folgende Instrumente anzuführen:

- Mitarbeiter: Leistungsbeurteilung, Zielvereinbarungen, Mitarbeitergespräche
- Gruppe/Team: Gruppenfeedback
- Vorgesetzter: Vorgesetzten-Beurteilung, 360°-Feedback
- Organisation: Kundenbefragung, Mitarbeiterbefragung

Das *Mitarbeitergespräch* ist wohl die gängigste Form formalen Feedbacks in Unternehmen (vgl. Bungard & Steimer, 2005). *Leistungsbeurteilungen* etwa im Rahmen von Mitarbeitergesprächen dienen u. a. der Verhaltensmodifikation und der Leistungsverbesserung des Feedbacknehmers sowie als Ansatz für Personalentwicklungsmaßnahmen (vgl. Schuler & Klingner, 2005).

Bei *Gruppen-* oder *Teamfeedback* handelt es sich um eine verhaltens- oder leistungsbezogene Rückmeldung auf Gruppenebene. Gerade im Rahmen von Gruppenarbeit kommt dieser Art des Feedbacks eine besonders wichtige Rolle zu. Um den Entwicklungsstand einer Gruppe einzuschätzen, sind in Literatur und Praxis verschiedene Instrumente zu finden. Diese können je nach Fokus als prozess- oder strukturanalytisch bezeichnet werden (vgl. Kauffeld, 2001b). Wiedemann, von Watzdorf und Richter (2001) unterscheiden die Instrumente hinsichtlich ihrer Ausrichtung in 1. verhaltens- und situationsorientiert, 2. persönlichkeitsorientiert oder 3. einstellungs- und verhaltensorientiert. Wird eine umfassende und möglichst selbstgesteuerte Entwicklung der Gruppe angestrebt, sind standardisierte, verhaltens- und situationsorientierte Verfahren das Mittel der Wahl. Vorteile dieser Instrumente sind die mögliche Abbildung von Veränderungen und die eigenständige Durchführbarkeit durch die Gruppe selbst. Die folgenden Verfahren sind Beispiele für verhaltens- und situationsorientierte Teamfeedback-Instrumente.

- Der *Fragebogen zur Arbeit im Team* (F-A-T) von Kauffeld (2001a; auch Kauffeld & Lehmann-Willenbrock in diesem Band) hat das Ziel, die Selbstlernprozesse und die Selbstreflexion zu verbessern und so einen Anstoß für den Teamentwicklungsprozess zu geben. Die vier Skalen stehen für unterschiedliche Entwicklungsstufen der Gruppe, die auf theoretischen Modellen der Teamentwicklung basieren.
- Das Verfahren *TeamPuls®* will die leistungsrelevanten Faktoren eines Teams erfassen (vgl. Wiedemann et al., 2001). Es soll Ansätze zur Verbesserung der Teamleistung ausfindig machen und Selbstlernprozesse unterstützen. Die Auswertung kann allerdings nicht durch das Team erfolgen, sondern muss von der Fachgruppe TeamPuls® vorgenommen werden; zudem empfehlen die Autoren die Einbindung eines Teamberaters zur Ergebnisbesprechung im Team.
- Das *Teamklima-Inventar* (TKI) von Brodbeck, Anderson und West (2000) als deutsche Adaption des Team Climate Inventory (TCI) von Anderson, soll das Klima für Innovation und Leistung in Arbeitsgruppen messen (vgl. Antoni, 2003).
- Zielsetzung des in Kooperation mit der Heidelberger Druckmaschinen AG entwickelten Instruments *Gruppencheck* (vgl. Jöns, in Druck; Erke, Racky & Jöns, 2007; Hurrle & Erke, 2001) ist die Unterstützung der Selbstregulation der Arbeitsgruppen, um eine Verbesserung der internen Arbeitsprozesse in den Teams und somit eine effiziente Zusammenarbeit zu erreichen. Unter Gruppenkompetenz werden die Fähigkeiten und Fertigkeiten einer Gruppe verstanden, sich bei ihren Handlungen an Zielen zu orientieren, durch Koordination und Regulation ihrer Handlungen die Situation bei der Zielverfolgung zu berücksichtigen sowie die gruppeninternen Prozesse erfolgreich zu bewältigen. Erfasst wird die Kompetenz in 14 bis 16 Handlungsbereichen (je nach Gruppenarbeitskonzept) auf vier verhaltensverankerten Ausprägungen. Jedes Gruppenmitglied schätzt ein, auf welcher Stufe sich die Gruppe in den jeweiligen Bereichen befindet. Des Weiteren wird der wahrgenommene Verbesserungsbedarf für die Merkmale erhoben, so dass direkt die Handlungsbedarfe abgeleitet werden können. Fink, Knebel, Löwenau und Maier (in diesem Buch) beschreiben den erfolgreichen Einsatz bei der Heidelberger Druckmaschinen AG und geben Hinweise für die praktische Durchführung. Erke, Racky, Jöns und Boelter (2005) diskutieren darüber hinaus die Möglichkeit, den Gruppencheck auf andere Unternehmen und Bereiche (z. B. Arbeitsgruppen außerhalb der Produktion) zu übertragen. Durch die verhaltensnahe Formulierung ist eine Anpassung an das jeweilige Umfeld leicht möglich. So wird der Gruppencheck auch in anderen Unternehmen eingesetzt (vgl. Hennlein, 2005; Krämer & Becker in diesem Buch).

Bei der *Vorgesetzten-Beurteilung* ist die Führungskraft Adressat des Feedbacks. Eine spezielle, da besonders umfassende, Variante ist das 360°-Feedback, bei dem eine Führungskraft aus mehreren Perspektiven (z. B. Mitarbeiter, Vorgesetzte, Kollegen und Kunden) beurteilt wird (vgl. hierzu Scherm & Kaufel, 2005).

Dass Kunden und ihr Verhalten für jedes Unternehmen von existenzieller Bedeutung sind, ist unstrittig. Dennoch werden *Kundenbefragungen* (z. B. hinsichtlich Zufriedenheit, Wahrnehmung und Erwartungen) nur etwa von der Hälfte aller Unternehmen durchgeführt. Die Nutzung der Ergebnisse im Sinne eines Feedbacks mit einer entsprechenden Ableitung von Maßnahmen bleibt häufig aus (vgl. Bungard, 2005).

Es bleibt kritisch anzumerken, dass in der Praxis zahlreiche, oft selbstgestrickte Feedbackinstrumente eingesetzt werden, eine wissenschaftliche Prüfung dieser jedoch häufig fehlt und die Effektivität kaum hinterfragt wird (vgl. Jöns, 2000b).

3 Feedback für Arbeitsgruppen

Nach der generellen Betrachtung von Feedback als zentralem Element von Entwicklungsprozessen wird der Fokus nachfolgend auf die spezifischen Möglichkeiten und Besonderheiten bei Gruppen als Feedbackempfänger gelegt.

3.1 Feedback im Rahmen der Teamentwicklung

Teamfeedback findet in unterschiedlichen Zusammenhängen Anwendung. Es ist ein wesentlicher Bestandteil von Seminaren zur Teamentwicklung. Comelli (2000) betont die Bedeutung von Feedback für die Lernprozesse innerhalb von Trainings. Zudem ist Feedback ein entscheidendes Element von Workshops, die Teil eines Teamentwicklungsprozesses darstellen. Es stellt eine konstituierende Komponente innerhalb der (Beratungs-) Arbeit in und mit Arbeitsgruppen dar (vgl. Wunder, 1999).

Darüber hinaus kann Teamfeedback im organisationalen Kontext Ausgangspunkt für Teamentwicklungsmaßnahmen sein. Die vorgestellten Instrumente sind Beispiele dafür. Der Einsatz dieser Feedbackinstrumente auf Gruppenebene kann als Survey-Feedback-Methode betrachtet werden, wie sie im Rahmen der Organisationsentwicklung diskutiert wird. Diese Methode bedeutet die systematische Sammlung von Befragungsdaten über ein System (Unternehmen) und deren Rückmeldung an die Betroffenen einer Organisationseinheit sowie eine anschließende Diskussion der Daten und eine gemeinsame Entwicklung von Verbesserungsmöglichkeiten (vgl. French & Bell, 1994). Im Vergleich zum Gruppenfeedback, das für einzelne Gruppen erhoben und bearbeitet wird, findet die Datenanalyse bei der Organisationsentwicklung auf übergeordneten Ebenen bzw. für größere Organisationseinheiten statt.

Teamfeedback soll immer Ausgangspunkt für einen Reflexionsprozess sein, der ohne Anlässe (wie z. B. neue Teammitglieder, technische Probleme oder organisatorische Änderungen) kaum von selbst stattfindet (vgl. Kauffeld, 2005). Unabhängig von derartigen Anlässen können Reflexionsprozesse dadurch etabliert werden, dass Teamfeedback – vergleichbar der Regelbeurteilung für Mitarbeiter – regelmäßig durchgeführt wird.

3.2 Unterschiede zwischen Individual- und Teamfeedback

Feedback in der Gruppe unterscheidet sich in mehrfach Hinsicht von Individualfeedback. Gruppennormen treten vergleichsweise stärker in den Vordergrund. Das nachfolgende Verhalten ist viel stärker als bei einem Individualfeedback davon abhängig, wie andere Gruppenmitglieder reagieren und welche Standards in der Gruppe vorherrschen. Barr und Conlon (1994) weisen darauf hin, dass die Gruppennorm aufgrund sozialer Vergleiche mitbestimmt, welches Verhalten aus einem Feedback resultiert; sie kann bedeutsamer sein als der Verstärkungseffekt des positiven Feedbacks. Die Wirkung eines Gruppenfeedbacks hängt zudem davon ab, welches Einzelfeedback in welcher Verteilung gegeben wird. Erhält die Mehrheit der Gruppe ein negatives Feedback und nur eine Minderheit ein positives Feedback, wird das entsprechende Verhalten weniger wahrscheinlich aufrechterhalten.

In diesem Zusammenhang verweist Nadler (1979) auf die Rolle der Gruppenaufgabe für die Effektivität eines Gruppenfeedbacks. Das Individualfeedback kann die Einzelleistung verbessern und ist somit effektiv, wenn die Gruppenleistung aus der Summe der Einzelleistungen besteht. Das Gruppenfeedback ist besonders wirksam, wenn die Gruppe eine gemeinsame Aufgabe mit voneinander abhängigen Teilarbeiten hat.

3.3 Praktische Bedeutung von Feedback auf Gruppenebene

In einer bundesweiten Befragung von 85 Firmen zeigt sich, dass auch bei Gruppenarbeit in der Praxis die Einzelbeurteilung durch den Vorgesetzten am häufigsten Anwendung findet, lediglich manchmal beurteilt dieser zusätzlich die Gruppe (vgl. Bungard & Jöns, 1997). Bei Gruppenarbeit ist aber ein alleiniges Feedback auf Individualebene nicht ausreichend. Wenn gemeinsame Gruppenaufgaben vorliegen, dann ist der Einzelbeitrag schwer abschätzbar. Zudem gehören indirekte Tätigkeiten (z. B. Wartung) zum Aufgabengebiet, diemöglicherweise zu Gunsten einer höheren Einzelleistung bei deren Bewertung zurückgestellt würden. Schließlich ist organisatorisch – durch größere Kontrollspannen infolge flacherer Hierarchien – die Beurteilung der individuellen Leistung jedes Mitarbeiters durch den Vorgesetzten oft nur begrenzt möglich.

Bei der Betrachtung der Gruppenebene lässt sich die verhaltenssteuernde Funktion von Feedback auch auf das Handeln in Arbeitsgruppen übertragen. Wissen die Gruppen nicht, welche Auswirkungen ihr Verhalten hat bzw. welche Leistung sie erbracht haben, ist es nur schwer möglich, dieses Verhalten zu modifizieren. In ihrem Unterstützungssystem für selbstregulierte Arbeitsgruppen verdeutlichen Hey, Pietruschka, Jöns und Bungard (1999) die Wichtigkeit von Feedback für die Entwicklung von Gruppen. Neben dem Aspekt der Individualbeurteilung sind auf Gruppenebene arbeitsbezogenes Feedback über die Leistungsprozesse und Gesamtleistung sowie interpersonelles Feedback zur Kommunikation und Kooperation in der Gruppe erforderlich, die interaktionale Aspekte (über die Einzelleistung hinaus) enthalten. Die Komponenten des Gruppenfeedbacks sind in Abbildung 1 dargestellt.

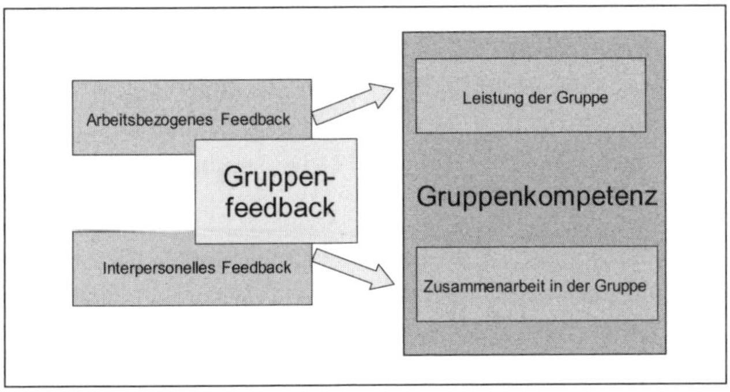

Abbildung 1: Gruppenfeedback (nach Hey, Pietruschka, Jöns & Bungard, 1999)

3.4 Forschungsbefunde zu Feedback auf Gruppenebene

Trotz der praktischen Bedeutsamkeit wird Gruppenfeedback im Vergleich zum individuellen Feedback in der theoretischen und empirischen Auseinandersetzung relativ wenig Beachtung geschenkt. Neben einzelnen Feldstudien existiert eine größere Anzahl von Laborstudien, bei denen z. B. Studenten Rückmeldungen zu vorgegebenen Aufgaben erhalten.

Da der Übertragbarkeit von Laborstudien enge Grenzen gesetzt sind, werden nur kurz die grundlegenden Erkenntnisse im Anschluss an Nadler (1979) zusammengefasst, der einen Überblick über 34 Forschungsarbeiten zu den Auswirkungen von Feedback auf Arbeitsgruppen gibt. Danach kann Feedback erstens motivierende Effekte auf die Gruppe (vermehrtes Aufgabenverhalten) haben. Zweitens werden lenkende Effekte auf die Gruppe (im Prozess der Aufgabenbearbeitung) berichtet. In Gruppen, die Feedback erhielten, findet ein höheres Problemlöseverhalten statt als in solchen Gruppen, die kein Feedback über ihr Verhalten bekamen. Diese positiven Effekte müssen nicht immer eintreten, sondern hängen von verschiedenen Variablen ab. Neben der bereits angeführten Art der Gruppenaufgabe haben individuelle Unterschiede der Empfänger einen Einfluss auf die Wirkung von Feedback.

In einer Studie von Watson, Kumar und Michaelsen (1993) ist Teamfeedback ein entscheidender Motor für die Effektivität von Gruppen. In einer ähnlichen Studie von D. C. Thomas (1999), bei der kaum eine Rückmeldung stattfand, werden hingegen keine Leistungsverbesserungen berichtet. Pritchard, Jones, Stuebing und Ekeberg (1988) konnten im Rahmen ihrer Untersuchung bei Einheiten der US Air Force große Produktivitätsgewinne durch aufgabenbezogenes Feedback nachweisen. Die zusätzliche Einführung von Zielvereinbarungen führte zu einem (jedoch geringeren) Zugewinn. Darüber hinaus erbrachte die Schaffung von Anreizen keinen nennenswerten Effekt. Die Autoren führen die Effekte in erster Linie auf die Einführung des Feedbacks zurück, da die zusätzlichen Bedingungen keine annähernd so hohen Effekte auslösten. Gleichzeitig geben sie zu bedenken, dass alternative Erklärungen möglich sind (z. B. könnte es sein, dass die Gruppen bereits ein Maximum an Produktivität erreicht hatten und daher kein großer Zugewinn mehr möglich war). Hey (2001) untersuchte Feedback und Beurteilung bei selbstregulierten Arbeitsgruppen in drei Produktionsunternehmen. Ihre Befunde stützen die Annahme, dass Feedback für den Erfolg von Gruppenarbeit von erheblicher Bedeutung ist.

Zusammenfassend sprechen die (wenigen) Forschungsarbeiten für eine positive Wirkung von Teamfeedback auf das Verhalten bzw. die Leistung von Arbeitsgruppen.

4 Determinanten der Entwicklung durch Feedback

Zur Entwicklung von Gruppen durch Feedback wird im Folgenden erläutert, welche weiteren Bedingungen die Gruppenentwicklung mitbestimmen. Was beeinflusst die Wirkung des Feedbacks, welche zusätzlichen Variablen sind zu berücksichtigen?

4.1 Quantität und Qualität des Feedbacks

In der Untersuchung von Hey (2001) zeigte sich, dass die Häufigkeit eines Feedbacks mit der Autonomie einer Gruppe, ihrer Zufriedenheit, ihrem Entwicklungsstand und ihrer Effektivität in Beziehung steht. Die Qualität des Feedbacks hing besonders stark mit der Mitarbeiterzufriedenheit zusammen. Die Effektivität des Feedbacks war eng mit der Autonomie und der Gruppenentwicklung verknüpft. Da es sich um eine korrelative Studie handelt, lässt sich keine Kausalaussage zur Richtung der Zusammenhänge ableiten: Beide Wirkungszusammenhänge sind möglich: Zum einen fördert Feedback die Autonomie und Entwicklung einer Gruppe, zum anderen sind weiterentwickelte Gruppen eher fähig, ein angemessenes und effektives Feedback auszutauschen. Feedback kann in diesem Sinne als Hinweis auf den Entwicklungsgrad einer Gruppe gesehen werden.

Neben den Effekten durch das Feedback selbst können eine Reihe anderer Einflüsse die Entwicklung der Gruppen tangieren, die bei der Gestaltung und Überprüfung von Feedbackinstrumenten berücksichtigt werden sollten. Stumpf (2000) unterscheidet in seinem Modell zur Gruppeneffektivität zwischen Individuen-, Gruppen-, Aufgaben- und Umfeldmerkmalen, die sich auf den Gruppenprozess und die Arbeitsergebnisse auswirken. Diese Merkmale wirken nicht isoliert, sondern interagieren miteinander.

4.2 Merkmale der Gruppe

Welche Merkmale der Gruppe können eine Rolle hinsichtlich ihrer Entwicklung spielen? Oft anzutreffende Beispiele sind Alter, Rotation, Heterogenität, Gruppengröße und Bestandszeit. Heterogenität (Ungleichheit, Verschiedenartigkeit) ist ein sehr komplexes Merkmal, das genau genommen mehrere Merkmale beinhaltet. Eine Gruppe kann sich hinsichtlich verschiedenster Eigenschaften gleichen bzw. unterscheiden; zum Beispiel Alter, Geschlecht, Nationalität, Betriebszugehörigkeit und Ausbildung. Aufgrund dessen ist es nicht verwunderlich, dass die Befundlage zur Auswirkung von Heterogenität auf die Gruppenentwicklung uneinheitlich ist (vgl. Bowers, Pharmer & Salas, 2000; Knippenberg & Haslam, 2003; Williams & O'Reilly, 1998; Guzzo & Dickson, 1996). Generell ist ein gewisses Maß an Heterogenität für den Gruppenprozess förderlich, insbesondere in Bezug auf Wissen und Ausbildung. Beispielsweise besteht eine größere Informationsgrundlage und die Möglichkeit zu fruchtbareren, sachlichen Auseinandersetzungen. Gleichzeitig birgt eine zu starke Heterogenität auch Gefahren, z. B. die einer fehlenden sozialen Integration, was den Informationsaustausch und somit die Lösungskompetenz beeinträchtigt. Die Fülle der emotionalen Konflikte kann das Potenzial der Heterogenität verdecken. A. Thomas (1999) weist darauf hin, dass ein entsprechendes Gleichgewicht zwischen Homogenität und Heterogenität dienlich ist. Lehmann-Willenbrock und Kauffeld (in diesem Buch) erläutern ausführlich die Auswirkungen und Herausforderungen der Altersheterogenität.

Die Effekte der heterogenen Zusammensetzung von Gruppen können durch integrationsfördernde Maßnahmen wie Feedback modifiziert werden (vgl. Stumpf, 2000). Außerdem können weitere Aspekte, wie das Vorhandensein einer übergeordneten Gruppenidentität, die Einstellung der Gruppenmitglieder oder die Offensichtlichkeit der Merkmale, die Wirkung der Heterogenität mitbestimmen (vgl. Knippenberg & Haslam, 2003; Wegge, 2003). Dies verdeutlicht die Komplexität der Wirkungen innerhalb der Gruppensituation.

Die Rotation der Tätigkeiten innerhalb der Gruppe, die Bestandszeit und das Alter der Gruppe können ebenfalls einen Einfluss auf die Entwicklung haben. Nach den Befunden einer Untersuchung entwickelten sich die Gruppen stärker,

- die eine höhere Rotation angaben,
- die eine kürzere Bestandszeit haben,
- in denen ein mittleres Durchschnittsalter vorliegt

(vgl. Hennlein, 2005; Hennlein & Jöns, 2006). Bei mittlerem Altersdurchschnitt bestehen einerseits bereits Erfahrungswerte, auf die die Gruppe im Arbeitsalltag zurückgreifen kann, andererseits sind solche Gruppen möglicherweise noch flexibel in der Anpassung auf neue Umstände, was einen Entwicklungsvorsprung dieser Gruppen erklären würde. Auch bei Williams und Sternberg (1988) ist das Alter selbst entscheidend, hier hing das Alter des jüngsten Mitglieds mit dem Gruppenerfolg zusammen: Je älter das jüngste Mitglied war, desto besser fiel die Leistung der Gruppe aus.

Insgesamt hat die Empirie sehr unterschiedliche Ergebnisse zur Wirkung verschiedener Gruppenmerkmale auf den Gruppenprozess und die Gruppenleistung hervorgebracht. Sicher ist aber, dass all diese Merkmale in unterschiedlicher Wirkungsweise und je nach Zusammensetzung verschieden starke Auswirkungen positiver und negativer Art haben können und somit im Rahmen der Teamentwicklungprozesse Berücksichtigung finden sollten.

4.3 Merkmale und Unterstützung der Entwicklungsprozesse

Darüber hinaus ist für die Gruppenentwicklung wichtig, was nach dem Feedback passiert. Wie bei allen Feedbackinstrumenten beginnt die eigentliche Arbeit erst nach dem Feedback (vgl. Jöns, 2005b; Jöns & Müller, 2007, auch Kauffeld, 2005). Auf die Rückmeldung müssen weitere Schritte folgen, z. B. Workshops, in denen Maßnahmen zur Veränderung von Handlungsfeldern erarbeitet werden. Die subjektive Passung dieser Maßnahmen zu den ermittelten Problemfeldern ist ein entscheidender Faktor. Es reicht nicht aus, entsprechende Ideen zu generieren, diese müssen auch als adäquat bewertet werden, nur dann ziehen sie eine Entwicklung nach sich.

Der erste Einsatz eines Feedbackinstruments mit anschließender Auswertung und Erarbeitung von Maßnahmen ist nur der Beginn eines Entwicklungsprozesses. Besonders für Gruppen, die noch am Anfang stehen und noch nicht mit Feedback gearbeitet haben, ist die Sicherstellung der Verbindlichkeit und Nachhaltigkeit der Prozesse wichtig. Diese kann beispielsweise durch eine Überprüfung der Umsetzung und der Wirkung von Maßnahmen unterstützt werden. Ein wiederholter Einsatz der Feedbackinstrumente kann der Überprüfung der Teamentwicklung dienen.

Die Unterstützung und Einbettung des Feedbackinstruments in einen übergreifenden Prozess kann unter die Umfeldmerkmale im Modell von Stumpf (2000) subsumiert werden. Diese kann als eine Aufgabe der Gruppenarbeitsbetreuung oder Prozessbegleitung aufgefasst werden. Gleichzeitig spielen die Führungskräfte eine zentrale Rolle, denn letztlich können nur sie die Gruppenarbeit nachhaltig fördern. Daher ist bei der Einführung von Feedbacksystemen auf die Akzeptanz des Instruments und Prozesses seitens der Führungskräfte besonders zu achten (vgl. auch Jöns, 2007).

5 Kriterien für ein effektives Feedback

Die bisherigen Studien und der häufige Einsatz in der Praxis sprechen dafür, dass die gewünschte Wirkung durch Feedback erzielt wird. Dennoch, Feedback kann als eine Information angesehen werden und hat per se keine zwingend eintretenden Folgen. Die Effekte von Feedback müssen auch nicht immer positiv sein (vgl. Hey, 2001; Blickensderfer, Cannon-Bowers & Salas, 1997). Im Hinblick auf den Einsatz von Feedbackinstrumenten werden Faktoren und Kriterien angeführt, die nach der allgemeinen Feedbackforschung bedeutsam sind (vgl. zusammenfassend Jöns, 2000a, 2005a; Hey, 2001; grundlegend bereits Oberhoff, 1978; Ilgen, Fisher & Taylor, 1979).

Die Effektivität und Akzeptanz von Feedback hängen von folgenden Faktoren ab:

- der Quelle (dem Sender) des Feedbacks (z. B. Urteilskompetenz, Machtposition)
- dem Empfänger des Feedbacks (z. B. seinem Alter: Jüngere Rezipienten nutzen Feedback mehr als ältere)
- dem Inhalt bzw. der Art des Feedbacks (z. B. seinen Vorzeichen: Positives Feedback wird eher akzeptiert als negatives)

- den Merkmalen des Prozesses (z. B. Regelmäßigkeit des Feedbacks)
- der Beurteilung des Feedbacks durch Vergleiche (z. B. Konsistenz von Fremd- und Selbstbild) und im Hinblick auf die persönliche Bedeutsamkeit

Mit Blick auf die Einführung von Feedbackinstrumenten bei Gruppenarbeit sind die genannten Faktoren zumeist nicht direkt gestaltbar, aber kann ihr Erleben durch die Mitarbeiter positiv beeinflusst werden. Zum Beispiel: Die Akzeptanz und Förderung des Gruppenfeedbacks durch die Führungskräfte ist wichtig, damit die Gruppen selbst sich als (er-)mächtig(t)e Quelle ernst nehmen. Dies setzt voraus, dass Führungskräfte davon überzeugt sind, dass Gruppen selbst kompetente Quellen sind. Ebenso ist eine positive Fehlerkultur erforderlich, damit negatives Feedback leichter gegeben und empfangen werden kann.

Die Akzeptanz auf Seiten der Mitarbeiter und Führungskräfte ist entscheidend dafür, dass das Feedback die gewünschten Reflexionsprozesse anstößt, die erforderlichen Verhaltensänderungen bewirkt und die notwendigen Veränderungsmaßnahmen eingeleitet und umgesetzt werden. Damit Feedback als konstruktiv erlebt wird und vom Empfänger akzeptiert wird, sollte es folgende Eigenschaften erfüllen (vgl. auch Hey et al., 1999; Farr, 1991):

- *Spezifität* und *Konkretheit:* Feedback sollte detailliert sein und sich auf bestimmte Aspekte beziehen, anstatt global zu urteilen. Es sollte möglichst überprüfbar sein. Spezifischeres Feedback widersteht leichter Verzerrungen. Es erleichtert die Annahme, wie mit diesen Aspekten umzugehen ist.
- *Unmittelbarkeit:* Feedback sollte möglichst direkt nach dem interessierenden Verhalten folgen; so kann eine Relation zwischen Verhalten und Feedback hergestellt werden. Das Feedback sollte direkt an den Empfänger gegeben werden, ohne Umwege über Dritte zu nehmen.
- *Regelmäßigkeit:* Feedback sollte in einer gewissen Häufigkeit gegeben werden, also nicht zu selten, aber auch nicht zu häufig. Neben dem (halb-)jährlichen formellen Feedback sollte ein regelmäßiges informelles Feedback gegeben werden.
- *Partizipation:* Die Empfänger sollten die Möglichkeit erhalten, ihre Leistung selbst einzuschätzen und auf das Feedback zu reagieren.
- *Fairness:* Feedback sollte gerecht sein und sich nur auf solche Sachverhalte beziehen, die der Empfänger auch verändern kann. Zudem sollte stets der Zweck der Feedbackprozesse offen dargelegt werden.

Neben diesen Gestaltungskriterien von Feedbackinstrumenten, die sich noch erweitern ließen, sollte die Förderung der Akzeptanz bereits bei der Entwicklung und Einführung von Feedbackinstrumenten einsetzen. An der Entwicklung der Instrumente sollten die Mitarbeiter mitwirken können bzw. ihre Meinung berücksichtigt werden. Der Zweck der verschiedenen Feedbackverfahren sollte offen dargelegt werden – und der Nutzen für die Mitarbeiter und das Unternehmen erläutert werden. Zudem sollten der Einsatz, die Akzeptanz und die Effektivität regelmäßig überprüft werden, um die Instrumente und Prozesse bei Bedarf zu verbessern.

6 Fazit und Ausblick für die Praxis

Um das Konzept Gruppenarbeit erfolgreich umzusetzen, ist ein Teamfeedback unabdingbar. Für die Entwicklung einer Gruppe ist eine Rückmeldung über die Leistung und das interpersonelle Verhalten nicht nur für das einzelne Gruppenmitglied, sondern auch für die gesamte Gruppe notwendig. Die Gesamtsituation in der Gruppe ist komplexer als die Summierung der Einzelbeurteilungen. Feedback fungiert hier im Sinne eines Regulativs: Durch die Rückmeldung auf die derzeitige Situation kann sich die Gruppe an einen gewünschten Zustand annähern. Im Sinne einer Unterstützung der Selbstregulation sollte dieses Feedback nicht (nur) durch den Vorgesetzten, sondern durch die Gruppe selbst vorgenommen werden können.

Im Hinblick auf die Förderung der arbeits- und teambezogenen Entwicklung der Gruppen stellen die Auswahl und Gestaltung geeigneter Feedbackinstrumente einen ersten Schritt dar. Der Einsatz von Feedbackinstrumenten kann das erforderliche Feedback im Arbeitsalltag nicht ersetzen, sondern ist eine wichtige Ergänzung. In Organisationen und insbesondere im Arbeitsalltag wird das negative Feedback häufig überbetont, wenn nicht gar eine Kultur vorherrscht, nur bei negativen Ereignissen überhaupt ein Feedback zu geben. Der Einsatz von Instrumenten unterstützt eine ausgewogene Rückmeldung von positiven und negativen Beurteilungen und kann auf diese Weise im Laufe der Zeit insgesamt die Entwicklung einer konstruktiven Feedbackkultur fördern.

Abschließend bleibt festzuhalten, dass Feedback für sich keine nachhaltige Wirkung erzielen kann, wenn nicht entsprechende Maßnahmen daraus folgen. Feedback darf nicht als isoliertes Instrument eingesetzt werden, eine entsprechende Einbettung in einen Kommunikations- und Verbesserungsprozess bzw. einen Teamentwicklungsprozess ist von entscheidender Bedeutung (vgl. Erke et al., 2005). Fink et al. (in diesem Buch) geben ein Beispiel für die erfolgreiche Umsetzung eines Feedbacks im Rahmen eines Entwicklungsprozesses.

Tamara Habich & Ingela Jöns

Individuelle Kompetenzen in der Gruppenarbeit

1 Kompetenzen in der Gruppenarbeit im Überblick

Warum wird in Gruppen gearbeitet? Weil die Aufgaben von einer Person allein nicht bewältigt werden können und weil im Idealfall im Ergebnis mehr erreicht wird, als es die Addition der individuellen Kenntnisse, Fähigkeiten und Fertigkeiten erwarten ließe. Doch wie setzt sich die Gruppenkompetenz zusammen, wenn nicht als Summe der Teile? Und inwieweit ist sie abhängig von den Kompetenzen der Teammitglieder? Dem Zusammenhang zwischen individuellen und Gruppenkompetenzen sowie ihrem Einfluss auf die Gruppenarbeit wird in diesem Kapitel nachgegangen. Ebenso wird die Frage erörtert, inwieweit Gruppenarbeit als Arbeitsform Kompetenzentwicklung begünstigen kann. Vorab werden die beiden Kompetenzbegriffe kurz definiert.

In seiner ursprünglichen Bedeutung umschreibt Kompetenz die „Zuständigkeit eines Menschen oder einer Institution“ (Häcker, 2004, S. 495). Dieser formale Ansatz spielt insofern eine Rolle, als sich hieraus Anforderungen an eine bestimmte Zielgruppe ableiten lassen. Neben diesem Begriff, der an der formalen Aufgabe und Situation anknüpft, wird Kompetenz als ein Merkmal von Personen verstanden. Hierbei hat das Qualifikationskonzept an Bedeutung verloren, im Mittelpunkt der Kompetenzforschung stehen die selbstorganisierten Handlungsdispositionen. So umfasst die *individuelle Kompetenz* zum Beispiel nach Weinberg (2000) „die disponiblen Fähigkeiten eines Menschen, die er benötigt, wenn er mit ungewohnten Problemkonstellationen fertig werden muss“ (S. 42). Kompetenzen werden differenziert betrachtet und häufig aufgeteilt in fachliche, methodische, soziale und persönliche Kompetenzen (vgl. Erpenbeck & Heyse, 1999; Bergmann et al., 2000, Staudt et al., 2002).

In Anlehnung an die handlungstheoretischen Konzepte der Sozial- und Teamkompetenzen von Greif (1987, 1996) kann *Gruppenkompetenz* als ein Merkmal von Arbeitsgruppen definiert werden, das eine zentrale Voraussetzung für erfolgreiches Handeln der Gruppe ist. Gruppenkompetenz wird demnach für spezifische soziale Situationen erworben und beinhaltet die Orientierung auf Ziele hin, die Kenntnisse von Handlungsfeld und Handlungsmöglichkeiten sowie die Fähigkeiten und Fertigkeiten für die Handlungsausführung. Eine für Gruppenarbeit besonders relevante Art von Kompetenzen sind nach Greif (1996) die Selbstorganisationskompetenzen, für die Motivation, Handlungsspielräume und Selbstreflexion wichtige Grundlagen sind. In diesem Ansatz wird die Interaktion in den Vordergrund gestellt und Gruppenkompetenz als ein eigenes Konstrukt beschrieben – unabhängig von individuellen Kompetenzen.

Andere Definitionen sehen einen stärkeren Zusammenhang zur individuellen Kompetenz. Insbesondere die sozial-kognitive Theorie Banduras (2001) nimmt die Wechselwirkung zwischen individueller und kollektiver Kompetenz als selbstverständlich an. Kollektive Kompetenz wird als „Wahrnehmung des Individuums, in der Gruppe wirksam werden zu können, und durch die Wahrnehmung des Individuums hinsichtlich der Wirksamkeit der Gruppe als Ganzes“ beschrieben (Wilkens, 2004).

Die Frage, ob sich die Gruppenkompetenz durch die individuellen Kompetenzen der Gruppenmitglieder zusammensetzt oder ob sie ein eigenes gruppenspezifisches Konstrukt darstellt, wird im Folgenden für die Kompetenzfelder Fachlich, Methodisch, Sozial und Persönlich, in die sich auch die verschiedenen Gruppenkompetenzen einordnen lassen (vgl. Kauffeld, Frieling & Grote, 2003), getrennt diskutiert.

2 Individuelle und Gruppen-Kompetenzen im Vergleich

Aus der Kombination der Kompetenzfelder und der Bezugsebene ergibt sich ein Acht-Felder-Schema (vgl. Tabelle 1). Die Felder werden jeweils zunächst als individuelle Kompetenz und anschließend als Gruppenkompetenz beschrieben, bevor ihr Zusammenhang erörtert wird.

Tabelle 1: Acht-Felderschema der Kompetenzen bei Gruppenarbeit

	Individuum	**Gruppe**
Fachlich	(a) – Wissen – Kenntnisse – Fähigkeiten – Fertigkeiten	(b) – aufgabenbezogene Handlungsfähigkeit – aufgabenbezogene Problemlösefähigkeit
Methodisch	(c) – anwendbares Fachwissen – umsetzbare Methoden – Zielorientierung – Kundenorientierung – konzeptionelle Fähigkeiten – Problemlösefähigkeiten	(d) – Selbstorganisationsfähigkeit
Sozial	(e) – Teamfähigkeit – kommunikative Fähigkeiten – Kritikfähigkeit – Konfliktfähigkeit	(f) – Konfliktverhalten – gegenseitige Unterstützung
Persönlich	(g) – Einsatzbereitschaft – Lernbereitschaft – Entwicklungsbereitschaft – Einstellungen, Motivation, Werte	(h) – Kohäsion – Gruppennormen – Gruppenkultur

(a) Zu den *individuellen Fachkompetenzen* können alle Kenntnisse, Fähigkeiten und Fertigkeiten gezählt werden, die zur Bewältigung der fachlichen Anforderungen benötigt werden. Dazu gehören sowohl erlernte Qualifikationen als auch erworbene Erfahrungswerte.

(b) Die *fachliche Gruppenkompetenz* kann insgesamt als die aufgabenbezogene Handlungsfähigkeit der Gruppe umschrieben werden. Sie kann sich additiv aus den individuellen Kompetenzen zusammensetzen, z. B. wenn alle Einzelaufgaben parallel, unabhängig voneinander ausgeführt werden, wenn beispielsweise drei Maurer an einer Mauer arbeiten. Die individuellen fachlichen Kompetenzen addieren sich, bringen jedoch höchstens einen zeitlichen Vorteil im Gegensatz zur Einzelleistung. Die individuellen Kompetenzen können sich jedoch auch ergänzen, so dass das Ergebnis mehr ist als die Summe der Teile, wie beispielsweise bei einem Hausbau, bei dem verschiedene handwerkliche Fertigkeiten notwendig sind. Erst durch die verschiedenen fachlichen Kompetenzen kann das Ergebnis erzielt werden.

Die fachliche Zusammensetzung einer Gruppe ist von Branche, Unternehmen, Produkt bzw. der konkreten Gesamtaufgabe abhängig. Deshalb wird der Schwerpunkt in diesem Beitrag auf die fachübergreifenden Kompetenzen gelegt.

(c) *Individuelle Methodenkompetenz* beinhaltet die Fähigkeit, die fachlichen Kompetenzen im Sinne der Zielsetzung des jeweiligen Aufgabenfeldes einzusetzen und die dazu nötigen Methoden zu beherrschen.

(d) Die *methodische Kompetenz auf Gruppenebene* kann als Selbstorganisationsfähigkeit angesehen werden, die einzelnen fachlichen Kompetenzen unter Nutzung der erforderlichen Methoden im Sinne der Zielsetzung einzusetzen.
Einerseits wird Selbstorganisation als Metakompetenz angesehen. Diese zeigt sich, wenn eine Gruppe selbst proaktiv Handlungen entwickelt, die über die gegebene Aufgabe, das gegebene Ziel und über den gegebenen Rahmen hinausgehen. Nach vorliegenden Studienergebnissen ist die Fähigkeit zur Selbstorganisation eine übergreifende Kompetenz, die aus dem Zusammenwirken einer Reihe unterschiedlicher Kompetenzfacetten (insbesondere Zielorientierung und Veränderungsorientierung) resultiert. Diese Facetten tragen unterschiedliche Personen in der Gruppe bei (vgl. Erpenbeck, 2006). Andererseits werden unter Methodenkompetenzen von Gruppen einzelne Kompetenzen, wie beispielsweise Zielorientierung, Verfahrensvorschläge, Zeitmanagement, Aufgabenverteilung oder Kosten-Nutzen-Abwägungen, beschrieben (vgl. Kauffeld, Frieling & Grote, 2002).
Selbstorganisationsfähigkeit kann als ein eigenes gruppenspezifisches Phänomen angesehen werden, das über die individuellen Methodenkompetenzen hinausgeht. Selbstorganisation in der Gruppe setzt z. B. interaktive Kommunikationsprozesse, koordinierte Handlungen der Einzelnen und Selbstverständnisse über das Gruppenhandeln voraus.

(e) Unter *individuellen Sozialkompetenzen* können allgemein Verhaltensweisen verstanden werden, die in zwischenmenschlichen Interaktionen benötigt werden, wie beispielsweise kommunikative Fähigkeiten, um in sozialen Situationen erfolgreich handeln zu können.

(f) Die *Sozialkompetenz einer Gruppe* kann wiederum als eine eigene gruppenspezifische Kompetenz angesehen werden, die sich in Gruppendiskussionen beispielsweise als gegenseitige Unterstützung, aktives Zuhören oder ermunternde Ansprache zeigt. Es ist offensichtlich, dass diese Kompetenz von individuellen sozialen Kompetenzen wie Kritik- oder Konfliktfähigkeit abhängig ist.

(g) Unter *individuellen persönlichen Kompetenzen* werden Einstellungen, Werte, Motive und Selbstbilder eines Individuums verstanden, die die Arbeit betreffen oder sich auf die Arbeit auswirken wie beispielsweise Einsatzbereitschaft, Lernbereitschaft, Belastbarkeit oder Zuverlässigkeit.

(h) Übertragen auf die Gruppe sind die persönlichen Kompetenzen die gruppenspezifischen Werte und Einstellungen, die auch als *Gruppennormen und -kultur* bezeichnet werden, sowie die Wahrnehmung des Teams durch die Gruppenmitglieder selbst. Die individuellen Persönlichkeiten und die jeweilige Heterogenität von Gruppen prägen auch die spezifische Kultur, die aber über die Kompetenzen hinausgeht. Für die zusätzliche Kompetenz, den Mitgliedern ein Zusammengehörigkeitsgefühl zu vermitteln und damit die Gruppen zusammenzuhalten, die so genannte Kohäsion, gibt es kein Pendant bei den individuellen Kompetenzen einer Gruppe. Dabei wird die Kohäsion von den sozialen Kompetenzen der Individuen beeinflusst, wie beispielsweise Teamfähigkeit.

Bislang gibt es noch keine einheitliche Zuordnung der Einzelkompetenzen zu den Kompetenzfeldern. Einzelne Fähigkeiten, wie z. B. Belastbarkeit, werden einmal zu methodischer, ein andermal zu persönlicher Kompetenz gezählt. Die Problemlösungsfähigkeit kann als die höchste Stufe der fachlichen Gruppenkompetenz betrachtet werden, wenn erst durch das Zusammenspiel der individuellen Kompetenzen das Ergebnis entsteht, oder bei der methodischen Gruppenkompetenz im Sinne der Selbstorganisation angesiedelt werden. Die Kompetenzfelder „können nicht unabhängig voneinander definiert werden, vielmehr sind Überschneidungen die Regel. Was im Einzelnen unter diesen Kompetenzfacetten verstanden wird, variiert in Abhängigkeit von theoretischen Prämissen und praktischen Erfordernissen“ (Kauffeld et al., 2002, S. 198). Für die Entwicklung eines Instruments zur Erfassung von Kompetenzen muss also eine Entscheidung getroffen werden, welche Zuordnung im speziellen Fall sinnvoll erscheint. Eine ausführliche Darstellung und Auflistung von Einzelkompetenzen findet sich bei Erpenbeck und Heyse (1999).

3 Einfluss individueller Kompetenzen auf die Gruppenarbeit

Welche individuellen Kompetenzen für die Gruppenarbeit eine Rolle spielen, wurde von Habich (2005) faktorenanalytisch untersucht. Die Analyse ergab eine Unterscheidung der Sozialkompetenz in einen allgemeinen und einen gruppenarbeitsbezogenen Kompetenzfaktor.

Allgemeine Sozialkompetenz: Einfügen in die Gruppe, Konfliktfähigkeit, Kritikfähigkeit, Belastbarkeit, Selbstbeherrschung

Zur allgemeinen Sozialkompetenz wurden in der Untersuchung das Einfügen in die Gruppe, die Konflikt- und Kritikfähigkeit sowie die Belastbarkeit und Selbstbeherrschung zusammengefasst. Die Belastbarkeit und Selbstbeherrschung stammten ursprünglich aus dem persönlichen Feld, allerdings können sie sehr stark die Zusammenarbeit im Team beeinflussen. Wenn beispielsweise einzelne Teammitglieder mit stressigen Situationen wie hohem Zeitdruck oder Produktionsengpässen nicht umgehen können und den Überblick verlieren oder fehleranfällig werden, wirkt sich dies negativ auf die gesamte Gruppe aus. Andere müssen die Arbeit mit übernehmen oder können ihre Aufgaben nicht ausführen, wenn sie auf die Arbeit des Kollegen angewiesen sind. Die Leistung der gesamten Gruppe leidet, insbesondere dann, wenn die Gruppe nicht zusammenhält und die Gruppenmitglieder sich nicht gegenseitig unterstützen. Belastbarkeit ist eine Grundvoraussetzung, also dass auch unter Zeitdruck fehlerfrei gearbeitet wird, der Überblick behalten und dabei auch die Höflichkeit gewahrt wird – im Rahmen des in der Produktion durchaus üblichen „rauen Tons".

Konflikt- und Kritikfähigkeit geht darüber hinaus. Das gesamte Team kann z. B. dadurch beeinträchtigt werden, wenn ein Teammitglied kritisches Feedback an seiner Arbeitsweise nicht annimmt und nicht in seinem Verhalten umsetzt, sondern die Kritik eher als persönlichen Angriff sieht oder nicht offen über Probleme reden will, um Konflikten aus dem Weg zu gehen. Unausgesprochene Konflikte können dazu führen, dass sich Untergruppen bilden, das Teamklima leidet oder im schlimmsten Fall gegeneinander gearbeitet wird. Umgekehrt kann individuelle hohe Konfliktfähigkeit zu einem guten Umgang mit Problemen führen, wenn z. B. ein Teammitglied zwischen verschiedenen Meinungen und Interessen vermittelt und zu gemeinsamen Lösungen beiträgt.

Gruppenarbeitsbezogene Sozialkompetenz: Aktives Einbringen in Gruppenarbeit, Verbesserungsvorschläge zur Gruppenarbeit, Veränderungskompetenz, Offenheit

Der zweite Sozialkompetenzfaktor bezieht sich speziell auf die Anforderungen der Gruppenarbeit. Dieser Sozialkompetenzfaktor umfasst das aktive Einbringen in die Gruppenarbeit und das Unterbreiten von Verbesserungsvorschlägen sowie eine generelle Veränderungskompetenz und Offenheit. Dies entspricht den Anforderungen von Gruppenarbeit, die davon lebt, neue Ideen einzubringen und die Arbeitsabläufe kritisch zu hinterfragen.

Die Veränderungskompetenz wurde ursprünglich der methodischen Kompetenz, die Offenheit der persönlichen Kompetenz zugeordnet. Ihr Bezug zur Gruppenarbeit lässt sich allerdings ebenso nachvollziehen. So steht ein Mitarbeiter mit hoher Veränderungskompetenz Neuerungen insgesamt offener gegenüber. Entsprechend wird er eigene Ideen in den Tagesablauf einfließen lassen, Veränderungsprozesse aktiv unterstützen und sich in KVP-Prozesse stärker einbringen als Kollegen, die sich sicherer fühlen, wenn alles beim Alten bleibt. Ebenso gilt, dass eine hohe Offenheit sich positiv auswirkt, wenn die Mitarbeiter ihre Meinung offen äußern und auch unangenehme Themen angesprochen werden (vgl. Donnert, 2003).

4 Auswirkungen der Gruppenarbeit auf individuelle Kompetenzentwicklung

Als Ausgangspunkt für die Diskussion der Auswirkungen der Gruppenarbeit auf die individuelle Kompetenz können die Kriterien und Konzepte der sozio-technischen Arbeitsgestaltung herangezogen werden (vgl. Ulich, 2005).

4.1 Gruppenarbeit als kompetenzförderliche Rahmenbedingung

Kompetenzförderlichkeit ist neben Gesundheits- und Persönlichkeitsförderlichkeit, Wohlbefinden und Zufriedenheit eines der Kriterien zur Beurteilung humaner Arbeitstätigkeiten. Doch welche Tätigkeiten sind kompetenzförderlich? Dieser Frage wurde in den achtziger Jahren im Forschungsprojekt „Qualifizierung in der Arbeitstätigkeit" nachgegangen. Dabei wird zwischen subjektiven und objektiven Determinanten unterschieden und von der „Doppelhelix" arbeitsimmanenter Qualifizierung gesprochen (vgl. Frei, Duell & Baitsch, 1984, S. 145).

Objektive Determinanten sind Produktionsverhältnisse, der Entwicklungstand der Technologie, das Ausmaß der Arbeitsteilung sowie der Grad der kollektiven Interessendurchsetzung. Ebenso wird die Bedeutung des Tätigkeitsspielraums betont, der sich aus Handlungs-, Gestaltungs- und Entscheidungsspielraum zusammensetzt, und des gewährten Partizipationsgrades, der über die einzelnen Tätigkeiten hinausgeht. Ulich (2005) konkretisiert die Merkmale der Aufgabengestaltung und fordert Ganzheitlichkeit, Anforderungsvielfalt, Möglichkeiten der sozialen Interaktion, Autonomie, Lern- und Entwicklungsmöglichkeiten, Zeitelastizität und Sinnhaftigkeit. Diese Anforderungen stimmen mit dem geforderten Konzept vollständiger Arbeitsaufgaben überein, wie es in handlungstheoretischen Ansätzen entwickelt wurde (vgl. Hacker, 1978). Vollständigkeit bedeutet hierbei, dass die Arbeitsaufgaben sowohl Vorbereitungs- und Organisations- als auch Kontrollfunktionen beinhalten sollten.

Auf der Seite der subjektiven Determinanten wird dem erreichten Stadium der Kompetenzentwicklung eine entscheidende Rolle zugeschrieben. Hiervon hängt ab, welche Tätigkeiten grundsätzlich offenstehen und ob ein Mitarbeiter in der Lage ist, ein Qualifizierungsangebot wahrzunehmen, zu nutzen und zu erweitern. Qualifizierungsbarrieren entstehen zum einen aus geringen Angeboten und zum anderen aus geringer Bereitschaft. Die Qualifizierungsbereitschaft wird durch Einstellungen, Werte, das Selbstkonzept, frühere Erfahrungen sowie Erwartungen und Überzeugungen beeinflusst (vgl. Frei et al., 1984).

Teilautonome Gruppenarbeit kann generell als lernförderliche Rahmenbedingung angesehen werden. Das Tätigkeits- und Anforderungsspektrum für den Einzelnen erweitert sich. Von den Mitarbeitern können im Rahmen der Rotation unterschiedliche Aufgaben wahrgenommen werden. Zudem können die Einzelaufgaben entsprechend der Fähigkeiten der Gruppenmitglieder aufgeteilt und systematisch entwickelt werden. Dadurch werden einseitige Belastungen vermieden, neue Kompetenzen erworben und die Lernfähigkeit bleibt erhalten (vgl. Bertelsmann Stiftung, 2003, S. 103). Betrachtet man die langfristigen Effekte, so sind diese eher im sozialen und persönlichen Bereich zu erwarten. Auswirkungen auf die fachlichen Kompetenzen sind eher kurzfristig innerhalb der ersten Jahre nach der Einführung wahrscheinlich.

4.2 Integration und Kompensation von verschiedenen Kompetenzprofilen

Aus theoretischer Sicht bietet die teilautonome Gruppenarbeit vielfältige Möglichkeiten, kompetenzförderliche Arbeitsbedingungen für alle Mitarbeiter zu schaffen. In Kombination mit Personaleinsatz- und Integrationsstrategien können darüber hinaus die verschiedenen Kompetenzprofile für die Entwicklung der gesamten Gruppe und der einzelnen Mitarbeiter genutzt und gefördert werden.

Dieser Aspekt soll am Beispiel der Integration älterer Mitarbeiter erörtert werden (vgl. auch Lehmann-Willenbrock & Kauffeld in diesem Buch). Grundsätzlich können im Rahmen der Gruppenarbeit die Erfahrungen der Älteren eingebracht werden und an Jüngere weitergegeben werden. Clemens (2001) weist jedoch darauf hin, dass in den Unternehmen sowohl Arbeitsplatzwechsel als auch die Kompensation von Leistungseinschränkungen innerhalb der Gruppe seltener vorkommen als konzeptionell vorgesehen. Ältere überlasten sich zum Teil schwer, um als vollwertiges Mitglied in der Gruppe Akzeptanz zu erlangen. Gruppenarbeit kann also ebenso bedeuten, dass eine erhöhte Belastung und Leistungsdruck auftreten und weniger leistungsfähige Mitarbeiter ausgegrenzt werden. Gruppenarbeit entwickelt sich nicht im Selbstlauf zu einer kompetenzförderlichen Arbeitsform. Daher ist unter Berücksichtigung der sozialen und technischen Rahmenbedingungen – im Sinne der sozio-technischen Systemtheorie – eine sorgfältige Planung von Gruppenarbeit (z. B. Aufgabenspektrum, Zusammensetzung der Gruppen, Rotation, Qualifizierung, Kennzahlen, Entlohnung) erforderlich (vgl. auch Bertelsmann Stiftung, 2003). Allerdings bergen die Fragen der Aufgabenverteilung und Gruppenleistung sowie der unterschiedlichen Leistungsfähigkeiten und -beiträge einzelner Mitarbeiter ein hohes Konfliktpotenzial. In der konkreten Umsetzung erfordern diese Gestaltungs- und Einsatzplanung viel soziales Gespür und Kommunikationsfähigkeit seitens der Gruppensprecher und Führungskräfte, damit letztlich die förderlichen Bedingung der Gruppenarbeit zum Tragen kommen.

4.3 Empirische Befunde zur Kompetenzentwicklung

Zur Frage, inwieweit Gruppenarbeit zur individuellen Kompetenzentwicklung beiträgt, können die empirischen Befunde von Bergmann (2003) herangezogen werden. Sie untersuchte die Wirkung lernförderlicher Rahmenbedingungen auf der Basis von Korrelationen zwischen dem Lebensalter und dem Selbstkonzept beruflicher Kompetenzen. Zur altersabhängigen Entwicklung der Kompetenzen verdeutlicht Abbildung 1, dass unter lernförderlichen Bedingungen die beruflichen Kompetenzen nicht abnehmen, sondern erhalten bleiben oder sogar leicht zunehmen. Über entsprechende Arbeitsbedingungen können demnach insbesondere die soziale und methodische Kompetenzentwicklung gefördert werden. Unternehmen sollten dementsprechend möglichst Lerngelegenheiten in der Tätigkeit schaffen – z. B. durch und bei Gruppenarbeit.

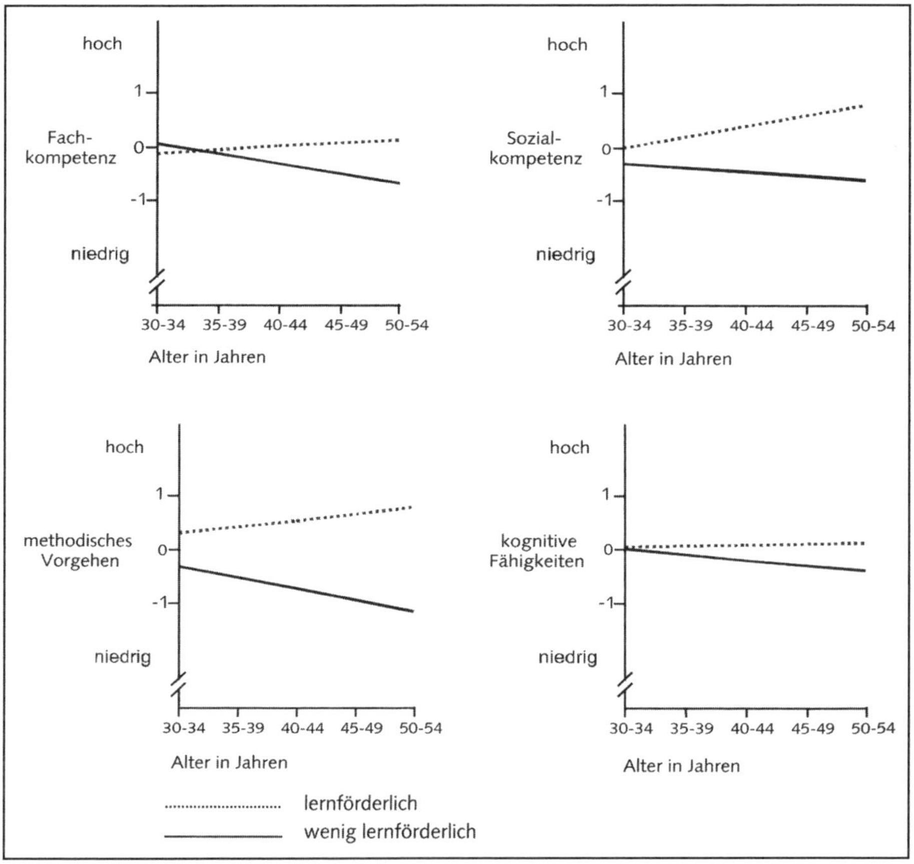

Abbildung 1: Beziehung zwischen dem Selbstkonzept und dem Lebensalter (aus Bergmann, 2003, S. 244)

In der zweiten Untersuchung zum Einfluss der Gruppenarbeit auf die Kompetenzen von (vgl. Habich, 2005) hatte die Dauer, wie lange bereits in Gruppenarbeit gearbeitet wird, einen bedeutenden Einfluss auf die fachlichen, persönlichen und sozialen Kompetenzen (zu den Einzelkompetenzen siehe Abschnitt 3).

- Die Gruppe der Mitarbeiter, die bereits über sechs Jahre in Gruppenarbeit arbeiteten, hatte höhere persönliche Kompetenzen. Diese Kompetenzen gehen stark mit dem Aspekt der Motivation, Flexibilität und Einsatzbereitschaft im Team einher, für die daher ein positiver Effekt der Gruppenarbeit angenommen werden kann.
- Innerhalb der sozialen Kompetenzen zeigte sich lediglich ein positiver Effekt auf die gruppenarbeitsbezogenen Sozialkompetenzen, zu denen insbesondere das aktive Einbringen in die Gruppenarbeit und Verbesserungsvorschläge zur Gruppenarbeit zählen. Diese sind so stark mit der Arbeitsform verbunden, dass ein positiver Effekt mit der Dauer der Gruppenarbeit bereits zu vermuten war.

Auffallend ist in dieser Untersuchung, dass weder ein positiver Effekt auf die allgemeine soziale Kompetenz noch auf die methodische Kompetenz festgestellt werden konnte. Dies mag an den konkreten Bedingungen im Unternehmen liegen. Bezüglich der allgemeinen Sozialkompetenzen mag dies auch darauf zurückzuführen sein, dass sie derart grundlegend vorhanden sein müssen, so dass dann primär das gruppenarbeitsbezogene Potenzial noch gefördert werden kann. Hinsichtlich der methodischen Kompetenz (u. a. Arbeitsorganisation, Zielorientierung) kann vermutet werden, dass die Gruppenarbeit hierzu einen Beitrag leistet, der in der Folge aber nicht mehr durch die Dauer beeinflusst wird.

Abschließend ist die positive Entwicklung der fachlichen Kompetenzen hervorzuheben, denn durch vollständige Tätigkeiten und Rotation steht bei Gruppenarbeit ein breites Spektrum an Lernmöglichkeiten in der Arbeit zur Verfügung, das bei traditioneller Einzelarbeit in der Produktion nicht in der Breite zu realisieren ist.

5 Fazit und Konsequenzen für die Praxis

Zusammenfassend lässt sich zur Kompetenzentwicklung im Rahmen von Gruppenarbeit festhalten, dass große Potenziale für positive Wechselwirkungen zwischen der individuellen Ebene und der Gruppenebene bestehen. Allerdings setzt dies eine entsprechende Gestaltung der Rahmenbedingungen und eine Förderung der Gruppenprozesse voraus.

Angesichts der komplexen Aufgabenanforderungen gewinnen individuelle Kompetenzen auch im Rahmen der Gruppenarbeit an Bedeutung. Wenn beispielsweise die Homogenität bzw. Heterogenität von Gruppen betrachtet wird (vgl. Lehmann-Willenbrock & Kauffeld in diesem Buch), wird der Beitrag der einzelnen Teammitglieder wieder stärker in den Vordergrund gerückt. Auch wenn leistungsgerechte Entlohnung zur Diskussion steht, stellt sich die Frage, ob die Entlohnung an individuelle Leistung oder die Gruppenleistung gekoppelt werden soll (zur Entlohnungssystematik vgl. Ross in diesem Buch).

Wenngleich im Mittelpunkt dieses Beitrags die individuellen Kompetenzen standen, so soll abschließend zusätzlich hervorgehoben werden, dass die spezifischen Gruppenkompetenzen, die über die Summe der Einzelkompetenzen hinausgehen, ebenso systematisch durch entsprechende Rahmenbedingungen und Teamentwicklungsansätze (vgl. Kauffeld & Lehmann-Willbrock sowie Hennlein & Jöns in diesem Buch) zu fördern sind. Die Gruppenkompetenz, insbesondere ihre Selbstorganisationsfähigkeit und soziale Integrationsfähigkeit, ist für die Leistung und Zufriedenheit der Gruppen von zentraler Bedeutung.

Grundsätzlich müssen die individuellen und gruppenspezifischen Kompetenzen erst erfasst werden, bevor entsprechende Gestaltungs- und Unterstützungsmaßnahmen abgeleitet werden können. Dazu sollte auf bewährte Diagnoseinstrumente zurückgegriffen werden vgl. auch Erpenbeck & v. Rosenstiel, 2003; Kanning, 2003; Kauffeld & Lehmann-Willenbrock in diesem Buch). Oft sind unternehmensspezifische Anpassungen aufgrund der verschiedenen Produktionsbedingungen und Gruppenarbeitskonzepte erforderlich.

Möglich ist auch die Entwicklung von unternehmensspezifischen Instrumenten, wie dies auch der Ausgangspunkt des Gruppenchecks war (vgl. Erke, Racky & Jöns, 2007; Fink, Knebel, Löwenau & Maier in diesem Buch).

Entscheidend ist allerdings nicht nur, wie die Kompetenzen erfasst, sondern vor allem wie die Ergebnisse zurückgemeldet werden. Individuelle Kompetenzen sind besonders sensibel und sollten in einem persönlichen Feedback-Gespräch besprochen werden. Gerade wenn zum ersten Mal über individuelle Kompetenzen wie Konfliktfähigkeit, Zuverlässigkeit oder Belastbarkeit gesprochen wird, können teilweise sehr persönliche Gespräche entstehen, für die ein geeigneter Rahmen gewählt werden sollte (Raum, Zeit, Ablauf). Ob überhaupt individuelle Instrumente eingesetzt werden sollten, wenn in kollektiven Arbeitsformen gearbeitet wird, wird unterschiedlich diskutiert. Allerdings stellt sich die Frage bei leistungsbezogener Entlohnung auf individueller Basis, wie sie zunehmend in Tarifverträgen vereinbart wird, nicht mehr grundsätzlich. Die Überlegungen richten sich dann vielmehr darauf, welche Kompetenzen und Leistungen Gegenstand individueller Mitarbeitergespräche und welche Gegenstand gruppenbezogener Teamentwicklungsprozesse sein sollen (zum gruppenbezogenen Feedbackprozess vgl. Hennlein & Jöns in diesem Buch).

Die Kompetenzen sind erfasst und zurückgemeldet, aber wie werden sie systematisch entwickelt? Gruppenarbeit an sich wurde bereits als eine lernförderliche Rahmenbedingung dargestellt, zumindest wenn Job Rotation und Training on the Job praktiziert werden. In manchen Unternehmen wird die (fachliche) Weiterbildung der Gruppen bzw. Teammitglieder auch in die Verantwortung der Teams übertragen. Allerdings wird man ohne Trainings off the Job nicht ganz auskommen. Oft wird bei der Einführung von Gruppenarbeit ein Training sozialer und methodischer Kompetenzen durchgeführt (vgl. Jöns sowie Lang & Symanzik in diesem Buch). Wenn die Einführungstrainings schon einige Zeit zurückliegen und auch neue Mitarbeiter hinzukommen, empfiehlt sich eine Auffrischung in regelmäßigen Abständen – und zwar mit dem gesamten Team, das tatsächlich zusammenarbeitet. Neben Trainings bietet sich zu gruppenspezifischen Kompetenzen auch die Durchführung von Teamentwicklungen an (vgl. Kauffeld & Lehmann-Willlenbrock in diesem Buch). Zusätzlich kann es aber auch Trainings zu individuellen Kompetenzen für einzelne Teammitglieder geben, wie z. B. Gruppensprecher-Trainings, Moderations-Trainings usw. (im Überblick vgl. Heyse & Erpenbeck, 2004; Lammers, 2000).

Damit schließt sich der Kreis, dass bei teilautonomer Gruppenarbeit sowohl die individuellen Kompetenzen als auch die gruppenbezogenen Kompetenzen gefördert und entwickelt werden sollten, um die Potenziale der Gruppenarbeit für die Mitarbeiter und für das Unternehmen langfristig ausschöpfen zu können.

Nale Lehmann-Willenbrock & Simone Kauffeld

Altersheterogene Arbeitsgruppen – Auswirkungen des demografischen Wandels auf die Gruppenarbeit

1 Demografischer Wandel

„Zur Bevölkerung im Erwerbsalter von 20 bis 64 Jahren gehören heute etwa 50 Millionen Menschen. Im Jahr 2050 werden es – je nach dem Ausmaß der Zuwanderung – 22 % oder 29 % weniger sein. Die Altersstruktur innerhalb dieser Bevölkerungsgruppe verschiebt sich schnell. Zurzeit gehören 50 % der Menschen im erwerbsfähigen Alter zur mittleren Altersgruppe von 30 bis 49 Jahren, 30 % zur älteren von 50 bis 64 Jahren und knapp 20 % zur jungen von 20 bis 29 Jahren. 2020 wird die mittlere Altersgruppe nur noch 42 % ausmachen, die ältere mit etwa 40 % aber nahezu gleich stark sein. Für den Arbeitsmarkt wird es auf die Älteren in gleichem Maße ankommen wie auf die Menschen mittleren Alters." (Statistisches Bundesamt, Pressemitteilung Nr. 464 vom 07.11.2006)

Hinter dem Schlagwort „demografischer Wandel" verbergen sich massive Veränderungen in der Bevölkerungsstruktur der Bundesrepublik Deutschland (und anderer europäischer Länder). Durch die verringerte Geburtenrate bei gleichzeitig ansteigender Lebenserwartung verschiebt sich die Bevölkerungspyramide (vgl. Statistisches Bundesamt, 2003): Die Anzahl junger Nachwuchskräfte geht zurück und die Anzahl älterer Erwerbstätiger steigt.

Bislang wird die Generation der älteren Mitarbeiter (über 50-Jährige) nur zu einem geringen Anteil beschäftigt. Dieser Zustand wird unter anderem durch staatlich subventionierte Vorruhestandsregelungen oder Frühverrentungen ermöglicht. Älteren Mitarbeitern haftet das Klischee an, sie seien weniger leistungs- und lernfähig, obwohl sie für ihre Routine, Loyalität und Zuverlässigkeit geschätzt werden (vgl. Bellmann, Hilpert, Kistler & Wahse, 2003). Diese Vorurteile gegenüber älteren Mitarbeitern sind scheinbar ein spezifisch deutsches Problem: So lag im Jahr 2003 der Anteil der Mitarbeiter zwischen 55 und 64 Jahren bei weniger als 30 %, verglichen mit einem Anteil von 60 % in den USA bzw. über 70 % in der Schweiz.

Auf die älteren Mitarbeiter kann aber zunehmend weniger verzichtet werden – zum einen um die Sozialsysteme aufrechterhalten zu können, zum anderen aber auch aus der notwendigen Überlegung heraus, ob durch Frühverrentung und Altersteilzeit nicht wertvolle Kompetenzen verloren gehen. Was passiert aber, wenn ältere Mitarbeiter länger im Unternehmen verbleiben, so dass vermehrt ältere und jüngere Mitarbeiter zusammenarbeiten? Kommt es zu Generationskonflikten, weil verschiedene Wertesysteme aufeinanderprallen, oder können Jüngere und Ältere voneinander lernen und profitieren?

Wenn Unternehmen sich das Ziel setzen, ihre Mitarbeiter bis zum regulären Rentenalter zu halten, sollten verschiedene Aspekte bedacht werden. Eine zentrale Aufgabe sollte darin bestehen, auch in altersgemischten Gruppen eine gute und produktive Zusammenarbeit zu erreichen. Im Idealfall könnten Synergie-Effekte aus dem Zusammenwirken des Erfahrungsschatzes älterer Mitarbeiter einerseits und dem innovativen Potenzial jüngerer Mitarbeiter andererseits resultieren.

Dieser Beitrag zeigt mögliche Stolpersteine, aber auch Chancen auf dem Weg zu einer effektiven Gruppenarbeit in altersheterogenen Gruppen auf.

2 Altersheterogene Gruppen

Der Begriff „Heterogenität“ stammt aus dem Griechischen und bedeutet Andersartigkeit, Fremdartigkeit oder Ungleichheit. In Arbeitsgruppen kann sich Heterogenität beispielsweise auf unterschiedlich ausgeprägte Fähigkeiten (z. B. Intelligenz), auf verschiedene aufgabenspezifische Fähigkeiten oder auf verschieden ausgeprägte Personenmerkmale beziehen. Zu Letzteren zählen unter anderem Geschlecht und Alter. Wenn wir von altersheterogenen Gruppen sprechen, meinen wir also solche, in denen Mitarbeiter unterschiedlicher Altersstufen zusammenarbeiten.

Bisher wurden altersheterogene Arbeitsgruppen vor allem im Zusammenhang mit demografischen Veränderungen im angloamerikanischen Raum erforscht (vgl. Jackson, Joshi & Erhardt, 2003; van Knippenberg, de Dreu & Homan, 2004). Williams und O'Reilly haben 1998 insgesamt 80 Studien aus 40-Jähriger angloamerikanischer Demografieforschung zusammengestellt und ausgewertet. Der Großteil dieser Studien stützte sich auf drei Theorien, die an dieser Stelle kurz erläutert werden.

Theorie der sozialen Identität (Tajfel & Turner, 1986)

Tajfel und Turner (1986) nehmen an, dass wir eine positive Selbsteinschätzung anstreben. Teil dieser Selbsteinschätzung ist die soziale Identität, die sich zusammensetzt aus der Mitgliedschaft in verschiedenen sozialen Gruppen und der Bewertung dieser Mitgliedschaft. Als Bewertung dient der Vergleich der eigenen Gruppe („Ingroup“) mit anderen relevanten Gruppen („Outgroup“); je nachdem, wie dieser Vergleich ausfällt, sinkt oder steigt das eigene Prestige.

Nach der Theorie der sozialen Identität wäre zu erwarten, dass in altersheterogenen Gruppen viele emotionale Konflikte auftreten, weil sich innerhalb der jeweiligen Gruppe Ingroups und Outgroups bilden. So könnte etwa ein 20-Jähriger Mitarbeiter als Ingroup seine drei Kollegen unter 25 betrachten, während die Kollegen anderer Altersstufen aus seiner Sicht die Outgroup bilden. Umgekehrt würde etwa ein 55-jähriger Mitarbeiter seine beiden Kollegen zwischen 50 und 60 als Ingroup bewerten, während die jüngeren Kollegen in der Outgroup wären. In der Folge kann sich die Kooperation innerhalb der Gruppe verringern. Das Bedürfnis der Identitätsfindung lenkt möglicherweise zu stark von den eigentlichen Gruppenaufgaben ab. Nach dieser Theorie wären also in altersheterogenen Gruppen im Vergleich zu homogenen Gruppen schlechtere Leistungen zu erwarten.

Ähnlichkeits-Attraktions-Theorie (Byrne, 1971)

Wir schließen uns eher Gruppen an, die wir als ähnlich zu uns selbst wahrnehmen. Diese Ähnlichkeit machen wir an verschiedenen Merkmalen fest (z. B. Geschlecht, Alter, angestrebte Ziele, Fähigkeiten etc.). Das Alter ist ein leicht erkennbares Merkmal und bestimmt zunächst die sozialen Beziehungen innerhalb einer Gruppe (vgl. Jackson, 1996). Die Ähnlichkeits-Attraktions-Theorie sagt ebenfalls eher negative Ergebnisse für altersheterogene Gruppen voraus.

Tatsächlich zeigen die meisten Studien negative Effekte von Altersheterogenität auf. Beispielsweise finden sich in altersheterogenen Gruppen weniger Kommunikation innerhalb der Gruppe sowie ein schlechteres Gruppenklima (mehr Unzufriedenheit, weniger Zusammenhalt). Die Fluktuationsrate ist in altersheterogenen Gruppen häufig erhöht, wobei insbesondere ältere Mitarbeiter die Gruppe häufiger verlassen. Es finden sich Hinweise, dass die Leistung in altersheterogenen Gruppen reduziert ist.

Modelle zur Informationsverarbeitung und Entscheidungsfindung in Gruppen (Tziner & Eden, 1985)

Die beiden vorangegangenen Theorien zeichnen ein negatives Bild altersheterogener Gruppen. Allerdings wäre auch denkbar, dass Heterogenität eine Ressource für den Gruppenerfolg ist: Wenn die Gruppenmitglieder ein unterschiedliches Ausmaß an Berufs- und Lebenserfahrung mitbringen, kann daraus kognitive Vielfalt entstehen. Dies sollte besonders bei der Bewältigung neuer und komplexer Aufgaben von Vorteil sein, da solche Aufgaben häufig nur erfolgreich gelöst werden können, wenn unterschiedliche Perspektiven oder Wissensbestände miteinbezogen werden. Es könnte also in altersheterogenen Gruppen durchaus zu konstruktiven kognitiven Konflikten kommen, die sich positiv auf den Gruppenerfolg auswirken sollten.

Bestätigend für diese Argumentation ergab eine Metaanalyse von Bowers, Pharmer und Salas (2000), dass heterogene Gruppen bei komplexen Aufgaben im Vorteil sind. Demnach haben altersheterogene Gruppen also nicht per se schlechtere Voraussetzungen, sondern es kommt (auch) auf die Art der Aufgaben an.

Kürzlich haben auch Wissenschaftler in Deutschland begonnen, die Auswirkungen der Altersstruktur von Arbeitsgruppen zu untersuchen, wobei sich ähnliche Effekte finden wie von Bowers et al. (2000) berichtet. Eine Untersuchung zeigte, dass altersheterogene Gruppen bei Routinetätigkeiten nicht besser abschneiden als altershomogene Gruppen. Bei komplexen Aufgaben sind die altersheterogenen Gruppen jedoch deutlich überlegen, was sich auch in einer erhöhten objektiv gemessenen Produktivität niederschlägt (vgl. Roth, Wegge, Schmidt & Neubach, 2006).

Zusammenfassend können altersheterogene Arbeitsgruppen sowohl Vorteile (z. B. Nutzung von Erfahrungsunterschieden) als auch Nachteile (z. B. Intensivierung von emotionalen Konflikten) mit sich bringen. Die bisherigen Forschungsergebnisse stützen allerdings mehrheitlich die Theorien, die zu negativen Schlüssen bezüglich der Auswirkung von Altersheterogenität kommen.

3 Fallbeispiel: Altersheterogenität in der industriellen Gruppenarbeit

Wie genau sieht nun die Praxis aus? Gibt es tatsächlich mehr Konflikte in Gruppen, in denen unterschiedliche Altersstufen vertreten sind? Oder sind diese Gruppen produktiver, wie es die Befunde zu komplexen Aufgaben nahelegen? Ein bislang kaum untersuchtes Feld ist der Einfluss von Altersheterogenität im Kontext industrieller Gruppenarbeit.

In einer laufenden Studie (DFG-Projekt „Kompetenz als Schlüssel erfolgreicher Gruppenarbeit“) untersuchen wir, inwieweit der Gruppenerfolg von der Alterszusammensetzung und vom steigenden Altersdurchschnitt in betrieblichen Arbeitsgruppen beeinflusst wird. An der Studie nehmen 54 Arbeitsgruppen (insgesamt 396 Mitarbeiter) aus zwei Industrieunternehmen teil, einem Unternehmen der Automobilzulieferindustrie und einem Unternehmen der Elektroindustrie. In beiden Unternehmen ist die Gruppenarbeit fest etabliert. Der Altersdurchschnitt der Gruppen liegt bei 36,5 Jahren (SD = 10,56). Der jüngste Mitarbeiter ist 17, der älteste Mitarbeiter ist 62 Jahre alt. Es wurden der Altersdurchschnitt sowie als Heterogenitätsmaß die Altersvarianz innerhalb der Arbeitsgruppen berechnet. Um die Effektivität der Gruppen zu bestimmen, wurde u. a. die Teamkompetenz der Gruppen bei der Bewältigung einer Optimierungsaufgabe bestimmt (vgl. ausführlich Kauffeld, 2006a).

Als erstes Ergebnis fanden wir einen starken Zusammenhang zwischen der Altersheterogenität in den Gruppen und der Häufigkeit von sozialen Konflikten: Je heterogener die Altersstruktur in einer Arbeitsgruppe, desto mehr soziale Konflikte berichteten die Gruppenmitglieder. Dies steht im Einklang mit der oben beschriebenen Theorie zur sozialen Identität bzw. mit der Ähnlichkeits-Attraktions-Theorie: Je unähnlicher die Mitglieder innerhalb der Gruppe, desto mehr Konflikte treten auf.

Interessanterweise hatte die Altersheterogenität aber *keine* negativen Auswirkungen auf die Gruppenergebnisse, eher im Gegenteil: Es gab in vielen altersheterogenen Gruppen sogar positive Auswirkungen auf die Produktivität der Gruppe (Produktivitätskennzahlen wurden vom jeweiligen Unternehmen zur Verfügung gestellt). Es könnte also, wie zuvor schon argumentiert, durchaus so sein, dass die Gruppenmitglieder von ihrem unterschiedlichen Erfahrungshintergrund profitieren.

Ein weniger positives Ergebnis zeigte sich für den Altersdurchschnitt. Je höher der Altersdurchschnitt in der Gruppe, desto niedriger fielen die mit dem Kasseler-Kompetenz-Raster (KKR, Kauffeld, 2006a) gemessenen Teamkompetenz-Werte aus. Außerdem war die Arbeitszufriedenheit in den Gruppen geringer, je höher der Altersdurchschnitt war. Dies widerspricht gängigen Befunden, dass mit dem Alter die Arbeitszufriedenheit zunimmt. Zu den Erklärungsansätzen für diese typischen Befunde zählt die Job-Change-Hypothese (vgl. Wright & Hamilton, 1978), nach der ältere Mitarbeiter schlicht die besseren Jobs haben und deshalb zufriedener sind. Denkbar sind auch Selektionseffekte: Unzufriedene Mitarbeiter können früher aus dem Erwerbsleben ausscheiden. Möglicherweise ist auch das Anspruchsniveau älterer Mitarbeiter reduziert. Für das hier gefundene Ergebnis, dass ältere Mitarbeiter *unzufriedener* sind, muss es daher eine andere Erklärung geben.

Wie kommt es also zu den negativen Ergebnissen für die Arbeitszufriedenheit und die Teamkompetenz in Gruppen mit höherem Altersdurchschnitt? Eine Erklärung könnte sein, dass sich ältere Gruppenmitglieder weniger engagieren, so dass die aufgezeichneten

Gruppendiskussionen weniger effektiv ausfielen. Wodurch ist jedoch dieses geringere Engagement zu erklären?

Um herauszufinden, ob die Arbeitsform einen Einfluss hat, befragten wir die Gruppenmitglieder mittels Fragebogen, wie sie die Gruppenarbeit allgemein bewerten (Zufriedenheit mit der Gruppenarbeit). Dabei zeigte sich, dass ältere Mitarbeiter die Gruppenarbeit an sich deutlich negativer bewerten. Tatsächlich ließ sich statistisch nachweisen, dass der zuvor gefundene negative Effekt des Altersdurchschnitts auf die Teamkompetenz auf die negativere Bewertung der Gruppenarbeit durch die älteren Mitarbeiter zurückzuführen ist. Weiterhin finden sich Hinweise darauf, dass auch die geringere Arbeitszufriedenheit in Gruppen mit höherem Altersdurchschnitt durch die negative Bewertung der Gruppenarbeit bedingt ist.

4 Empfehlungen für die Praxis

Die Ergebnisse zeigen, dass altersheterogene Gruppen durchaus ein Potenzial für Unternehmen bergen, da die Produktivität in den altersheterogenen Gruppen erhöht war. Andererseits zeigt sich aber auch, dass Altersheterogenität in einer Gruppe zur Belastung werden kann, weil Konflikte häufiger auftreten. Um die Möglichkeiten altersheterogener Gruppen auch langfristig nutzen zu können, ist zu überlegen, ob diesen Gruppen in Interventionen wie Kommunikations- oder Konfliktbewältigungstrainings das notwendige Handwerkszeug gegeben werden sollte, mit dem Konflikte konstruktiv nutzbar werden.

Wie das Fallbeispiel gezeigt hat, ist nicht davon auszugehen, dass ältere Mitarbeiter weniger leisten oder etwa nicht in der Lage wären, sich genauso einzubringen wie ihre jüngeren Kollegen. Das Vorurteil, ältere Mitarbeiter wären weniger kompetent, ist nicht haltbar (vgl. Kauffeld, 2006b). Der vermeintliche Kompetenznachteil bei höherem Altersdurchschnitt in der Gruppe lässt sich durch die negative Bewertung der Gruppenarbeit erklären.

Unternehmen sollten also auf vermittelnde Faktoren wie die Bewertung der Gruppenarbeit achten und diese fördern, um die positiven Potenziale altersheterogener Gruppen ausschöpfen zu können. In den beiden Unternehmen, die sich an der Studie beteiligen, wurde die Gruppenarbeit 1996 bzw. 2002 eingeführt und implementiert. Dennoch scheinen sich insbesondere die älteren Mitarbeiter auch nach etlichen Jahren nicht so recht mit der neuen Arbeitsform anfreunden zu wollen. Retrospektiv lässt sich kaum feststellen, zu welchem Zeitpunkt im Implementierungsprozess der Gruppenarbeit stärker auf die älteren Mitarbeiter hätte Rücksicht genommen werden sollen. Gruppenarbeit ist kein Selbstläufer (vgl. Kauffeld, 2001). Es bedarf immer wieder neuer Impulse.

Aus Sicht der Personalverantwortlichen ist zu überlegen, wie die Kompetenzen älterer Mitarbeiter vermehrt genutzt, aber auch weiterentwickelt werden können. Da sich heute die Arbeitsanforderungen und Arbeitsabläufe fortlaufend verändern, hat die Berufserfahrung, d. h. eine traditionelle Stärke älterer Mitarbeiter, zumindest auf den ersten Blick eher an Bedeutung verloren. Das Ziel sollte zum einen sein, die älteren Mitarbeiter für die Gruppenarbeit zu gewinnen, ihre berufs- und lebenserfahrungsbasierten Kompetenzen stärker einzufordern, aber auch kontinuierlich in die Kompetenzentwicklung älterer Mitarbeiter zu investieren. Die Idee des lebenslangen Lernens sollte keine Phrase bleiben, sondern aktiv eingefordert und gefördert werden. Zum anderen sollten die jüngeren Mitarbeiter dafür sensibilisiert werden, dass eine (altersheterogene) Gruppe als Ganzes nur dann ihr Potenzial verwirklichen und optimal zusammenarbeiten kann, wenn die Erfahrung älterer Mitarbeiter wertgeschätzt und auch bei der Diskussion neuer Ideen mit einbezogen wird. Es gilt, ältere Mitarbeiter für veränderte Rahmenbedingungen zu sensibilisieren, die gegebenenfalls andere Lösungen erfordern, während jüngere Mitarbeiter für vorhandene Erfahrungen und Lernpotenziale sensibilisiert werden müssen, die aktiv abgerufen und genutzt werden können. Altersheterogenität sollte von der Gruppe als Lern- und Entwicklungschance positiv bewertet werden.

Leider wird selten in die Kompetenzentwicklung älterer Mitarbeiter investiert, obwohl die Folgen des demografischen Wandels die Förderung älterer Mitarbeiter dringend nahelegen. Weiterbildungsmaßnahmen werden vornehmlich für jüngere Mitarbeiter angeboten und von diesen genutzt. Die hier beschriebenen Ergebnisse zeigen einmal mehr, dass ältere Mitarbeiter nicht weniger kompetent sind, dass aber etwas dafür getan werden muss, damit sie ihr Wissen und ihre Erfahrung auch in neuen Arbeitsformen einbringen. Untersuchungen mit älteren Mitarbeitern heben deren Detailgenauigkeit, Sorgfalt und Überlegtheit bei der Problemidentifikation und -analyse sowie ihr Wissen über betriebliche Zusammenhänge hervor (vgl. Semmer & Richter, 2004; Birren & Schaie, 2006; Martin & Kliegel, 2005; Frieling, Buch & Wieselhuber, 2006; Kauffeld, 2006b). Wenn Unternehmen diese Stärken älterer Mitarbeiter nutzen wollen, ist ein Umdenken insbesondere im Bereich der Qualifizierung und Weiterbildung erforderlich.

Für Teamentwicklungsmaßnahmen könnte ein besonderes Augenmerk darauf gelegt werden, Gruppen dazu anzuregen, auch außerhalb des Arbeitskontextes Gemeinsamkeiten zu finden. In Gruppen von Mitarbeitern unterschiedlicher Altersstufen kann dies erschwert sein, weil die jeweiligen Lebensumstände sehr unterschiedlich sind. Für gegenseitige Wertschätzung kann es aber besonders wichtig sein, sich auch zu nicht arbeitsbezogenen Themen verständigen zu können.

5 Ausblick und Fazit

Durch immer neue Veränderungen auf dem Markt müssen Unternehmen flexibel und innovativ bleiben, um schnell reagieren zu können. Dies ist durch dezentrale Arbeitsformen wie die der Gruppenarbeit eher gewährleistet. Da auf die Gruppenarbeit nicht verzichtet werden kann oder sollte, müssen die Personalverantwortlichen Strategien entwickeln, um die Vorzüge der Gruppenarbeit kontinuierlich herauszustellen. Dies sollte eher tagtäglich passieren als beispielsweise in Form einer einzelnen Maßnahme.

Da die Bewertung der Gruppenarbeit sich als ein zentraler Faktor für erfolgreiche Gruppenarbeit herausgestellt hat, sollte im nächsten Schritt untersucht werden, wie insbesondere ältere Mitarbeiter dafür gewonnen werden können, ihre Erfahrung auch in der Gruppenarbeit einzubringen. Welche Aspekte sind es genau, die zur negativen Bewertung der Gruppenarbeit führen? Wenn es gelingt, diese Aspekte zu identifizieren, können darauf aufbauend Maßnahmen ergriffen werden, um ältere Arbeitnehmer mehr in die Gruppenarbeit einzubinden.

Altersheterogene Gruppen scheinen für soziale Konflikte anfällig zu sein. Sie sollten daher mit kontinuierlichen Teamentwicklungsmaßnahmen begleitet werden. Neben Interventionen wie Konfliktbewältigungstrainings sollte auch untersucht werden, welche Faktoren im Bereich der Arbeitsorganisation oder der Arbeitsabläufe möglicherweise Konfliktpotenzial mit sich bringen und dadurch die jeweilige Gruppe belasten. Diese gilt es zu beseitigen.

Im Team können die jeweiligen Vorteile älterer und jüngerer Mitarbeiter genutzt werden. Zu den notwendigen Bedingungen für diese Nutzung zählen eine positive Bewertung der Arbeit in der Gruppe und eine positive Einstellung zur Altersheterogenität (also keine Ingroup/Outgroup-Abgrenzung anhand des Alters). Von Seiten des Arbeitgebers können die Vermittlung adäquater Konfliktbewältigungsmechanismen sowie eine kontinuierliche Teamentwicklung mit dem Ziel gemeinsamen Lernens dazu beitragen, altersheterogene Gruppen zu unterstützen.

Kristin Weschke & Ingela Jöns

Einflussfaktoren auf effektive Gruppensitzungen

1 Effektive Gruppensitzungen: eine Bestandsaufnahme

Gemeinsame Absprachen, Diskussionen und Konsensfindungen sind das zentrale Element einer funktionierenden Gruppenarbeit. Gerade in großen Produktionsanlagen mit einem hohen Automatisierungsgrad, in denen die Arbeitspakete durch Einzelne erledigt werden und die Arbeitsplätze räumlich getrennt sind, stellen Gruppensitzungen oft die einzige Möglichkeit dar, als Gruppe zu agieren und sich als Gruppe zu fühlen. Gruppensitzungen sind dann quasi das Vehikel für eine gelungene Gruppenarbeit. Vor diesem Hintergrund ist es nicht verwunderlich, dass Gruppengespräche als ein Haupterfolgsfaktor identifiziert wurden (vgl. Goller, Bronnsack & Schulze, 2003).

In der Praxis bleibt die Gruppensitzung als ein bzw. *das* Schlüsselelement der Gruppenarbeit oft hinter ihren Möglichkeiten zurück, was ihren vielfältigen Nutzen für die Beteiligten und das Unternehmen betrifft. Überhöhte Anzahl und schlechte Organisation von Gruppensitzungen sind zwei der häufigsten Probleme. Die Unzufriedenheit mit dem Ablauf und den Ergebnissen der Gespräche führt dazu, dass die Gruppenmitglieder sie oft nur als Pflichtveranstaltung betrachten, die wertvolle Zeit verschwendet (vgl. van Dick & West, 2005). Dadurch entfallen die positiven Wirkungen der Gruppensitzungen, wie die Steigerung der Leistungsfähigkeit, Motivation, Arbeitszufriedenheit sowie der Produktivität, Entscheidungsqualität und Innovation (vgl. Hackman, 2002; Brodbeck, 2004).

Der folgende Beitrag untersucht daher, welche Faktoren sich förderlich auf Gruppensitzungen auswirken und welche Maßnahmen Gruppen und Unternehmen in Erwägung ziehen können, um die Effektivität der Sitzungen zu erhöhen. Auf diese Weise können Zeit und Energie der Mitarbeiter sinnvoll zu ihrem eigenen Vorteil und zum Nutzen des Unternehmens eingesetzt werden, statt wertvolle Mitarbeiterkapazität zu verschwenden.

2 Effektive Gruppensitzungen: eine Gegenstandsbestimmung

2.1 Gruppensitzungen in der Produktion

Im betrieblichen Kontext finden Gruppensitzungen im hier verwendeten Sinne vor allem im Rahmen teilautonomer Arbeitsgruppen (TAG) oder des kontinuierlichen Verbesserungsprozesses (KVP) statt. Letztere dienen primär der Erarbeitung von Lösungsansätzen zur Verbesserung von Prozessen im Arbeitsalltag (vgl. Frey, Brodbeck & Schulz-Hardt, 1999). Regelmäßige Gruppensitzungen im Rahmen von TAG lassen die gemeinsame Koordination der Arbeit durch die Gruppe zu und geben Raum für die Lösung aktueller (technischer, organisatorischer, zwischenmenschlicher ect.) Probleme (vgl. Bungard & Antoni, 2004).

Gruppensitzungen lassen sich als zentrale Teamsituation definieren (vgl. Lacher, 2000; Kauffeld, 2003), die sich in Abgrenzung zu Meetings, Konferenzen, Workshops etc. nach Kießling-Sonntag (2005) durch folgende Merkmale auszeichnen: Eine Gruppe mittlerer Größe (vier bis 20 Personen) auf überwiegend gleicher hierarchischer Ebene kommt nach einem bestimmten Turnus zusammen, um Informationen auszutauschen oder weiterzugeben, Aufgaben zu koordinieren oder zu delegieren, Probleme zu lösen, Entscheidungen zu finden oder Projektverläufe zu überprüfen.

In der Praxis variieren die Gruppengrößen zwischen Unternehmen, da sie von Produktionsabläufen und dem jeweiligen Gruppenarbeitskonzept bestimmt werden. Ob der direkte Vorgesetzte (Meister) teilnimmt, hängt ebenfalls vom zugrunde liegenden Konzept ab. Meist dauern die Sitzungen ein bis zwei Stunden und finden turnusmäßig statt.

2.2 Effektivität von Gruppensitzungen

Eine abschließende Definition der Effektivität von Gruppensitzungen bleibt die Literatur bisher noch schuldig. Generell wird hinsichtlich der Arbeit von Gruppen zwischen Gruppenleistung und Gruppenerfolg unterschieden (vgl. Brodbeck, 2004). Die Leistung fokussiert dabei auf das Prozessgeschehen und beschreibt Verhalten und Einsatz von Verhaltenspotenzialen, die für das Erreichen der Gruppenziele bedeutsam sind (vgl. Hackman, 1987). Gruppenerfolg gibt im Anschluss an den Prozess an, inwiefern die Ergebnisse der Gruppenleistung bestimmte Ziele erfüllen (vgl. Brodbeck, 2004).

Zur Bewertung der Effektivität von Gruppensitzungen wurden im Rahmen einer ersten empirischen Studie verschiedene Indikatoren zusammengestellt, die an die drei für den Produktionskontext relevanten Bereiche TAG, KVP und Gruppenkommunikation angelehnt sind (vgl. v. Skerst, 2007). Tabelle 1 stellt sie im Überblick vor.

Tabelle 1: Effektivitätskriterien aus Gruppenarbeit, KVP, Gruppenkommunikation

Bereich	**Gruppenarbeit**	**KVP**	**Gruppenkommunikation**
Theorie	**Modell der Gruppeneffektivität (Hackman, 1987)**	**4-Faktoren-Theorie der Innovation von Teams (West, 1990)**	**4 Ebenen der Gruppenkommunikation (Kießling-Sonntag, 2005)**
Effektivitätskriterien	• akzeptables Aufgabenergebnis aus Sicht der Beurteiler • verbesserte Zusammenarbeit der Gruppenmitglieder • Bedürfnisse der Gruppenmitglieder sind befriedigt	• Quantität von Innovationen (Anzahl von Ideen, Vorschlägen) • Qualität von Innovationen (Neuheit, Bedeutsamkeit und Effektivität)	• Inhalte der Sitzung • Procedere (Ablauf) der Sitzung • Beziehungsebene • Sitzungsteilnehmer als Individuen

Je nach Gruppenaufgabe oder Prozessgeschehen wird der Praktiker sich aus diesem Angebot an Effektivitätskriterien die geeigneten Indikatoren auswählen. Als Konsequenz wird in diesem Beitrag ein breites Spektrum an Einflussfaktoren aufgezeigt, die sich auf die verschiedenen Effektivitätsaspekte auswirken.

3 Effektive Gruppensitzungen: Einflussfaktoren

Die möglichen Einflussfaktoren auf effektive Gruppensitzungen aus der aktuellen Forschungsliteratur sind zu einem Rahmenmodell zusammengefasst worden (vgl. Abbildung 1).

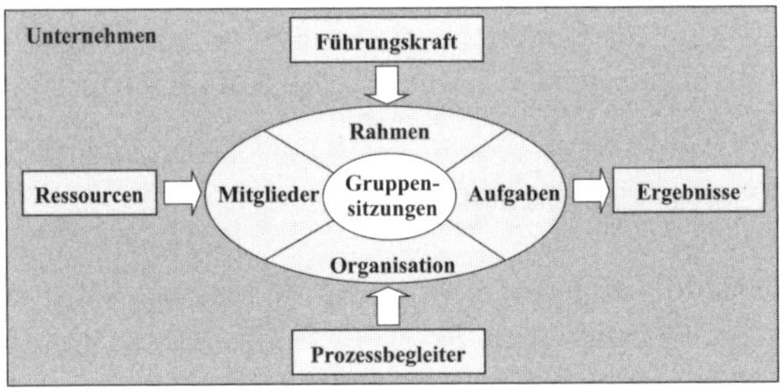

Abbildung 1: Integratives Modell der Einflussfaktoren auf effektive Gruppensitzungen

Dieses integrative Modell wird in Abschnitt 3.1 skizziert, bevor seine Facetten anschließend einzeln dargestellt und auf ihren Beitrag zur Effektivität überprüft werden.

3.1 Integratives Modell

Das *Unternehmen* ist der organisationale Kontext, in dem alle Beteiligten handeln. Alles, womit das Unternehmen die Mitglieder der Gruppe an Kompetenzen und Einstellungen ausstattet, stellt die *Ressourcen* dar: Zum einen werden die Gruppenmitglieder von der Unternehmenskultur beeinflusst, zum anderen unterstützt das Unternehmen durch Qualifizierungsmaßnahmen den Erwerb von Kompetenzen für die Gruppenarbeit konkret.

Die Gruppensitzung als Kernprozess enthält die *Mitglieder* mit ihren jeweiligen Ressourcen, die *Aufgaben* oder Projekte bearbeiten und letztlich zu einem *Ergebnis* bringen. Die Gruppensitzung findet in einem *Rahmen* statt, den die konkreten Gegebenheiten wie Räumlichkeiten, Arbeitsmaterialien und verfügbare Zeit bestimmen. Ferner stellt die *Organisation* der Sitzungen im Sinne von Dokumentation, Vor- und Nachbereitung sowie Spielregeln einen wichtigen Einflussfaktor auf die Effizienz der Gruppensitzung dar.

Einfluss auf die Gruppensitzung und ihre vier Komponenten haben die *Führungskräfte* und *Prozessbegleiter*. Sie fungieren als Mittler zwischen Unternehmen und Gruppe bzw. wirken auf die Ziele hin, die das Unternehmen mit den Gruppensitzungen verbindet.

3.2 Unternehmen und Ressourcen

Die Unternehmenskultur kann einer effizienten Besprechungskultur in unterschiedlichem Maße förderlich sein. So unterscheiden sich Unternehmen in Merkmalen wie Lösungsorientierung, Konfliktbereitschaft oder die Bereitwilligkeit der Vorgesetzten, ihre Mitarbeiter in Entscheidungen einzubeziehen (vgl. Jöns, Hodapp & Weiss, 2005). Dieser generelle Stil, wie im Unternehmen Dinge gehandhabt werden, wirkt sich z. B. auf das Miteinander in den Gruppensitzungen aus und auf die Bereitschaft der Führungskraft, Aufgaben an die Gruppe abzugeben (vgl. Harris & Beyerlein, 2005; Gerst, 2006).

Konkrete Ressourcen, mit denen das Unternehmen mehrere oder einzelne Gruppenmitglieder, z. B. den Gruppensprecher, ausstattet, sind Qualifizierungsmaßnahmen wie Rhetorikkurse, Konfliktmanagement- oder Moderationstechniken, die sich förderlich auf das Gelingen der Gruppensitzungen auswirken (vgl. Grünewald & Pagenkemper, 2004; Schimansky, 2006). Moderation stellt mannigfaltige Anforderungen an die Methoden- und Sozialkompetenz des Gruppensprechers/Moderators dar (vgl. Witt & Witt, 2001), die einen Schlüsselfaktor für den effizienten Ablauf der Gespräche darstellen (vgl. Neckel, 2004).

Auch „politische" Aspekte können der Effizienz von Gruppensitzungen entgegenstehen: So verweisen diverse Autoren vor dem Hintergrund empirischer Befunde (z. B. Antoni, 2000; Bungard, 2004) darauf, dass mangelnde Einbindung der Beteiligten im Einführungsprozess Widerstände wecken kann, die einer effizienten Arbeit entgegenstehen.

Praxistipp für Unternehmen: Binden Sie die Mitarbeiter rechtzeitig ein, um Ängste und Widerstände sich gar nicht erst verfestigen zu lassen. Dies kann beispielsweise in einer umfassenden Informationsveranstaltung geschehen, in der die Projektgruppe über die geplanten Veränderungen informiert, den Mitarbeitern Rede und Antwort steht, der Betriebsleiter eine Ansprache hält und so den Mitarbeitern zeigt, dass das obere Management hinter dem Konzept steht. In Kleingruppen können die Mitarbeiter unter Leitung ihres Vorgesetzten aufkommende Herausforderungen benennen und Lösungsansätze erarbeiten. Schulen Sie die Gruppensprecher und Prozessbegleiter, um die notwendigen Kompetenzen in die Gruppen zu tragen. Einen übergreifenden Austausch zwischen Gruppensprechern zu ermöglichen, bildet ein Forum, in dem die Gruppensprecher Unterstützung und Bestätigung finden und kann ihrer Überforderung entgegenwirken.

3.3 Führungskräfte und Prozessbegleiter

Gruppensitzungen finden nicht im organisationalen Vakuum statt – der unterstützende Kontext stellt eine wichtige Hilfe für das Gelingen der Gruppensitzungen dar (vgl. Hackman, 2002, S. 133ff). Neben den bereitgestellten Ressourcen haben Führungskräfte (Meister) und Prozessbegleiter einen aktiven Einfluss auf die Effizienz der Sitzungen.

Ihre Rollen werden je nach Unternehmen und Gruppenarbeitskonzept unterschiedlich definiert. Generell kommt beiden meist die Aufgabe eines Prozesswächters zu, der das Fortschreiten der Gruppensitzungen unterstützt. In der Praxis sind die Prozessbegleiter meist für Hilfe in Fragen der Methodenkompetenz zuständig und die Führungskräfte schwerpunktmäßig eher für fachliche Fragen. Auch stellt die Abgabe von Verantwortung an die Gruppe und die damit einhergehende Coachingfunktion eine neue Führungsaufgabe dar (vgl. auch Henkel in diesem Buch). Weiterhin obliegt der Führungskraft ein Gruppen-Controlling im Sinne einer überwachenden Funktion, die dann korrigierend eingreift, wenn die Gruppe zu weit vom operativen Ziel abweicht oder die Gruppensitzungen zu stagnieren drohen (vgl. Rahn, 2006).

Die Teilnahme des Vorgesetzten kann als Ausdruck von Interesse und Unterstützung der Gruppenarbeit die Effizienz durch Steigerung der Motivation der Mitarbeiter beeinflussen (vgl. West & Hirst, 2005). Sie kann aber auch als zu starke Kontrolle erlebt werden.

Praxistipp für Unternehmen: Unterstützen Sie Führungskräfte und Gruppen durch das Aufstellen klarer Zuständigkeitsbereiche: Was fällt in den Aufgabenbereich der Gruppen und kann im Rahmen der Sitzungen bearbeitet werden, was ist weiterhin oder neuerdings Aufgabe der Führungskraft. Seien Sie konsequent in Ihrer Definition von Aufgaben: Wenn Sie z. B. das Abgeben von Urlaubsregelungen an die Gruppe propagieren, dann sollte dies auch keine Kann-Regelung sein.

Praxistipp für Führungskräfte: Wenn Sie merken, dass es Ihnen nicht schnell genug geht, denken Sie daran, dass Lernen Zeit braucht. Achten Sie darauf, dass die Gruppe sich nicht am Anfang unrealistisch viele/schwere Ziele setzt und sich damit frustriert. Vermeiden Sie es, einen entmutigenden Eindruck auf die Gruppe zu machen: Machen Sie deutlich, dass Sie ihr zutrauen, das Ziel zu erreichen, geben Sie nur Tipps für die Herangehensweise.

Praxistipp für Prozessbegleiter: Lassen Sie der Gruppe Zeit zu lernen. Reagieren Sie flexibel auf die unterschiedliche Kompetenz der Gruppen: Wenn Sie merken, dass Sie nicht mehr benötigt werden, ist es wichtig, sich (sukzessive) zurückzuziehen. Achten Sie darauf, dass die Gruppe keine Aufgaben an Sie abwälzt, die in ihren Zuständigkeitsbereich fallen, sondern unterstützen Sie sie dabei, die Aufgabe selbst zu bewältigen.

3.4 Gruppenmitglieder

Generell gilt, dass die Gruppe nicht zu groß sein sollte, denn mit steigender Gruppengröße sinkt die effektive Produktivität (vgl. Steiner, 1972). Dafür zeichnen Prozessverluste verantwortlich, die durch den erhöhten Abstimmungs- und Kommunikationsaufwand entstehen (vgl. Kohnke & Reimann, 2002), und aufgrund der sinkenden Identifizierbarkeit von Einzelleistungen kann die Tendenz zum „sozialen Faulenzen“ steigen bzw. mit der Leistung der anderen „trittbrettzufahren“, was sich nachteilig auf die Effizienz auswirkt (vgl. Comelli, 2005; Rutte, 2005). Antoni (1996) nennt als optimale

Gruppengröße fünf bis sechs Mitglieder, zieht aber auch ins Kalkül, dass die Gegebenheiten der Arbeit in der Produktion größere Gruppen nötig machen.

Eine zentrale Rolle kommt den „sozialen und methodisch-fachlichen Fähigkeiten und Fertigkeiten einer Gruppe [zu], die sie dazu befähigen, sich bestimmte Ziele zu setzen und diese durch entsprechende Handlungen zu erreichen" (Hennlein & Jöns, 2006, S. 30). Auch die Motivation der Gruppenmitglieder (vgl. Hoering, Kühl & Schultze-Fielitz, 2001) ist unerlässlich für den effizienten Ablauf der Sitzungen. Perspektivenvielfalt, die aus der Gruppenheterogenität resultiert, stellt ebenfalls einen Einflussfaktor für effektive Gespräche dar (z. B. Wegge, 2003; Lehmann-Willenbrock & Kauffeld in diesem Buch), ebenso wie gruppendynamische Prozesse (vgl. Buchinger, 2006).

Die Rolle der Kommunikation generell (vgl. Guzzo & Dickson, 1996) und ihre Art (vgl. Scholl, 2005) beeinflussen die Effektivität von Gruppen und stellen im Kontext der Sitzungen hohe Anforderungen an die Ressourcen der Gruppenmitglieder (vgl. Ruppert, 1999). Der Gruppensprecher spielt dabei eine zentrale Rolle: Goller, Bronnsack und Schulze (2003) stellen in einem Benchmarking-Report fest, dass für effiziente Gruppenarbeit die Rolle des Gruppensprechers inklusive der zugehörigen Kompetenzen und Handlungsspielräume klar definiert sein sollte. Wenn ihm nicht die nötigen Kompetenzen zugestanden werden, kann dies die Abläufe verlangsamen, die Fehleranfälligkeit erhöhen und auch die Motivation des Gruppensprechers nachhaltig senken.

Antoni (2000) gibt zu bedenken, dass die vielfältigen Aufgaben und Herausforderungen, die an die Rolle des Gruppensprechers geknüpft sind, in einer erheblichen Doppelbelastung resultieren können, da er in der Regel nicht für Planungs-, Steuerungs- und Dokumentationsaufgaben freigestellt ist und weiterhin produktiv arbeitet. Eine Überforderung kann dazu führen, dass die Sitzungsqualität z. B. durch mangelnde Vorbereitung leidet.

Praxistipp für Unternehmen/Gruppen: Finden Sie eine für Ihre Gruppensprecherfunktion angemessene Lösung. Wenn eine Freistellung nicht möglich ist, kann der Gruppensprecher entlastet werden, indem die Funktion rotiert oder die Aufgaben auf mehrere Gruppenmitglieder aufgeteilt werden. Beispielsweise übernimmt ein Gruppenmitglied die Vorbereitung der Sitzung, ein anderes die Moderation, ein drittes die Nachbereitung. Bewährt hat sich während der Sitzung auch die so genannte Butlerregel: Der Moderator kann sich voll auf die Moderation konzentrieren, ein anderes Mitglied entlastet ihn im Sinne eines Butlers, indem dieses übernimmt, Karten für eine Kartenabfrage auszuteilen, einzusammeln, anzupinnen, oder Besprochenes am Flipchart festhält.

3.5 Rahmen

Betrachtet man die Rahmenbedingungen von Gruppensitzungen, so stechen primär die materiellen Gegebenheiten wie Raum, Zeit, Material etc. ins Auge. Witt und Witt (2001) verweisen darauf, dass Regelmäßigkeit und zeitliche Begrenzung der Sitzungsdauer einem effizienten Ablauf förderlich sind. Zum einen kann kontinuierlich an Themen gearbeitet werden (vgl. Springer, 1996), zum anderen wird durch die zeitliche Begrenzung die Konzentration und Motivation nicht überstrapaziert. Der Turnus der Sitzungen sollte bedarfsgerecht festgelegt werden (vgl. Albs, 2005). Ferner soll ein geeigneter Raum zur Verfügung stehen, der Sitzungen frei von Störungen ermöglicht (vgl. Kießling-Sonntag, 2005). Das nötige Material (Flipchart u. Ä.) sollte bereitstehen, um Zeitverlust durch langatmiges Erklären (ohne visuelle Hilfsmittel) oder durch nachträgliche Beschaffung von Material (vgl. Buchinger, 2006) zu vermeiden.

Praxistipp für Unternehmen: Definieren Sie Turnus und Dauer, in denen die Sitzungen stattfinden. Stellen Sie Räumlichkeiten zur Verfügung, so dass die Gruppe angemessen arbeiten kann: Wenn z. B. die Sitzungen aller Gruppen einer Schicht zeitgleich stattfinden, die Maschinen derweil stillstehen und die Gruppen nicht durch Lärm bei ihrer Arbeit behindert werden, kann dies auch eine Ecke in der Produktionshalle sein. Der Ort sollte konstant gleich bleiben, um nicht Zeit zu verlieren, weil die Gruppe sich erst orientieren muss, wo die Sitzung stattfindet, und einen langen Weg dorthin hat. Stellen Sie zur Dokumentation Pinnwände zur Verfügung, die die Gruppenmitglieder auch während der Arbeitszeit gut einsehen können und durch die sie sich an Verbindlichkeiten oder offene Aufgaben erinnert werden. Machen Sie so die Arbeit in den Sitzungen und Ergebnisse präsent.

3.6 Organisation

Unter dem Begriff Organisation werden alle Einflussfaktoren zusammengefasst, die sich auf Strukturierung, Ablaufgestaltung und Regelungen der Sitzungen beziehen. Eine strukturierte Form ist für effizientes Arbeiten in Gruppen unerlässlich (vgl. Hackman, 2002).

In einer Untersuchung der Sitzungskultur in deutschen Unternehmen von Dekena und Höring (1999) zeigte sich ein deutlicher Zusammenhang zwischen der Qualität der Moderation/Leitung und der Sitzungsergebnisse. Klare Spielregeln wirken sich stark auf die Effektivität der Gruppensitzungen aus, sowohl was die Regeln der Zusammenarbeit angeht (vgl. Wieke, 2005), z. B. sich gegenseitig ausreden zu lassen, als auch bezüglich Aspekten, die mit der Sitzungsgestaltung zusammenhängen, z. B. eine klare Tagesordnung zu haben (vgl. van Dick & West, 2005). Wichtig sind ebenfalls Vor- und Nachbereitung der Sitzungen: In der Studie von Dekena und Höring wurden die Sitzungen umso besser bewertet, je gründlicher ihre Dokumentation ausfiel.

Im Hinblick auf die Aufgabenbearbeitung hat sich in der Empirie als einer der wichtigsten Punkte herausgestellt, Verbindlichkeiten festzulegen, was sich in der Formel „Wer macht was bis wann“ ausdrücken lässt. Dies fördert die Effektivität, mit der Projekte abgeschlossen werden, und vermeidet in den Sitzungen Prozessverluste durch Unstimmigkeiten bezüglich Verantwortlichkeiten.

Praxistipp für Gruppen: Halten Sie Verbindlichkeiten schriftlich und präzise fest. Lassen Sie die Pläne im Gruppenraum oder in der Produktionshalle hängen, so dass die Mitglieder sie jederzeit einsehen können. Machen Sie es sich zur Angewohnheit, am Anfang der Gruppensitzungen die Listen zu aktualisieren. Bereiten Sie die Gruppensitzung angemessen vor, das zahlt sich in der Sitzung aus. Nachbereitung in Form von Dokumentation und Protokollen ist wichtig zur Vermeidung von Endlosdiskussionen und Unstimmigkeiten über Beschlüsse und zeigt Ihnen als Gruppe, wie Sie mit Ihrer Arbeit vorangekommen sind.

Praxistipp für Führungskräfte und Prozessbegleiter: Achten Sie im Sinne eines Monitorings darauf, dass die Gruppe Verbindlichkeiten bestimmt, festhält und einhält. Greifen Sie gegebenenfalls konstruktiv ein. Erkennen Sie die Leistung der Gruppe an.

3.7 Aufgaben

„Wer handelt, braucht Ziele" (Comelli & v. Rosenstiel, 2001, S. 87): Aufgaben zu identifizieren, zu bearbeiten und zu lösen, ist Ziel der Gruppensitzungen. Sie werden entweder direkt in der Sitzung bearbeitet, oder, wenn es sich um ein komplexes Projekt handelt, dem außerhalb der Sitzungen nachgegangen wird, es bilden die Sitzungen den Rahmen, das Projekt zu monitoren und voranzutreiben. Selbstgewählte Themen wirken motivations- (vgl. Buchinger, 2006) und leistungsfördernd (vgl. Wegge & Haslam, 2003).

Hinsichtlich der Aufgaben/Ziele von Gruppen gilt, dass ihre Anzahl nicht unrealistisch hoch sein sollte; dies kann leicht in Überforderung und Frustration enden (vgl. Kohnke, 2002). Zum Schwierigkeitsgrad der Aufgaben hat sich in einer ersten empirischen Untersuchung (vgl. v. Skerst, 2007) ein kontroverser Befund herauskristallisiert: Sowohl aufwändige als auch schnell zu bearbeitende Projekte können motivationsförderlich wirken und damit einen Beitrag zu effektiven Gruppensitzungen leisten. Hier mag der Kompetenzstand der Gruppe eine Rolle spielen (vgl. Fink, Knebel, Löwenau & Maier in diesem Buch); auch der Einsatz der einzelnen Mitglieder stellt einen Mediator zwischen Zielschwierigkeit und dem Grad der Zielerreichung dar (vgl. Weingart, 1992). Die Führungskraft unterstützt durch Hilfe bei Handlungsplänen und Priorisierung (vgl. v. Rosenstiel, 2004).

Praxistipp für Gruppen: Nicht alles muss gleich bearbeitet werden! Sammeln Sie Aufgaben und priorisieren Sie. Setzen Sie sich realistische Ziele. Bewährt hat sich ein Themenspeicher, in dem weniger wichtige/dringende Aufgaben festgehalten werden. Wenn Ihnen die aktuellen Themen ausgehen, können Sie auf den Speicher zugreifen oder Ihre Führungskraft zurate ziehen.

Praxistipp für Führungskräfte und Prozessbegleiter: Achten Sie darauf, dass die Gruppe sich weder mit Aufgaben übernimmt, noch dass ihr die sinnvollen Aufgaben ausgehen. Unterstützen Sie im Bedarfsfall bei Handlungsplänen und Priorisierung.

3.8 Ergebnisse

Ist die Aufgabe abgeschlossen, stellt sie den Output der Gruppensitzung dar und ihr Ergebnis ist grundsätzlich messbar. Je nach Aufgabe und dem Ziel, das mit ihr verbunden ist, kann das Unternehmen unterschiedliche Indikatoren für den Erfolg heranziehen. Die Auswahl in Tabelle 2 orientiert sich am Konzept des Gruppenerfolgs nach Brodbeck (2004, S. 419), der als Dimensionen zur Beschreibung des Gruppenerfolgs diverse Kriterien anführt. Diese Indikatoren sind auf den Kontext der Ergebnisse von Gruppensitzungen übertragbar und vom Praktiker in Abhängigkeit von der konkreten Ausgangssituation zu gewichten.

Praxistipp für Unternehmen: Beachten Sie neben quantitativen Kennzahlen auch jene, die sich nicht in erster Linie direkt monetär ausdrücken (z. B. macht Thorwest, in diesem Buch, den Erfolg des Freitagsrundgangs u. a. an Indikatoren wie Produktivitätssteigerung und auch Umfrageergebnissen zur Führungskultur fest). Kommunizieren Sie die Ergebnisse und drücken Sie den Gruppen Ihre Wertschätzung aus. Wenn Sie die Einführung der Gruppensitzungen von Anfang an evaluativ begleiten, haben Sie ein gutes Monitoring-Instrument geschaffen. Gestehen Sie hier auch den Gruppen genug Zeit zu, sich in die neuen Aufgaben und Arbeitsformen einzufinden.

Tabelle 2: Indikatoren für effektive Gruppensitzungen (in Anlehnung an die Dimensionen des Gruppenerfolgs nach Brodbeck, 2004)

Individualebene	**Gruppenebene**	
	Produktion	**Team**
- Arbeitszufriedenheit - Krankentage - Kündigungsabsicht - Erhalt/Entwicklung individueller Qualifikation - Befriedigung individueller Be dürfnisse der Gruppenmitglieder	- Quantität - Qualität (u. a. Fehlerhäufigkeit)	- Zusammenhalt - Kohäsion - kollektive Selbstwirksamkeitserwartungen - Kooperationsfähigkeit - Partizipation

3.9 Empirische Befunde

In einer aktuellen Studie hat von Skerst (2007) auf Basis von 80 Arbeitsgruppen eines Produktionsbetriebes der Stahlindustrie erste empirische Befunde zu Einflussfaktoren auf die Effektivität von Gruppensitzungen ermittelt. Die Analyse integriert qualitative und quantitative Daten aus verschiedenen Datenquellen (Prozessbegleiter, Gruppensprecher und Dokumentenanalyse). Die zentralen Befunde fast Tabelle 3 zusammen.

Tabelle 3: Befunde zu Einflussfaktoren auf effektive Gruppensitzungen von v. Skerst (2007)

Einflussfaktor	**Befund**
Mitglieder	Als effektiv wird erachtet, dass der erprobte Gruppensprecher die Gruppensprecherrolle beibehält, Rotation wird nicht befürwortet.
Rahmen	Turnus und Größe beeinflussen die Effektivität durch Strukturierung der Sitzung.
Organisation	Moderation, Dokumentation und Gruppenorganigramm beeinflussen die Effektivität durch Strukturierung der Sitzung.
Aufgabe	Selbstbestimmung wird bevorzugt, Anregung von außen begrüßt; sowohl umfangreiche Projekte mit externer Unterstützung als auch kleine, direkt abschließbare Aufgaben wirken motivationsförderlich.
Führungskraft/ Prozessbegleiter	Unterstützung wird teilweise von den Gruppen begrüßt, effektive Gruppen benötigen nur sporadisch Unterstützung bei den Sitzungen.
Unternehmen	Das Management vermittelt die Verbindlichkeit der Sitzungen.

4 Effektive Gruppensitzungen: Verbesserung und Sicherung

Als Resümee aus den erörterten Aspekten lassen sich einige Vorschläge ableiten, wie sich die Effektivität der Gruppensitzungen verbessern und nachhaltig aufrechterhalten lässt. Den einzelnen Komponenten wird je nach Unternehmen unterschiedliches Gewicht zukommen – welche der Maßnahmen jeweils eine sinnvolle Intervention darstellt, sollte also auf den konkreten Fall abgestimmt werden.

Als Unternehmen/oberes Management:

- Schaffen Sie klare Verantwortungsbereiche und Zuständigkeiten, die für alle Beteiligten transparent sind: Welche Themen fallen in wessen Aufgabenbereich, wohin wenden sich die entsprechenden Funktionsträger bei Fragen? Dadurch lassen sich Irritationen vermeiden und Prozesse werden nicht unnötig verzögert.
- Befähigen Sie die Funktionsträger, das zu tun, was sie tun sollen: durch Schulungen – z. B. Moderationstechniken für die Gruppensprecher oder Konfliktbearbeitung für die Prozessbegleiter – und durch klare Rollendefinitionen – z. B. dass die Führungskraft jetzt auch als Coach fungiert (vgl. Henkel in diesem Buch) – sowie durch Bereitstellung von Räumlichkeiten und Zeit.
- Unterstützen Sie die einzelnen Funktionsträger: Bestärken Sie die Führungskräfte darin, Aufgaben an die Gruppe abzugeben, bieten Sie Austauschmöglichkeiten für Gruppensprecher an, setzen Sie Prozessbegleiter ein.
- Erkennen Sie die Arbeit in den Gruppensitzungen an und signalisieren Sie als oberes Management, dass Sie hinter den Gruppensitzungen stehen – Thorwest schildert z. B. in diesem Band den Freitagsrundgang als eine Maßnahme innerbetrieb-

licher Wertschätzung. Kommunizieren Sie Erfolge, z. B. über die betriebsinterne Zeitung – zeigen Sie als Unternehmen, dass Gruppenarbeit sich lohnt.

- Informieren Sie rechtzeitig und umfassend über geplante Veränderungen, machen Sie transparent, wo der Mehrwert für alle Beteiligten liegt. Schaffen Sie z. B. durch eine Informationsveranstaltung einen angemessenen Raum, mit Sorgen/Ängsten/Widerständen umzugehen. Für einige Herausforderungen kann die Gruppe gleich einen Lösungsansatz erarbeiten, andere können gesammelt und an das Management gegeben werden; auf sie kann das Management später zurückkommen.

Als Führungskraft und Prozessbegleiter:

- Lassen Sie als Führungskraft die Aufgaben, die in die Gruppe gehören, in der Gruppe. Haben Sie als Führungskraft und Prozessbegleiter ein Auge darauf, dass die Gruppe in den Sitzungen in ihrem Aufgabenbereich arbeiten kann – das bedeutet, z. B. die notwendigen Kompetenzen zu haben – und auch arbeitet – das beinhaltet auch, keine Verantwortungen aus dem Bereich der Gruppe an Führungskraft, Prozessbegleiter oder Gruppensprecher abzuwälzen.
- Lassen Sie allen Beteiligten die Zeit zu lernen, unterstützen Sie sie in ihrem Lernprozess. Gestehen Sie sich und der Gruppe den Spielraum zu, Aspekte anders zu handhaben oder nachzubessern, die im Konzept abweichend vorgeschlagen wurden. Der Kompetenzstand der Gruppe wird sich ebenfalls über die Zeit verändern: Passen Sie als Prozessbegleiter entsprechend flexibel Ihre Unterstützung an.

Als Gruppe:

- Stellen Sie Spielregeln für Ihre Zusammenarbeit in den Gruppensitzungen auf, halten Sie sie schriftlich fest und achten Sie auf deren Einhaltung. Wenn möglich, hängen Sie die Liste in Ihrem Gruppenraum auf und unterschreiben Sie diese.
- Setzen Sie sich realistische Ziele; würdigen Sie es, wenn Sie Ziele erreicht haben.
- Halten Sie Entscheidungen und Verbindlichkeiten für Projektaufgaben schriftlich fest und achten Sie auf die Einhaltung.
- Wälzen Sie nicht Ihre Arbeit auf den Gruppensprecher als „Mädchen für alles“ ab. Halten Sie sich vor Augen, was Sie an Gestaltungsspielraum haben und dass es die Verschwendung Ihrer Zeit und der Ihrer Kollegen ist, wenn Sie nicht mitarbeiten.

Fazit

Es wird deutlich, dass das Verständnis für die verschiedenen Rollen und das damit entsprechend verbundene Handeln einen Kernaspekt für die Effektivität von Gruppensitzungen darstellen. Ob Unternehmen, Führungskräfte, Prozessbegleiter oder Gruppenmitglieder: Jeder hat seinen Verantwortungsbereich und sein Aufgabenspektrum. Es geht darum, jeden zu befähigen und zu unterstützen, seiner Rolle gemäß handeln zu können und die konstante Weiterarbeit nachhaltig und verbindlich zu sichern.

IV. Praktische Instrumente der Gruppenarbeit

Matthias Lang & Thomas Symanzik, ***ZF Friedrichshafen AG***

Qualifizierungssupport bei der Einführung von teilautonomen Arbeitsgruppen (TAG) in der ZF Friedrichshafen AG

1 Einleitung

Die Einführung der teilautonomen Gruppenarbeit (vgl. Kühl & Kullmann, 2002) in der Fertigung erfordert adäquate organisationale Rahmenbedingungen. So müssen beispielsweise Schnittstellen der Gruppen zu Kunden, Lieferanten und Dienstleistern abgestimmt werden, die Gruppen(-sprecher) benötigen Ressourcen wie Gruppenräume, Telefone oder EDV-Systeme. Die Größe der Organisationseinheiten muss den gruppendynamischen Erfordernissen gerecht werden, was wiederum einen Einfluss auf die Aufbauorganisation hat. Zielvereinbarungs- und nicht zuletzt Entlohnungssysteme bilden den Rahmen, innerhalb dessen Gruppenarbeit organisiert werden kann.

Doch stellt Gruppenarbeit auch auf der personalen Ebene neue Anforderungen – an Führungskräfte wie auch an Mitarbeiter. Vielerorts wird übersehen, welch gravierende Umstellung die Führung von Teams für Führungskräfte auf der Meister-Ebene bedeutet und dass es sich hierbei um zeitaufwändige Anpassungsleistungen handelt. Auch der Einführungsprozess bringt neue Herausforderungen mit sich: Die Notwendigkeit einer tiefgehenden Kulturveränderung (*Selbst*steuerung!) möchte entdeckt und akzeptiert werden. Daraus abgeleitete Maßnahmen zu konstruieren und umzusetzen, dafür benötigen viele Fachabteilungen die Unterstützung von Prozessexperten. Je nach Erfahrung der Organisation mit Changeprojekten ist auch ein Support zum Projektmanagement hilfreich.

Auch die Mitarbeiter sehen sich vor zahlreiche Veränderungsanforderungen gestellt. Mit Kühl und Kullmann (2002) unterscheiden wir die Ebene der fachlichen Qualifizierung von jener der sozialen. Maßnahmen auf der sozialen Ebene richten sich zwar auch an Einzelpersonen, wie zum Beispiel Qualifizierungen der Gruppensprecher, die auf Konfliktlösung und Gesprächsleitung abzielen. Mindestens ebenso wichtig ist aber die Unterstützung des Reifungsprozesses der gesamten Gruppe. Hierauf zielen Teambildungs- und gemeinsame Reflexionstage ab.

Die fachliche Qualifizierung umfasst Schulungen an zusätzlichen Maschinen, um die Aufgabenerweiterung und eine höhere Flexibilität innerhalb der Gruppe zu ermöglichen. Zudem erfordert die Selbststeuerung ein Verständnis von Kennzahlen und Sicherheit im Umgang mit einfachen EDV-Systemen.

2 Das Qualifizierungskonzept

2.1 Entwicklungsgeschichte

Im Rahmen eines „Einführungspiloten" wurden erste Qualifizierungskonzepte getestet und weiterentwickelt. Zu Beginn wurden (für eine geringe Anzahl von Teilnehmern) Standard-Qualifizierungsbausteine angeboten; heute organisiert die Personalentwicklung inzwischen fast ausschließlich Schulungen, die eigens auf die Zielgruppe zugeschnitten sind. So können neben der Vermittlung methodischer Kompetenz auch Gruppenarbeits-Inhalte verankert werden.

Beispielsweise nahmen die ersten Gruppensprecher an EDV-Qualifizierungen teil, die für Angestellte konzipiert wurden. Die Anforderungen im Umgang mit Tabellenkalkulationen im Rahmen der Gruppenarbeit sind jedoch sehr spezifisch: Einpflegen von Maschinen-Kennzahlen in vorgegebene Masken, Detailauswertungen für einzelne Anlagen, Visualisierung dieser Daten für die Diskussion in den Gruppengesprächen. Um auch gleich den Umgang mit der neuen Kennzahlendatenbank zu schulen, wurde die EDV-Qualifizierung gemeinsam von der Personalentwicklung, der Fachabteilung für Kennzahlen sowie einem externen Trainingsinstitut konzipiert und evaluiert.

Auch hinsichtlich der Leitung von Gruppengesprächen wird inzwischen eine maßgeschneiderte Schulung angeboten. Die Vermittlung von Moderationstechniken allein erwies sich als nicht zielführend: Der Gruppensprecher ist kein Moderator im klassischen Sinne, er sitzt mit im Boot, hat eigene Interessen und darf diese auch benennen und vertreten. Gleichzeitig sind komplexere Moderationstechniken nicht geeignet für Gruppengespräche, da diese nur 30 bis maximal 60 Minuten dauern.

2.2 Das Konzept und seine Qualifizierungsbausteine

Das Konzept zur Qualifizierung im Prozess der Einführung von Gruppenarbeit in den jeweiligen Fertigungsbereichen beinhaltet unterschiedliche zielgruppenspezifische Elemente. Es gibt neben den Qualifizierungen für die Mitarbeiter auch Qualifizierungen für die Führungsebenen.

Insgesamt können folgende Zielgruppen eingegrenzt werden: Auf der Führungsebene steht zunächst der Betriebsingenieur in seinen Funktionen als Vorgesetzter der Meister sowie als Projektleiter der Einführung der Gruppenarbeit in seinem Bereich. Die zweite Zielgruppe bilden die Meister, die jeweils direkt die Funktion der Gruppenführung innehaben. Auf Seiten der Mitarbeiter stehen zum einen die Gruppensprecher und deren Stellvertreter und zum anderen die Gruppen bzw. Gruppenmitglieder selbst.

Besonders wichtig ist hierbei die Verknüpfung zwischen den verschiedenen Zielgruppen, d. h., dass zum Beispiel bei einer Qualifizierung für Gruppensprecher auch deren Meister zeitweise integriert sind oder Informationen, die bei einer Qualifizierung mit den Meistern entstanden sind, in die daran anschließende Qualifizierung der Mitarbeiter einfließen.

Die Konzeption und Durchführung der Qualifizierungen erfolgen zum Teil durch interne Personalentwickler oder interne Fachberater sowie darüber hinaus in Kooperation mit externen Partnern.

Nachfolgend werden die jeweiligen Bausteine beschrieben.

Als erstes Qualifizierungs-Element bei der Einführung von Gruppenarbeit wird den Führungskräften (Betriebsingenieur und Meister) das *„Konzept Gruppenarbeit“* durch einen internen Fachberater vorgestellt. Diesem grundsätzlichen Termin folgt ein vertiefender Baustein, in dem mit den Führungskräften die *„Aufgaben, Kompetenzen und Verantwortung"* der einzelnen Funktionen in der Gruppenarbeit beleuchtet werden. Mit diesen beiden Elementen wird also zunächst ein grundsätzliches Verständnis für das Konzept gebildet. Auf dieser Basis können die Führungskräfte dann erarbeiten, wie der Einführungs- und Umsetzungsprozess in ihren jeweiligen Bereichen angegangen werden kann.

Darauf folgend findet im Workshop zur *„Rolle des Meisters in der Gruppenarbeit"* eine Auseinandersetzung mit den durch die Einführung von Gruppenarbeit entstehenden Veränderungen statt. An dem eintägigen, von einem internen Personalentwickler moderierten Workshop ist neben den Meistern als Teilnehmern über längere Phasen der Betriebsingenieur involviert. Zu Beginn erläutert dieser die Erwartungen an die Meister in der Gruppenarbeit. Anschließend werden die konkreten Veränderungen, insbesondere auch in der Führungsrolle, ausführlich bearbeitet. Hier geht es zum Beispiel um Fragestellungen wie eine zunehmende Selbstständigkeit der Gruppen und eine entsprechende schrittweise Übergabe von Verantwortung auf die Gruppen oder den Umgang mit durch die neuen Aufgaben auftretenden Fehlern durch die Mitarbeiter. Hier auftretende Unklarheiten werden zum Abschluss mit dem Betriebsingenieur diskutiert und das weitere Vorgehen geplant.

Nachdem die bisherigen Elemente ausschließlich auf den Führungsebenen stattgefunden haben, erfolgen nun *„Kick-off-Veranstaltungen"* mit allen Mitarbeitern. Hierfür wurden im Vorfeld von den Meistern die jeweiligen Gruppen gebildet und die verschiedenen Mitarbeiter den Gruppen zugeordnet. Für jede Gruppe findet ein eigener, ganztägiger Kick-off statt, der durch externe Moderatoren begleitet wird. Neben der Vorstellung des Konzeptes durch den Fachberater formulieren auch die Führungskräfte (Betriebsingenieur *und* Meister) ihre Erwartungen an Gruppenarbeit allgemein und an die Gruppen bzw. die Gruppenmitglieder im Besonderen. An diesem Tag sollen die Gruppen jedoch nicht „nur" das Konzept kennenlernen und Fragen stellen können – das Besondere an diesem Tag ist, dass hier die Gruppen auch zum ersten Mal *als Gruppe* zusammenkommen. Entsprechend werden auch verschiedene Synergieübungen durchgeführt und reflektiert, um so ein erstes Gruppenerlebnis zu haben und damit auch das Thema „Zusammenarbeit" in der Gruppe zu spüren.

Mit den Kick-off-Veranstaltungen erfolgt offiziell der Start für die Gruppen, ihren Arbeitsablauf auf die Gruppenarbeitsform umzustellen. Jede Gruppe hat einen Gruppensprecher und einen Stellveretreter, die im Anschluss an diesen Startpunkt gewählt werden. Nach der Wahl werden diese dann auch für ihre zusätzliche neue Funktion geschult.

Ähnlich wie mit den Meistern findet mit den Gruppensprechern und deren Stellvertretern zunächst ein Workshop zur *„Rolle des Gruppensprechers in der Gruppenarbeit"* statt. Dieser intern durch einen Personalentwickler geleitete Workshop dauert einen halben Tag und hat als Schwerpunkt eine weiterführende Auseinandersetzung der Gruppensprecher und ihrer Stellvertreter mit ihrer Funktion und ihren neuen Aufgaben. Insbesondere wird hier auch bearbeitet, was die Funktion des Gruppensprechers *nicht* ist (z. B. disziplinarischer Vorgesetzter). Dadurch soll vor allem in der sensiblen Anfangsphase die

Rollenklarheit gefördert werden und die Sprecher vor überfordernden Rollenkonflikten geschützt werden. Dementsprechend wird hier auch auf Kommunikationswege, Eskalationsstufen bei Konflikten und Unterstützungsmöglichkeiten eingegangen. Die Meister sind in ihrer Funktion als Vorgesetzte der Gruppensprecher und Stellvertreter zu Beginn des Workshops anwesend, um ihre Erwartungen an die Mitarbeiter mit ihren neuen Aufgaben kommunizieren zu können und bei der Diskussion über die Abgrenzung der Aufgaben und Verantwortungen Unklarheiten klären zu können. Nach einer Phase, in der die Gruppensprecher mit dem Moderator in einem „geschützten Raum" allein Fragen und Problemfelder ansprechen und bearbeiten können, kommen die Meister zum Abschluss wieder hinzu. Hier wird schließlich auf offene Fragen eingegangen und das weitere Vorgehen vereinbart. In Abschnitt 3 wird dieser Workshop exemplarisch noch ausführlicher dargestellt.

Ein weiteres Element für die Zielgruppe der Gruppensprecher und Stellvertreter ist die ganztägige, durch einen externen Trainer durchgeführte Qualifizierung *„Gruppengespräche leiten"*. Hier wird der Fokus primär auf die Durchführung von kurzen Rollenspiel-Einheiten gelegt, in denen verschiedene Situationen in Guppengesprächen simuliert werden und auf die Möglichkeiten – und Grenzen – der Steuerung durch die Gruppensprecher eingegangen wird. Als Zusatzeffekt wird hier automatisch auch noch einmal die Rolle des Gruppensprechers in der Gruppe anhand von Beispielen nachgeschärft. Im Gegensatz zu den anderen, oben bereits aufgeführten Elemente, ist diese Qualifizierung bereichsübergreifend aufgebaut.

Nach diesen Qualifizierungen werden bei Bedarf mit den Gruppensprechern und deren Stellvertretern rund dreistündige „*Coaching*-Termine" durch einen Personalentwickler durchgeführt, in denen Praxisfälle zu den Themen „Rolle" und „Gruppengespräche leiten" reflektiert werden.

Wie im Kapitel von Betz in diesem Band erläutert, werden als Instrument zur Selbststeuerung der Gruppen gruppenarbeitsspezifische Kennzahlen eingeführt. Diese werden entsprechend in einer einstündigen *„Kennzahlen-Schulung"* jeweils in den gesamten Gruppen durch einen internen Experten unterrichtet.

Daran anschließend erhalten die Gruppensprecher und deren Stellvertreter ergänzende, von externen Trainern durchgeführte Qualifizierungen zum Erfassen und Auswerten der Kennzahlen in der *„Kennzahlen-Datenbank"*. Diese Qualifizierungen sind als aufeinander aufbauende Reihe konzipiert und beinhalten neben der eigentlichen eintägigen Datenbank-Schulung auch Termine zur grundlegenden Bedienung von *„Windows und Outlook"* (0,5 Tage) und *„Excel"* (0,5 Tage).

Bei der Einführung der Gruppenarbeit ist ein wesentliches Element ein verändertes Bild über die Rollen der Beteiligten. Die Veränderung der Bilder vom Mitarbeiter als „Ausführenden" hin zum „Mitdenkenden" wird durch die begleitende Einführung von so genannten „Problem-Löse-Prozessen" gefördert. Hier werden in jeder Kostenstelle mehrere Mitarbeiter zum „*PLP-Coach*" qualifiziert. Diese lernen in der zweitägigen und durch einen externen Trainer durchgeführten Maßnahme Methoden der Problemanalyse und

Lösungsfindung, um in den Kostenstellen eigenständig so genannte „Problemlösungszirkel“ moderieren zu können. Sie fördern eine Kultur, in der die Mitarbeiter selbst über Problemstellungen nachdenken und selbstständig verschiedene Lösungsalternativen erarbeiten, was ein wichtiger Bestandteil auch für die Implementierung von teilautonomen Arbeitsgruppen ist. Dieser Einführungsprozess findet ebenfalls in Verzahnung mit den Vorgesetzten statt, die die Integration solcher Problem-Lösungs-Prozesse in den Arbeitsalltag verantworten.

2.3 Umsetzung durch die Personalentwicklung und externe Trainer

Aufgrund der Vielzahl an Schulungstagen ist der Qualifizierungsaufwand nicht ausschließlich intern abdeckbar. Externe Trainer führen im Auftrag der Personalentwicklung einen Großteil der Trainings durch. Zudem bringen die Externen wertvolle Erfahrungen aus anderen Betrieben und auch aus anderen Gruppenarbeits-Einführungsprojekten mit und leisten damit wertvolle Beiträge zur Weiterentwicklung der Qualifizierungsbausteine. Bei der Zusammenarbeit der internen Berater mit den externen Kollegen sind Rollenkonflikte zu beachten: Vor allem die Ansprüche, die sich aus der Funktion des „Auftraggebers“ ergeben (Auswahl und Koordinierung der externen Partner sowie die Qualitätssicherung), führen mitunter zu Spannungen. Schließlich begegnen sich interne Mitarbeiter der Abteilung Personalentwicklung und externe Trainer gleichzeitig auch als Kollegen, die sich ein und derselben Profession zugehörig fühlen.

3 Beispiel für einen Baustein: Workshop „Rolle Gruppensprecher“

3.1 Einleitung: Kein Gruppensprecher ohne Meister

Die Kommunikation zwischen Gruppensprecher und Meister ist ein zentraler Erfolgsfaktor bei der Implementierung der Gruppenarbeit. An dieser Nahtstelle treffen zwei unterschiedliche Kulturen aufeinander: auf der einen Seite die Gruppe mit ihrem von den Kollegen auf Zeit gewählten Gruppensprecher, idealtypisch als operational geschlossenes System zu betrachten (vgl. Ernst, 1994); auf der anderen Seite der durch die Hierarchie legitimierte, weisungsbefugte Meister. Um ein Verständnis für diesen Konflikt auf Organisationsebene zu schaffen, sowohl bei Meistern als auch bei Gruppensprechern, sind frühzeitig Räume zur Auseinandersetzung und Rollenklärung vorgesehen:

Der eintägige Baustein „Rolle Meister in der Gruppenarbeit“ wird schon vor den Kick-off-Veranstaltungen für die Mitarbeiter durchgeführt. Schließlich sollen die Meister bereits bei den Kick-off-Tagen möglichst große Klarheit bezüglich ihrer zukünftigen Aufgabe haben und durch ihre Positionierung den Mitarbeitern in der Unsicherheit der Anlaufphase einen Ankerpunkt anbieten.

Auf den halbtägigen Workshop „Rolle Gruppensprecher“ gehen wir im Folgenden beispielhaft genauer ein.

3.2 Zielsetzung

An die frisch gewählten Gruppensprecher als zentrale Figuren in einem für sie selbst zu Beginn noch unbekannten Spiel wird die Erwartung gerichtet, ihren Kollegen die Struktur der Gruppenarbeit vorzugeben bzw. gemeinsam mit dem (zu Beginn ebenfalls in Gruppenarbeits-Fragen unerfahrenen) Meister zu entwickeln. Im Einführungskonzept der Fertigung am Standort Friedrichshafen sind einige Unterstützungsmaßnahmen vorgesehen: Die Rücksprachen in den Gruppensprecher-Zirkeln (vgl. Betz in diesem Buch) dienen der Abstimmung mit den Meistern sowie der gemeinsamen Erarbeitung eines Gruppenarbeits-Verständnisses. In den oben angeführten Qualifizierungen werden die Gruppensprecher im Umgang mit Werkzeugen wie Kennzahlendatenbank und Aktionsplan geschult.

Darüber hinaus ist es jedoch notwendig, eine grundlegende Orientierung hinsichtlich der Rolle des Gruppensprechers im Gruppenarbeits-Konzept zu geben. Die Fertigungsmitarbeiter haben über Jahre hinweg eine hierarchische Kultur gelebt. Am Standort Friedrichshafen beträgt die durchschnittliche Betriebszugehörigkeit in der Fertigung 19 Jahre, viele Mitarbeiter sind also noch deutlich autoritärere Führungsstile gewohnt. Bis zur Einführung der Gruppenarbeit gab es zudem noch so genannte „Kümmerer“: In vielen Kostenstellen wurden Mitarbeiter von Fertigungstätigkeiten befreit und mit koordinierenden Aufgaben betraut. Eine wesentliche Funktion war auch das (mitunter lautstarke) Einfordern und Kontrollieren von Leistungsparametern.

Auf der Suche nach Orientierung bleibt der Blick des neugewählten Gruppensprechers nun also an dem Rollenmodell des „Kümmerers“ hängen. Diese (verlockende) Blickrichtung führt jedoch in eine Sackgasse, da der gewählte Gruppensprecher einer teilautonomen Arbeitsgruppe keine Weisungsbefugnis besitzt. Gleichzeitig muss sich der Gruppensprecher auch von Beginn an deutlich gegen Dienstleistungsansprüche seiner Kollegen abgrenzen („Mädchen für alles“). Dabei ist sicher auch die Wirkung der Gruppensprecherzulage in der Höhe von (derzeit) brutto 855 Euro pro Jahr zu beachten.

Mit Dolleschka (1999) unterscheiden wir den Begriff Funktion als „Vereinbarung, die im Beziehungsfeld wechselseitige Abhängigkeiten und Entscheidungsbefugnisse bzw. Verantwortlichkeiten strukturiert“ von dem Begriff Rolle. Hierunter ist das „prozessabhängige Verhaltens- und Beziehungsmuster, welches aufgrund eigener oder fremder Erwartungen sowie aufgrund individueller Persönlichkeitsstruktur eingenommen wird“ (S. 154) zu verstehen. Die Funktion des Gruppensprechers ist in der Betriebsvereinbarung grob skizziert, eine Detaillierung der Funktionsbeschreibung nehmen die Führungskräfte des jeweiligen Fertigungssegments vor. Die Gruppensprecher zu einem frühen Zeitpunkt dabei zu unterstützen, ihre eigenen Erwartungen bezüglich der Rolle zu entwickeln und zu vertreten, ist der Anspruch dieses Qualifizierungsbausteins.

3.3 Design

Der Gruppensprecher ist mehreren Systemen zugehörig: einerseits der Schichtgruppe seiner Kostenstelle, der er auch nach dem Ende seiner Amtsperiode (in der ZF Friedrichshafen maximal zwei mal zwei Jahre) weiterhin angehören wird; andererseits dem Gruppensprecherzirkel, in dem er gemeinsam mit Gruppensprechern aus anderen Gruppen sowie dem Meister Steuerungsfragen bespricht. Der Gruppensprecher ist also ständig in der Situation eines „Delegierten" mit allen damit verknüpften Herausforderungen. Das Design des Workshops spiegelt diese zentrale Thematik wider: Die Position der Gruppensprecher in ihrer Gruppe wird ebenso thematisiert wie die Auseinandersetzung mit dem Meister. Aus diesem Grund ist die Anwesenheit der für die Kostenstelle verantwortlichen Führungskraft in der ersten sowie in der letzten Stunde des halbtägigen Workshops erforderlich (s. Tabelle 1).

Tabelle 1: Design „Rolle Gruppensprecher"

Inhalt	**Dauer**	**Meister**
Teilnehmer stellen sich als Gruppensprecher vor	8:00 - 8:15	anwesend
Informationen zur „Betriebsvereinbarung Gruppenarbeit", insbesondere zu den Funktionen von Meister und Gruppensprecher in der Gruppenarbeit in Dialogform	8:15 - 9:00	anwesend
Sammeln von Themen, die die Gruppensprecher nach den ersten Wochen in ihrer Funktion beschäftigen; Fragen, die im Weiteren besprochen werden sollen	9:00 - 9:15	
Pause	9:15 - 9:30	
Situationen in Rollenspielen bearbeiten, Lösungen finden, Erwartungen formulieren	9:30 - 11:00	
Offene Fragen mit dem Meister besprechen, Aushandlung	11:00 - 11:45	anwesend
Abschluss und Ausblick	11:45 - 12:00	anwesend

Der Workshop mit sechs bis zwölf Teilnehmern sowie einem oder zwei Meistern wird von internen Beratern aus der Personalentwicklung moderiert. Das Wissen um die Spezifika der Gruppenarbeit in der Fertigung ist hilfreiche Voraussetzung für die Moderation dieser Klärungen.

Um eine Bearbeitung der Rollen-Frage auf einem abstrahierten Niveau zu initiieren, wird zu Beginn noch einmal das zentrale Anliegen der Gruppenarbeit besprochen. Dies ist für die Teilnehmer meist die erste Gelegenheit, um sich als gewählte Gruppensprecher mit grundlegenden Fragen des Konzepts auseinanderzusetzen. Vor der Wahl erhielten die Mitarbeiter im Rahmen der Kick-off-Veranstaltung erste Informationen zur Gruppenarbeit. Den Workshop „Rolle Gruppensprecher" unmittelbar nach der Wahl anzusetzen, ist nicht zielführend, da die diskutierten Aspekte der Rollengestaltung für die

Teilnehmer sonst zu abstrakt sind und auch noch keine persönliche Betroffenheit entstehen konnte. Zudem werden die ersten Gruppengespräche unter Anleitung eines Fachberaters zum Thema Gruppenarbeit sowie in Anwesenheit des Meisters durchgeführt. Hier wird zum Beispiel auch bearbeitet, welche Aufgaben, Kompetenzen und Verantwortungen der Meister, der Gruppensprecher bzw. die Gruppe haben. Die hierbei vorgenommene Schärfung der Funktion ist eine notwendige Voraussetzung zur Ausgestaltung der Rolle. Die weitere Arbeit orientiert sich vorrangig an den Problemstellungen, die von den Gruppensprechern als dringlich geschildert werden.

Ein wichtiges Designelement zur Verdeutlichung der Delegierten-Problematik sowie des eingeschränkten Informationsflusses ist das Rollenspiel in zwei Räumen: Ein Teilnehmer spielt einen Meister, ein anderer einen Gruppensprecher, die übrigen dürfen die oft als sehr angenehm erlebte Rolle der Gruppenmitglieder wahrnehmen. Sehr schnell wird deutlich, dass der Gruppensprecher als Überbringer schlechter (nicht den Erwartungen entsprechender) Botschaften unter Druck gerät. In Reflexionsschleifen und Übungsdurchgängen wird die Bedeutung von Rollenklarheit und umfassender Kommunikation herausgearbeitet und verstärkt. Außerdem wird herausgearbeitet, welche wechselseitigen Abhängigkeiten zwischen Gruppensprecher, Gruppe und Meister sichtbar werden. Erwartungen und Fragen an die Führungskraft werden gesammelt und am Ende des Workshops gemeinsam mit dieser diskutiert. Oft geht es hierbei um das Einfordern von Rahmenbedingungen. Bisweilen wird der Workshop jedoch auch dazu genutzt, offene Fragen allgemeiner Natur mit dem Meister zu klären. Aus unserer Sicht sind solche Diskussionen auch dann hilfreich, wenn sie mit Gruppenarbeit im engeren Sinn nichts zu tun haben. Schließlich geht es darum, dass die Beteiligten üben, miteinander Lösungen zu erarbeiten.

4 Erfahrungen

Wie bei allen Qualifizierungsmaßnahmen ist auch bei der Einführung der Gruppenarbeit zu beachten, dass die Umsetzung des Gelernten zeitnah gefördert und eingefordert wird: „Use it or lose it!“

Es wurde mehrfach betont, dass die Einführung der Gruppenarbeit einen Kulturveränderungsprozess voraussetzt. Die Erfahrungen in der ZF machten deutlich, dass die Qualifizierungsbausteine hier nur einen gewissen Beitrag leisten können. Um Wirksamkeit zu generieren, ist darüber hinaus eine saubere Prozessbegleitung vonnöten: einerseits auf Ebene der Gruppen selbst (vgl. Hurtz, Lindinger, Przygoda & Schönrade, 2001), andererseits auch auf Ebene der Prozesssteuerung.

Bei der Einführung der Gruppenarbeit zeigte sich deutlich, dass die Führungskräfte der betroffenen Bereiche auch selbst einen Veränderungsprozess durchschreiten. Für die Weiterentwicklung von Führungsbildern und das Nutzbarmachen von persönlicher Betroffenheit sind Räume für Reflexion und gründliche inhaltliche Arbeit (zu Themen wie Zielvereinbarung, Betreuung der Gruppensprecherzirkel etc.) Voraussetzung. Fehlen diese, erschwert dies die Aufgabe der Führungskräfte, die neue Kultur zu integrieren – in das eigene Rollenverständnis und damit auch in die von ihnen geleiteten Bereiche.

Zudem ist bei der Umsetzung in größeren Bereichen (z. B. die Fertigung in Friedrichshafen mit ca. 1.300 Fertigungslohnempfängern) darauf zu achten, dass die gefundenen Lösungen einheitlich definiert bzw. weiterentwickelt werden. Nicht nur bei der Organisation und Durchführung der Qualifizierungen sind Standards wichtig: Was ist im Vorfeld zu beachten, wer ist wofür verantwortlich? Da das Arbeiten in und an Projekten immer auch neue Herausforderungen mit sich bringt (vgl. Heintel & Krainz, 2000), ist hier ein höherer Kommunikationsaufwand einzuplanen – ohne die Führungskräfte aus ihrer Verantwortung zu hebeln. Die teilweise standardisierte Vorgehensweise bei solchen Rollouts erschwert es den Verantwortungsträgern, das Projekt zu *ihrem* Projekt zu machen und persönlich hinter den Veränderungen zu stehen. Aus diesem Grund sind eine saubere Auftragsklärung sowie im weiteren Projektverlauf die direkte Kommunikation mit den Führungskräften unerlässlich und wesentliche Voraussetzung für die nutzenstiftende Durchführung von Qualifizierungen.

Ingo Thorwest, ***Boehringer Ingelheim Pharma GmbH & Co. KG***

Der Freitagsrundgang

1 Einleitung

2005 wurde in der Pharmaproduktion Ingelheim der Freitagsrundgang der höheren Führungskräfte eingeführt. Jedes Produktionsteam wird dabei einmal im Monat besucht und präsentiert dem Management seine Kennzahlen und Innovationen. Die Präsentationen finden vor Ort an den Schwarzen Brettern der Teams statt und laufen nach einem standardisierten Muster ab.

Die Rundgänge dienen einerseits dem Management, einen direkten Eindruck vom Stand der einzelnen Teams zu erhalten, andererseits sollen sie auch die Teams motivieren, sich intensiv mit ihren Kennzahlen zu beschäftigen.

Auf Basis der in den Rundgängen gewonnenen Eindrücke wird alle sechs Monate das „Team des Halbjahres" vom Management gewählt.

1.1 Ausgangssituation

Im Jahre 2002 wurde bei Boehringer Ingelheim ein neues Führungselement, die Balanced Scorecard (BSC), eingeführt. Betroffen waren hiervon erst die höheren Führungsebenen. Damit verbunden war der Aufbau eines komplexen Kennzahlensystems, mit welchem die Pharmaproduktion seitdem gesteuert wird.

Mit den Fertigungsteams werden im Rahmen der Zielvereinbarungen Kennzahlen festgelegt, die bei Erreichung zu einer Prämienausschüttung führen. In der Vergangenheit wurde die Zielerreichung halbjährlich überprüft; erst seit Einführung der Team-BSC im Jahre 2005 wird sie auf monatlicher Basis verfolgt und ausgewiesen. Trotzdem bestand eine gewisse Unsicherheit seitens des Managements, inwieweit sich die Mitarbeiter mit ihren Kennzahlen bzw. Zielen beschäftigen und identifizieren.

In der Ingelheimer Pharmaproduktion waren Besuche der höheren Führungskräfte (leitende Angestellte) bis zur Einführung des Freitagsrundgangs zwar nicht ungewöhnlich, jedoch eher spontan und selten. Die Führungskräfte erhielten dabei jeweils nur eine Momentaufnahme ihrer Betriebe, wie auch umgekehrt die Produktionsmitarbeiter stets nur eine Momentaufnahme ihrer Führungskräfte erhielten (was dem ein oder anderen vielleicht ganz recht war).

1.2 Ziel des Rundgangs

Im Jahre 2005 wurde in der Ingelheimer Pharmaproduktion der Freitagsrundgang der höheren Führungskräfte eingeführt. Der Rundgang verfolgt mehrere Ziele:

- die Diskussion mit den Produktionsteams zu deren jeweiligem Leistungsstand
- damit im Vorfeld die Auseinandersetzung der Teams mit ihren Kennzahlen

- die Förderung des unternehmerischen Denkens in den Produktionsteams durch die regelmäßige gesamtheitliche Betrachtung des eigenen Leistungsstands
- den Austausch der Mitarbeiter mit den Führungskräften zu aktuell anliegenden Problemen
- die Diskussion und nachhaltige Verfolgung von ausgewählten Ideen aus dem kontinuierlichen Verbesserungsprozess (KVP)
- letztlich die Motivation der Teams durch das Interesse des Managements für ihre Erfolge, aber auch für ihre Probleme

2 Durchführung

Die Rundgänge finden jeden Freitag zur gleichen Uhrzeit statt und sind so getaktet, dass jedes Team einmal im Monat besucht wird. Die Diskussion findet grundsätzlich vor Ort, am Kommunikationsboard („Schwarzes Brett") des jeweiligen Teams statt und dauert in der Regel 15 bis 20 Minuten. Die Boards in der Produktion sind weitgehend standardisiert. Ein Mitglied des Teams präsentiert die Inhalte des Kommunikationsboards, und im Laufe der Präsentation entfachen sich meist Diskussionen um den ein oder anderen Punkt. Um der zum Teil schwierigen akustischen Situation an einigen Maschinen Rechnung zu tragen, werden zur Verbesserung der Verständigung Mikrofone und Headsets eingesetzt. Einen Eindruck einer solchen Präsentation vermittelt Abbildung 1.

Abbildung 1: Ein Teammitglied präsentiert den Führungskräften die Team-Kennzahlen im Rahmen des Freitagsrundgangs

2.1 Teilnehmer

Die Teilnehmer des Freitagsrundgangs setzen sich aus den oberen beiden Führungskreisen der Pharmaproduktion, dem Abteilungsleiter und den Prozesskettenleitern sowie der Prozessbegleiterin Gruppenarbeit und dem Leiter des Performance Improvement Teams (beides Stabsstellen) zusammen. Vor Ort in der Produktion stoßen dann noch die betroffenen Betriebsleiter und Coaches (Meisterebene) hinzu. Die Teams kommunizieren somit gleichzeitig mit vier Führungsebenen (vgl. Abbildung 2).

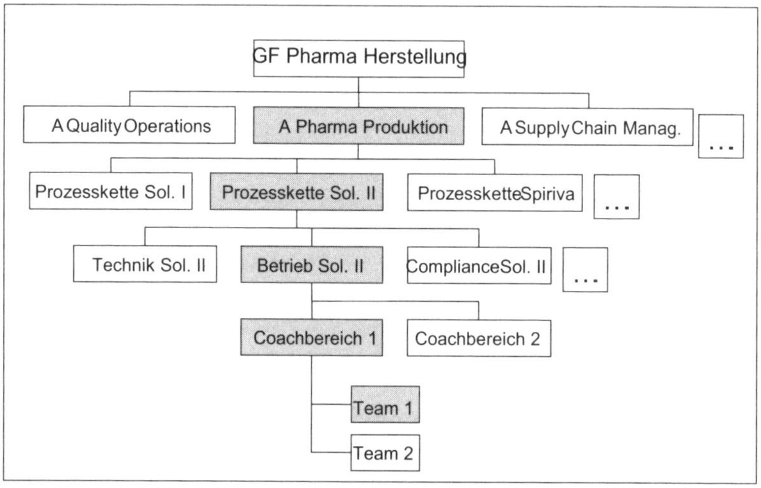

Abbildung 2: Führungsstruktur der Pharmaproduktion

2.2 Inhalte der Präsentationen

Die Präsentationen laufen stets nach einem ähnlichen Grundmuster ab, das sich im Laufe der Zeit entwickelt hat. Hierbei werden die unten folgenden Daten durch ein Teammitglied erläutert. Dies kann der Gruppensprecher sein, muss es aber nicht. Ein Wechsel der Präsentanten wird durchaus begrüßt. Präsentiert werden:

- Leistungskennzahlen (Produktivität, Effizienz, Rüstzeiten, Stillstände, Ausbeute)
- Reklamationen (interne wie externe)
- Sicherheitsstandard (Unfallstatistik)
- Qualitäts-Standard (z. B. Fehler in der Fertigungsdokumentation)
- Ideen-Statistik
- Drei KVP-Ideen, die seit dem letzten Monat weiterbearbeitet werden sollten
- Idee des Monats (= besonders pfiffige Idee, die das Team dem Management vorstellen möchte)
- sonstige Anliegen an das Management

2.3 Etwas Psychologie

Die Einführung solch systematisierter Rundgänge war etwas grundsätzlich Neues in der Führungskultur bei Boehringer Ingelheim. Dementsprechend war die Nervosität auf Seiten der Mitarbeiter anfangs groß. Beabsichtigt war, den Führungskräften „nur" die auf dem Kommunikationsboard enthaltenen Informationen zu erläutern, ohne große Vorbereitung. Tatsächlich gehört das Präsentieren jedoch nicht unbedingt zu den Hauptaufgaben eines Maschinenbedieners, so dass sich viele Mitarbeiter bereits Tage vorher mit ihren Coaches auf den Vortrag vorbereiteten. Auch das Aktualisieren des Kommunikationsboards war mit Arbeit verbunden. Viele Mitarbeiter empfanden den Rundgang somit zumindestens anfangs als Stressfaktor. Mit der Zeit legte sich dies jedoch, und sie gewannen mit jeder weiteren Präsentation an Sicherheit.

Durch den regelmäßigen, direkten Kontakt der Teams mit ihrem Abteilungsleiter kristallisierte sich bald ein Umstand heraus, den die Mitarbeiter gerne zu ihrem Vorteil nutzen: Viele Probleme lösen sich umso schneller, je höher sie in die Hierarchie eingebracht werden. Vor allem organisatorische Probleme können mit Hilfe dieser „Abkürzung" bemerkenswert schnell einer Lösung zugeführt werden. Dies bedeutet nicht unbedingt, dass das Management die Probleme als Hausaufgabe mitnimmt und selbst löst; meist reicht es, mit einem dezenten Hinweis an der richtigen Stelle das Problem auf der Prioritätenliste nach oben wandern zu lassen.

3 Team des Halbjahres

Auf den Rundgängen nehmen die Führungskräfte vielerlei Eindrücke wahr. Neben den Präsentanten und den dargestellten Kennzahlen natürlich auch Sauberkeit und Ordnung im jeweiligen Produktionsbereich, ob die Maschinen während des Besuchs öfters in Störung gehen oder durchlaufen, ob die Präsentanten stets dieselben sind oder auch einmal andere Teammitglieder zum Zuge kommen, ob Probleme konsequent abgearbeitet werden oder monatelang auf der Maßnahmenliste stehen. Von Interesse ist insbesondere der kontinuierliche Verbesserungsprozess der Teams.

Im Anschluss an jeden Rundgang werden die besichtigten Teams einer kurzen Bewertung unterzogen, nach den folgenden Kriterien:

- Teamarbeit
- Sicherheitsarbeit
- Qualität
- Prozesse und Abläufe
- Innovationen

Die Bewertungen werden gesammelt und fließen am Ende des Halbjahres in die Wahl zum „Team des Halbjahres" ein. Der damit verbundene Wanderpokal wird im Rahmen einer Vollversammlung den glücklichen Gewinnern überreicht. Die Zeremonie findet in feierlichem Rahmen im Stile einer Oscar-Verleihung statt, inklusive Nominierten und Laudatoren in Anzug bzw. Abendkleid.

Neben dem Wanderpokal wird auch ein non-monetärer Preis verliehen, z. B. ein Essen des ganzen Teams mit dem Abteilungsleiter im Gäste-Casino des Werkes, die Besichtigung eines anderen Werkes oder auch eines fremden Unternehmens o. Ä.

Anfängliche Befürchtungen, dass die Auszeichnung kein Interesse bei der Belegschaft hervorruft, hatten sich gleich nach der ersten Verleihung gelegt. Titel und Zeremonie kamen hervorragend an, und die jeweiligen Gewinnerteams stellen den Pokal nicht ohne Stolz in ihren Teamräumen zur Schau.

4 Fazit

Auch wenn im Nachhinein nicht zweifelsfrei geklärt werden kann, ob die Freitagsrundgänge die Identifikation der Mitarbeiter mit ihren Kennzahlen verstärkt haben oder dies vielleicht eher durch die etwa zeitgleiche Einführung der Team-BSC in Verbindung mit einer Erfolgsprämie bewirkt wurde, hat das Interesse des Managements für die Erfolge und auch Probleme der Belegschaft, das durch die Freitagsrundgänge zum Ausdruck kommt, sicherlich zur Motivation der Mitarbeiter beigetragen. Dies äußert sich einerseits in einer überproportionalen Verbesserung der Produktivität seit Einführung der Rundgänge, andererseits aber auch in einer im Jahr 2007 durchgeführten Umfrage zur Führungskultur innerhalb des Unternehmens, in der der Geschäftsführungsbereich Produktion ein überdurchschnittliches Ergebnis erzielt hat.

Weiterhin ist zu erkennen, dass sich die Kenntnis der Mitarbeiter bezüglich der Prozessabläufe und deren Messung seit Einführung der Freitagsrundgänge sukzessive verbessert hat, weniger in der Tiefe als vielmehr in der Breite. Der Blickwinkel auf das eigene Tun hat sich geweitet und ist zunehmend „unternehmerischer“ geworden.

Hans-Jürgen Fink, Gerald Knebel, Claudia Löwenau & Rigobert Maier, ***Heidelberger Druckmaschinen AG***

Der Gruppencheck

1 Kurzbeschreibung und Ziele des Gruppenchecks

Die Heidelberger Druckmaschinen AG setzt den Gruppencheck als Instrument zur Messung der Sozialkompetenz innerhalb der Gruppe ein. Entwickelt wurde er gemeinsam mit der Universität Mannheim, Lehrstuhl für Wirtschafts- und Organisationspsychologie (Projekt Unterstützungssysteme selbstregulierter Gruppenarbeit). Er beschreibt Werkzeuge zur Selbstreflexion für die subjektive Einschätzung der Gruppe bezüglich ihrer Fähigkeit zur Zusammenarbeit. Ein standardisierter Fragebogen zu 14 Aspekten des täglichen Miteinanders ermöglicht es dabei, den Stand der Gruppenarbeit detailliert zu beurteilen. Diese 14 Aspekte werden auf Basis der vier von Heidelberg definierten Merkmalen der Gruppenentwicklung betrachtet und mit Beispielen des Arbeitsalltags gefüllt. Heidelberg unterscheidet zwischen der Technikstufe, in der noch keine Gruppenarbeit stattfindet, der Organisationsstufe, in der die Gruppe den Mindestanforderungen an Gruppenarbeit entspricht, der Verbesserungsstufe, in der aktive Gruppen an der Optimierung mitwirken, und der obersten Stufe, bezeichnet als Verantwortungsstufe (vgl. Abbildung 1).

2 Aufbau des Werkzeugs

2.1 Die 14 Merkmale

Heidelberg hat die Anforderungen an die Gruppenkompetenz im Gruppencheck in 14 Einzelmerkmalen festgelegt:

- Urlaubs- und Arbeitszeitplanung
- Qualifikation und Job-Rotation
- Aufgabenteilung
- Gruppengespräche
- Zielvereinbarungen
- Kennzahlen
- Verbesserungen
- Informationsaustausch
- gegenseitige Unterstützung
- Kunden- und Lieferantenbeziehungen
- Problemlösung
- Reflexion
- Klima in der Gruppe
- Gruppenzusammensetzung

2.2 Vier Entwicklungsstufen

In jedem der 14 aufgelisteten Merkmale schätzt sich die Gruppe selbst ein und erhält so ihre Einstufung in eine der vier Entwicklungsstufen:

In der Urlaubs- und Arbeitszeitplanung beispielsweise regelt in der Technikstufe noch der Meister die Einteilung. In der Organisationsstufe regelt die Gruppe die Urlaubsvorplanung, die Einteilung der Arbeitszeit ist nach wie vor Sache des Meisters. Wenn die Gruppe die Urlaubszeit weitgehend selbstständig regelt und auch selbstständig koordiniert, wenn Mitarbeiter früher gehen oder später kommen, spricht man von der Verbesserungsstufe. In der Verantwortungsstufe befinden sich Gruppen, die ihre Urlaubseinteilung auch in Problemfällen sowie die Arbeitszeiteinteilung, mit Zustimmung durch den Meister, selbstständig regeln.

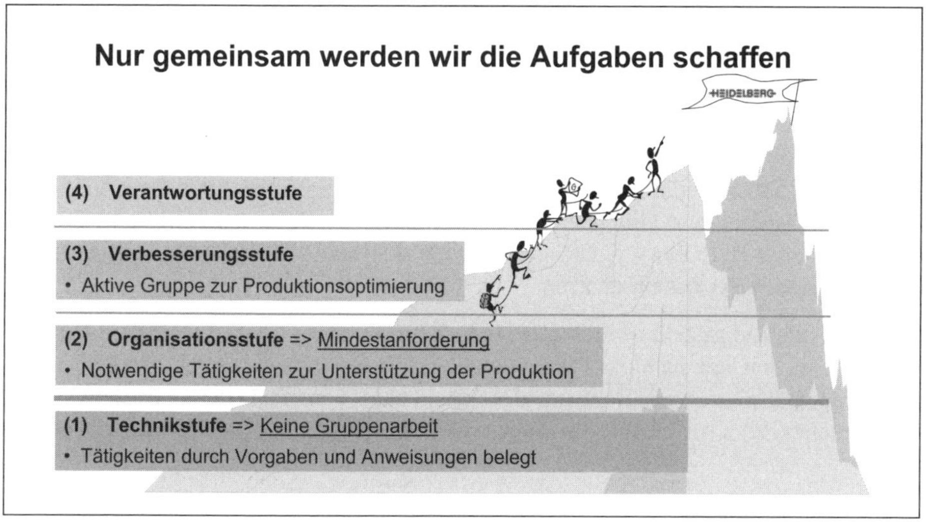

Abbildung 1: Die vier Entwicklungsstufen

2.3 Fragebogen

Den Fragebogen zur Ermittlung der Gruppenentwicklung gibt es, mit im Wesentlichen gleichen Inhalten, sowohl für die Gruppen als auch die Meister. Für jedes der 14 Merkmale stehen jeweils vier Antworten zum Ankreuzen zur Auswahl, die die Ausprägung der Zusammenarbeit innerhalb der Gruppe beschreiben und den jeweiligen Gruppenentwicklungsstufen entsprechen. Dabei wurde in der Formulierung der Antworten darauf geachtet, nicht etwa stereotype Aussagen wie „Stimmt", „Stimmt fast" oder „Stimmt nicht" vorzugeben, sondern Aussagen, die sich ausschließlich und unmittelbar nur auf das jeweilige Merkmal beziehen. Die Gruppen sollen ihre ganz persönliche Situation darin widergespiegelt finden, um möglichst ehrlich antworten zu können.

Tabelle 1 stellt beispielhaft das Merkmal „Gruppengespräche“ und die möglichen Antworten dar.

Tabelle 1: Beispiel für eine der 14 Fragen und die möglichen Antworten

Gruppengespräche	
①	Gruppengespräche finden nicht statt.
②	Gruppengespräche finden unregelmäßig statt. Der Meister leitet das Gruppengespräch. Während des Gruppengesprächs beteiligen sich nur wenige.
③	Gruppengespräche finden regelmäßig statt. Gruppengespräche werden vom Gruppensprecher geleitet. Die meisten Gruppenmitglieder beteiligen sich.
④	Gruppengespräche finden regelmäßig und an Problemen orientiert statt. Die Sitzungen werden von verschiedenen Gruppenmitgliedern abwechselnd geleitet. Alle Gruppenmitglieder beteiligen sich.

In einer Checkliste sind in unmittelbarem Abschluss an den Fragebogen alle Merkmale noch einmal aufgelistet, um hier die Punkte festzulegen, in denen besonderer Verbesserungsbedarf besteht. Den Gruppenmitgliedern steht es dabei frei, nur einige oder gar keine Merkmale anzukreuzen – je nachdem, wie sie sich aufgrund der vorangegangenen detaillierten Analyse selbst einschätzen.

Auf den Prüfstand gestellt werden dabei jedoch nicht nur die 14 Merkmale der Gruppenentwicklung, sondern auch das Prüfwerkzeug selbst, der Gruppencheck. Deshalb ist jedem Fragebogen auch ein Blatt mit der Möglichkeit beigefügt, die Zufriedenheit mit dem Gruppencheck sowie Anregungen zur Verbesserung des Werkzeugs auszudrücken.

2.4 Auswertetool

Die Ergebnisse des Gruppenchecks werden in eine Excel-Tabelle eingetragen; jeweils separat für Gruppe und Meister (vgl. Abbildung 2). Insbesondere die Gegenüberstellung zeigt Unterschiede in der Selbsteinschätzung der Gruppe und der Einschätzung durch den Meister. Diese unter Umständen verschiedene Wahrnehmung bei bestimmten Punkten ist in der Regel ein guter Ansatz, um dazu konkrete Verbesserungen einzuleiten.

Auf einen Blick können Meister und Gruppe hier ihre Einordnung zu den vier Entwicklungsstufen ablesen. Dieses so genannte Merkmalsprofil zeigt auf einen Blick die Stärken, aber auch die Schwächen der Gruppe. Gleichzeitig erlaubt es dem Meister beziehungsweise dessen Vorgesetzen, über den Mittelwert nicht nur einen Vergleich der Entwicklung der einzelnen Gruppen eines Bereichs, sondern auch Tendenzen in der Gruppenentwicklung über eine längere Zeitspanne zu verfolgen.

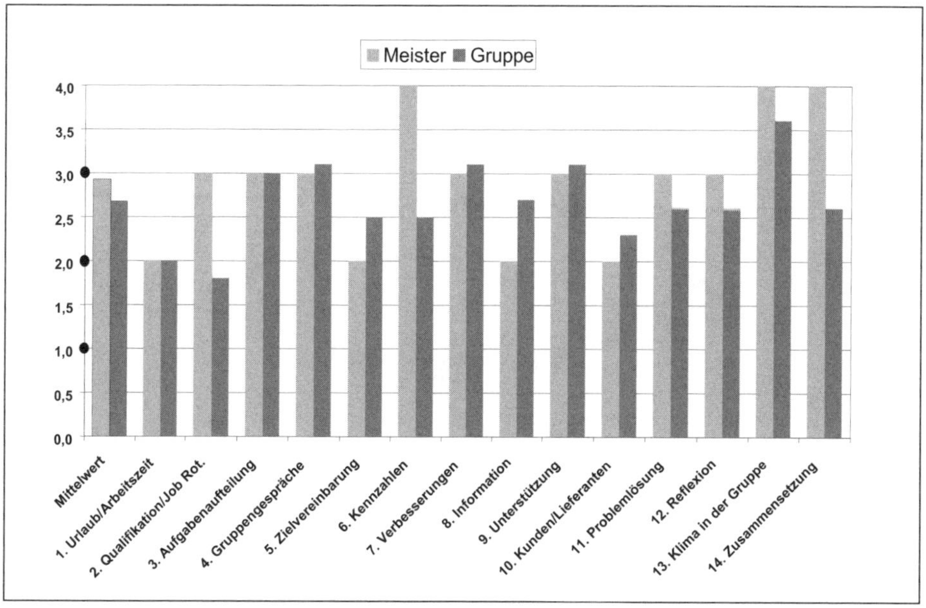

Abbildung 2: Beispiel einer grafischen Darstellung des Auswertetools

3 Prozessschritte

3.1 Ablauf der Erhebung

Ein definierter Regelkreis sorgt dafür, dass der Gruppencheck als Instrument nicht nur „Forum zum Ausdruck von Befindlichkeiten" ist, sondern aktiv dazu genutzt wird, an Verbesserungspotenzialen zu arbeiten. Die Erhebung selbst ist dabei nur der erste von neun festgelegten Regelkreispunkten (vgl. Abbildung 3). Je nach Entwicklungsstufe der Gruppe wertet entweder die Gruppe selbst, der Meister oder ein neutraler Betreuer die im Gruppencheck erarbeiteten Antworten aus.

Aufgabe der Gruppe ist es aber immer, diese Ergebnisse zu präsentieren, zu kommentieren, zu diskutieren und daraus dann Potenziale für Verbesserungen abzuleiten. Maßnahmen dazu werden gemeinsam mit dem Vorgesetzten mit konkreter Zuordnung von Verantwortlichkeiten für die Umsetzung und mit dem gewünschten Zieltermin vereinbart. Jede Umsetzung ist verknüpft mit einer Kontrolle: Hat die Gruppe wirklich das erreicht, was als Ziel vereinbart worden ist? Wie kann die Zielerreichung unterstützt werden? Schließlich schließt sich mit der nächsten Erhebung der Regelkreis, in der dann sowohl über die Ausprägung der 14 Merkmale als auch den Mittelwert Fortschritte ersichtlich werden.

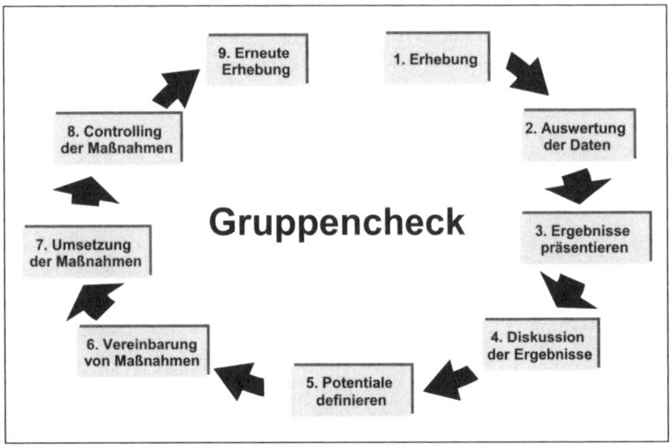

Abbildung 3: Regelkreis zum Ablauf der Erhebung

3.2 Rahmenbedingungen

Der Gruppencheck steht als Werkzeug des Heidelberg-Produktionssystems allen Gruppen zur Verfügung. Den Mitarbeitern wird dafür Zeit in der regulären Arbeitszeit eingeräumt. In der Regel nimmt die Erhebung eine knappe Stunde in Anspruch. Die Gruppen ziehen sich dazu in Gruppenräume zurück und nutzen ihre regulären Gruppengesprächszeiten für die gemeinsame Bearbeitung des Fragebogens, die Auswertung und Diskussion. Eine regelmäßige Anwendung stellt eine kontinuierliche Weiterentwicklung sicher.

4 Praktische Anwendung

4.1 Organisationsstruktur

Zur Betreuung des Gruppenchecks wurden bei Heidelberg Steuerkreise auf Managementebene etabliert. Sie steuern und überprüfen den Prozess nicht nur, sondern geben vor allem Rückendeckung, definieren übergeordnete Maßnahmen und geben auch neue Impulse in die Gruppe.

Unmittelbarer Ansprechpartner für die Gruppen (und das Management) sind die hauptamtlichen Prozessbegleiter, die Gruppenentwickler. Als Schnittstelle zwischen allen Ebenen sind sie gleichzeitig Treiber des Prozesses. Sie dienen als Informationsdrehscheibe und unterstützen die Gruppen durch das Erkennen von Trends und die Erstellung von Konzepten. Diese Gruppenentwickler fungieren als Coach für die Gruppen und für die Meister, insbesondere in der Startphase, und unterstützen die Gruppen in sozialen und methodischen Belangen. Bei Bedarf stellen sie Kennzahlen zusammen oder, auch das ist wichtig, leiten entsprechend den betrieblichen Notwendigkeiten Schulungen ein.

Aufgabe des Meisters ist es, den Gruppencheck mit den Gruppen durchzuführen. Er leitet zusammen mit der Gruppe daraus entsprechende Aktivitäten ab. Auch von ihm kann die Gruppe dabei Unterstützung in fachlichen, sozialen und methodischen Belangen erwarten. Für die Meister ist der Gruppencheck ein geeignetes Führungsinstrument, um die Gruppe in ihrer Entwicklung zu unterstützen.

4.2 Durchführung

Ein Qualifizierungskonzept führt die Meister in Sinn und Zweck des Gruppenchecks ein, erklärt im Detail die Handhabung, vermittelt Kompetenz im Umgang mit eventuell unterschiedlichen Einschätzungen der Gruppe durch die Gruppe selbst und den Meister und gibt schließlich Methoden zur Ableitung von Zielen und deren Nachverfolgung und Messung an die Hand. Bei Bedarf können die internen Gruppenentwickler die Meister bei der Durchführung des Gruppenchecks unterstützen.

Für eine reibungslose Durchführung des Gruppenchecks ist auf eine detaillierte Vorbereitung zu achten. Das reicht von der Raumreservierung bis hin zur Organisation eines Laptops und Beamers und einem vollständig ausgedruckten und zusammengehefteten Exemplar des Fragebogens für alle Gruppenmitglieder. Insbesondere in der Einführungsphase des Gruppenchecks sind Transparenz und Vertrauen wichtig; also die detaillierte Erklärung von Sinn, Zweck und Vorgehensweise. Dabei schafft der Meister im Gespräch mit den Mitarbeitern auch ein gemeinsames Verständnis über Inhalt und Zweck der einzelnen Fragen des Gruppenchecks.

Alle Gruppenmitglieder füllen einen eigenen Fragebogen in einer gemeinsamen Runde aus, Fragen zu einzelnen Punkten werden sofort besprochen. Idealerweise trägt der Meister die Ergebnisse unmittelbar nach der Erhebung in das Auswertetool ein; dies erlaubt die sofortige Auswertung und liefert erste Erkenntnisse.

Die Präsentation der Ergebnisse sollte so bald wie möglich erfolgen. So können einzelne Punkte besprochen und eventuell unterschiedliche Sichtweisen diskutiert werden. Daraus leiten sich dann Verbesserungspotenziale und entsprechende Maßnahmen ab. Erfahrungsgemäß ist es sinnvoll, sich hier auf ein bis zwei Themen zu beschränken. Auch hier ist Nachhaltigkeit wesentlich: Die Meister fragen in den Gruppen den aktuellen Stand der vereinbarten Maßnahmen ab und organisieren Überprüfungstermine mit der Gruppe.

5 Lessons Learned

Bei Heidelberg hat sich der Gruppencheck als erfolgreiches Instrument zur Messung der Gruppenentwicklung und als wirksames und nachhaltiges Werkzeug zur Selbststeuerung und zur Weiterentwicklung der Gruppen bewährt. Wichtig dafür, dass er erfolgreich eingesetzt wird, ist unter anderem, dass die Auswertung zeitnah, am besten direkt nach der Erhebung, und gemeinsam von Gruppe und Vorgesetzten erfolgt. Das schafft Transparenz und Vertrauen und es ist keine erneute gedankliche Einarbeitung nötig.

Natürlich braucht eine gruppendynamische Weiterentwicklung Zeit. Die Erfahrung hat gezeigt, dass zwischen zwei Erhebungen etwa zwölf Monate liegen sollten. Dies gibt der Gruppe genug Zeit für Selbstreflexion und Verbesserungsschritte. Je nach Gruppenphase ist es sinnvoll, den Gruppencheck auch vorzeitig einzusetzen. Um die Nachhaltigkeit sicherzustellen, ist es sinnvoll, den Gruppencheck mit konkreten Zielvereinbarungen zu verknüpfen (bei Heidelberg in der Balanced Scorecard verankert).

Für die Gruppe muss erkennbar sein, welchen Stellenwert der Gruppencheck für das Management hat. Eine ehrliche Selbstreflexion kann nur dann stattfinden, wenn der Vorgesetzte der Gruppe Vertrauen entgegenbringt. Wichtig ist auch, jede einzelne Gruppe mit ihren spezifischen Rahmenbedingungen (die Gruppenzusammensetzung zum Beispiel) individuell zu betrachten.

Der Gruppencheck ist ein hervorragendes Führungsinstrument, um die Gruppe in ihren Sozialkompetenzen weiterzuentwickeln. Denn auch eine hohe Fach- und Methodenkompetenz kann ohne eine hohe Sozialkompetenz nicht voll genutzt werden. Allerdings muss der Prozess der Selbstreflexion mit Hilfe des Gruppenchecks ständig begleitet werden, um eine kontinuierliche erfolgreiche Weiterentwicklung sicherzustellen.

Nicole Ilg, ***Bauknecht Hausgeräte GmbH***

Das 5S Audit – Sclbstauditierung der Gruppen

1 Einleitung – Zusammenführung von Lean-Konzept und Gruppenarbeit

Im Jahr 2002 wurden am Produktionstandort Schorndorf des Whirlpool-Konzerns die ersten Schritte unternommen, um das Lean-Konzept des Toyota Produktionssystems (TPS) in der Produktion einzuführen, das in den fünfziger Jahren von Toyota entwickelt wurde und an dem sich heutzutage viele produzierende Firmen orientieren.

Um den Mitarbeitern die „Lean-Philosophie" nahezubringen, wurden verschiedene Aktivitäten unternommen. So wurden diverse Schulungen abgehalten, in denen die Mitarbeiter über die Ziele und die Notwendigkeit von Lean Manufacturing informiert wurden.

Da diese Grundinformationen jedoch sehr allgemein gehalten wurden und auch den Verantwortlichen noch die Erfahrung fehlte, stand man in kürzester Zeit vor der Schwierigkeit, dass von Lean Manufacturing gesprochen wurde, aber eine Lean-Kultur noch nicht entwickelt war.

Schnell erkannte man, dass ohne die konsequente Einbeziehung aller Mitarbeiter das Toyota Produktionssystem nicht umzusetzen war. Als Konsequenz entschied sich das Unternehmen mit dem 5S-Audit für ein Instrument, wdas die Lean-Philosophie in die tägliche Arbeit der Gruppen hineinträgt. Das Besondere an 5S am Produktionstandort Schorndorf liegt darin, dass die Partizipation der Mitarbeiter konsequent zu Ende gedacht wird: Nicht ein externer Auditor ist für die Einhaltung und Kontrolle der 5S-Bausteine verantwortlich, sondern diese Aufgabe übernimmt aktiv und eigenverantwortlich die Gruppe.

Der Vorteil dieser unüblichen Variante des 5S als Selbst-Audit ist dabei zum einen ökonomischer Natur, da keine Kosten für einen externen Auditor anfallen. Zum anderen werden durch die Übernahme der Kontrolle von Sauberkeit und Ordnung durch die Gruppe Motivation, Eigenständigkeit und Verantwortungsbewusstsein der Mitarbeiter gefördert und das Konzept konstant als Bestandteil der täglichen Arbeit gelebt.

2 Das Instrument 5S-Audit

2.1 Ausgangssituation

Grundsätzlich stellt man sich bei der Einführung eines neuen Konzepts die Frage, welche Ziele man mit dcm Konzept verfolgt und welche Instrumente daher zur Umsetzung sinnvoll sind. Das Toyota Produktionssytem setzt sich aus den unterschiedlichsten Bausteinen zusammen (vgl. Abbildung 1). Hier ergibt sich nun die Aufgabe, die einzelnen Bausteine dem Unternehmen anzupassen, um dann beurteilen zu können, welcher der Prozessbausteine am sinnvollsten in den Gruppen umzusetzen ist.

5S	Standardisierte Kennzahlen	Nivellierung der Fertigung	Q-Tools	Standardisierte Arbeit	Zyklische Materialversorgung
Flexible Arbeitszeiten	Total Productive Maintenance (TPM)	Gruppenarbeitsmodelle	Lieferantenentwicklung	Fließfertigung	Visual Management
FCM – Flexible Manpower Cell	Kaizen-Workshops	Verbrauchssteuerung	Schnelle Reaktionssysteme	Schnellrüsten	Wertstrommethodik

Abbildung 1: Das 5S-Audit als ein Baustein des Toyota Produktionssystems

5S ist eine wichtige Grundlage zum Aufbau einer Lean-Organisation.

Eine Herausforderung hierbei ist, eine japanische Managementmethode in Einklang mit der deutschen Gruppenarbeitskultur zu bringen. Hier wird deutlich, dass nicht einfach das System *Lean Manufacturing* blind übernommen werden kann, sondern dass das Konzept den Gegebenheiten vor Ort angepasst werden muss.

Mit einfachen Mitteln, die aber konsequent und flächendeckend durchgeführt werden, erreicht man eine solide Basis für weitere Verbesserungen. Ein weiterer Vorteil von 5S als Werkzeug in der Gruppenarbeit ist, dass das Ordnungssytem, das ihm zugrunde liegt, im Bewusstsein jedes Einzelnen grundsätzlich vorhanden ist:

5S-Slogan: „Alles hat seinen Platz und alles ist an seinem Platz." Dabei steht 5S für fünf japanische Begriffe:

- Seiri sortieren
- Seiton systematisieren
- Seiso reinigen
- Seiketsu standardisieren
- Shitsuke Nachhaltigkeit

Das Instrument 5S ist in der Gruppenarbeit mit Selbstauditierung sinnvoll, da es:

- Ordnung und Sauberkeit schafft, als Grundlage für effektives und qualitativ hochwertiges Arbeiten
- die Einbeziehung aller Mitarbeiter sicherstellt
- das selbstständige Handeln fordert und fördert
- der Gruppe ein Umfeld schafft, in welchem sie verantwortlich ist und aktiv werden kann
- das Verantwortungsbewusstsein jedes einzelnen aktiviert
- in kleinen Schritten das Umfeld verbessert

2.2 Inhalte und Aufbau des 5S-Audits

Wie kann man den Lean-Baustein 5S nachhaltig und sinnvoll in die Gruppen integrieren?

Es soll einen Verantwortlichen pro Gruppe geben, der einerseits für die Einhaltung der Standards sorgt und somit die Nachhaltigkeit sichert, andererseits aber auch die kontinuierliche Verbesserung vorantreibt.

Zur Ausübung dieser Verantwortung muss ein geeignetes Instrument geschaffen werden.

Eine neue Gruppenaufgabe und -instrument sind entstanden: der 5S Auditor und das 5S Audit. Das Audit orientiert sich an den fünf japanischen Begriffen, die für 5S stehen (vgl. Abbildung 2):

- *Sortieren/Aufräumen:* Das Identifizieren und Beseitigen von unnötigen Gegenständen vom Arbeitsplatz. Es gilt: „Behalte nur das, was unmittelbar zur Verrichtung der Arbeit benötigt wird.“
- *Systematisieren/Organisieren:* „Alles hat seinen Platz und alles ist an seinem Platz.” Das Anordnen der verbleibenden und notwendigen Gegenstände in einer guten Art und Weise, an einem angemessenen Ort.
- *Sauberkeit/Reinigen:* Beim Reinigen findet eine vorbeugende Inspektion statt, bei der man auf Unregelmäßigkeiten und Mängel aufmerksam wird, die die Funktionsfähigkeit und die Prozessfähigkeit der Anlagen und Maschinen gefährden könnte.
- *Standardisieren/Darstellen:* Ein System wird entwickelt, um die ersten drei Punkte zu überwachen. Es werden Regeln definiert, an die man sich hält. Der Standard ist Gesetz. Jeder muss sich daran halten. Jeder kann ihn verbessern.
- *Selbstdisziplin/Nachhaltigkeit:* Selbstdisziplin ist das A und O, um einen Standard zu erhalten. Es erfolgt eine Selbstbewertung durch das 5S-Audit – der aktuelle Gruppenstand kann jederzeit abgefragt werden. Die Gruppe ist für die erreichte Punktzahl verantwortlich.

2.3 Ziel der Selbstauditierung

5S verfolgt grundsätzlich das Ziel, Verschwendungen in Form von:

- Überproduktionen
- unnötigen Beständen
- überflüssigem Transport
- unnötiger Bewegung
- Wartezeit
- fehlerhaften Teilen
- ungeeignetem Prozess
- ungenutztem Wissen der Mitarbeiter

zu vermeiden, um somit die Wertschöpfung zu erhöhen.

5S AUDIT

BEREICH: ______________________

AUDITOR: ______________________

DATUM: ____________

Kategorie	**Beschreibung**	Bewertung: 5 sehr schlecht	4 schlecht	3 Na, ja	2 gut	1 sehr gut
AUFRÄUMEN	1. Sind alle nicht zur Produktion benötigten Gegenstände aufgeräumt/entfernt (eliminiert)?					
	2. Ist nur die notwendige Menge Material am Arbeitsplatz?					
	3. Evtl. Sicherheitsaspekte/Vorschriften					
Kommentar:						
ORGANISIEREN	1. Sind alle Gegenstände an dem dafür vorgesehenen Platz?					
	2. Ist die Menge des Materials festgelegt, die sich am Bereitstellungsplatz befindet?					
	3. Wird die Vormontagemenge eingehalten?					
Kommentar:						
REINIGEN	1. Ist ein Reinigungsplan vorhanden?					
	2. Sind die Arbeitsplätze sauber?					
	3. Wird der Reinigungsplan eingehalten?					
	4. Sind Reinigungshilfsmittel vorhanden?					
Kommentar:						
STANDARDISIEREN	1. Sind die Arbeitsplatzinformationen aktuell?					
DARSTELLUNG	2. Erhält die Gruppe ausreichend Informationen über Änderungen/Verbesserungen?					
	3. Werden der Gruppe regelmäßig Qualitätszahlen zur Verfügung gestellt?					
	4. Ist festgelegt und veröffentlicht, wer Ansprechpartner bzgl. Themen/Vorschlägen/Problemen ist (Ansprechpartnerkatalog)?					
	5. Werden Kennzahlen und Informationen am schwarzen Brett anschaulich dargestellt?					
	6. Werden die Kennzahlen und Informationen an den Gruppen-pinnwänden regelmäßig aktualisiert?					
	7. Ist der "Notfahrplan" auf dem aktuellen Stand ?(Tätigkeit bei Bandstillstand)					
Kommentar:						
NACHHALTIGKEIT	1. Wird das Audit regelmäßig nach Plan durchgeführt ?					
	2. Werden die Auditmängel bearbeitet/abgestellt ?					
	3. Werden die durchgeführten Audits in den Auditplan eingetragen ?					
Kommentar:						
	Anzahl der Kreuze für jede Spalte					
	Multipliziert mit der Gewichtung	1	2	3	4	5
	= Wert pro Bewertungsspalte					

Gesamt ***(addiere alle 5 Bewertungen zu einem Wert)*** ☐

Abbildung 2: Das 5S-Audit-Formblatt

Um diese Ziele zu erreichen, bedarf es eines Kontrollinstrumentes, welches kontinuierlich den aktuellen Standard feststellt und auch im Falle eines Handlungsbedarfs Gegenmaßnahmen einleitet.

Durch das gruppeninterne 5S-Audit werden die Gruppen zu eigenständigem Handeln befähigt. Der Blick soll im Hinblick auf Ordnung und Sauberkeit geschärft werden. Die Such- und Findezeiten für Werkzeuge und Material sollen reduziert werden und somit die zuvor genannten Verschwendungen eliminiert werden.

Das 5S-Audit-Formblatt (vgl. Abbildung 2) ist dabei ein wichtiger Bestandteil, weil:

- es ein einfaches und praktikables Instument ist, das von jedem genutzt werden kann
- die Fragestellungen für die Gruppen nachvollziehbar sind
- der aktuelle Stand bezüglich 5S in der Fertigung jederzeit nachzuvollziehen ist
- Schwierigkeiten im Lean-Prozess damit aufgedeckt werden
- es eine wichtige Grundlage für den Prozess der kontinuierlichen Verbesserung ist
- es eine standardisierte Abfrage ist
- es jederzeit veränderten Gegebenheiten angepasst werden kann und soll
- die Mitarbeiter einbezogen werden

3 Prozessschritte

3.1 Prozessgestaltung

Die Benennung des 5S-Auditors wird in die Verantwortlichkeit der Gruppe übergeben. Der Vorgesetzte wirkt bei der Auswahl unterstützend mit.

Der Auditor hat die Aufgabe, die eigene Gruppe in regelmäßigen Abständen zu bewerten. Hieraus ergeben sich folgende Schwerpunkte:

- regelmäßige Selbstauditierung der Gruppen (zwei Mal pro Monat)
- kontinuierlicher Verbesserungsprozess durch die Identifizierung von Schwachstellen
- Einbeziehung aller Mitarbeiter in den Lean-Prozess durch regelmäßige Kommunikation des Audit-Ergebnisses durch den 5S Auditor in den Gruppen
- Bewusstseinsänderung – Lean Manufacturing wächst in den Köpfen der Mitarbeiter
- die Arbeitsbedingungen jedes Einzelnen verbessern
- Verschwendungen werden mit Hilfe von 5S eliminiert, die Transparenz erhöht und Kosten eingespart
- der Vorgesetzte hat die Kontrolle über die regelmäßige Durchführung; er ist grundsätzlich über die Ergebnisse zu informieren
- die Gruppen sollen die Umsetzung der festgestellten Mängel unterstützen
- an der Gruppentafel werden die Ergebnisse in einen Auditplan eingetragen, somit werden die Information und Darstellung nach außen sichergestellt

- eine Kontrolle von außerhalb findet nur im Zuge des Assessment Audits statt, jede Gruppe wird einmal pro Jahr von den Produktionsleitern fremdbewertet

3.2 Schulungen und Inhalte

Jeder 5S Auditor erhält eine Basis-Ausbildung der 5S-Grundsätze. Außerdem werden die Inhalte des Formblatts im Detail besprochen.

Dem Auditor werden die Aufgabengebiete des Auditors und der Gruppe erklärt:

- Nach der Ausbildung der verantwortlichen Auditoren soll eine regelmäßige Selbstbewertung der Gruppe in dem jeweiligen Arbeitsbereich erfolgen.
- Der Auditor berichtet der Gruppe die Ergebnisse des Audits. Die Gruppenmitglieder sind somit über den aktuellen Stand und die Entwicklung bezüglich des 5S-Standards informiert.
- Mit Hilfe der Audits sollen Schwachstellen aufgedeckt werden, die dann gemeinsam in der Gruppe beseitigt werden.
- Die erfolgreiche Durchführung von Audits und die Umsetzung der daraus resultierenden Maßnahmen hilft uns, unsere Prozesse zu optimieren und somit wettbewerbsfähig zu bleiben.
- Um das Gelernte zu vertiefen, wird als praktische Übung ein 5S-Audit an der Montagelinie durchgeführt.

Vorgesetzte und die Gruppensprecher werden ebenfalls geschult, damit sie den 5S-Auditor unterstützen können und über die einzuhaltenden Standards informiert sind.

3.3 Das 5S Zertifkat

Der 5S-Auditor erhält nach Erreichung bestimmter Voraussetzungen ein Zertifikat für die Basisausbildung 5S. Diese Voraussetzungen sind Folgende:

- Teilnahme an den Schulungen
- regelmäßige Durchführung des Audits
- der Vorgesetzte erhält zeitnah die Information über die Ergebnisse des Audits
- das Audit wird an der Gruppentafel ausgehängt und die Ergebnisse werden im Auditplan festgehalten
- die Gruppe wird über das Ergebnis informiert und es werden gemeinsam Maßnahmen zur Abarbeitung der Themen beschlossen

Das Zertifikat wird zum einen vergeben, um die Arbeit der Auditoren zu würdigen, zum anderen wird es als positiver Verstärker in Form von Anerkennung genutzt.

Als Fazit kann man bezüglich der Schulungen sagen, dass die Einbeziehung der Vorgesetzten und auch der Gruppensprecher unerlässlich ist, da sie als Koordinatoren eine wichtige Rolle übernehmen. Des Weiteren müssen immer wieder neue Impulse an die

Auditoren weitergegeben werden (in Form von Refresh-Trainings, Anpassung des Auditblatts, Zertifikat usw.), damit die Nachhaltigkeit des Prozesses sichergestellt ist.

4 Zielvereinbarung und 5S-Audit

4.1 Verantwortlichkeit der Gruppen

Die Zielvereinbarungen für die Gruppen am Standort Schorndorf umfassen die Bereiche Produktivität, Qualität, Innovation und Mitarbeiter. Eine der Kennzahlen, die für den Zielvereinbarungsprozess verwendet wird, ist das 5S-Audit. Sie dient als wichtiger Bestandteil im Bereich Produktivität dazu, die Wettbewerbsfähigkeit und die Reaktionszeit zu sichern und zu verbessern.

Die Zielvorgabe wird vom Management einmal pro Halbjahr gestaltet. Im Zielvereinbarungszeitraum haben die Gruppen gemeinsam die Aufgabe, die vorgegebene Punktzahl zu erreichen. Die Ziele können durch Selbstdisziplin in Bezug auf Ordnung und Sauberkeit erreicht werden. Ein weiterer Schwerpunkt ist jedoch die kontinuierliche Verbesserung, die vorangetrieben werden soll.

Mit Hilfe des 5S Audits können sich die Gruppen hinsichtlich der Ausrichtung koordinieren und innovative Vorschläge machen, um ihr Arbeitsumfeld zu verbessern.

4.2 Die kontinuierliche Verbesserung durch das 5S-Audit

Durch die Selbstauditierung werden von der Gruppe auch Abweichungen in den Bereichen Materialbereitstellung, Materialfluss, Arbeitsplatzgestaltung und Schwierigkeiten in der allgemeinen betrieblichen Organisation festgestellt. Die Gruppen legen Maßnahmen fest, die zur Behebung des Fehlers führen. Die Zustimmung der anderen Schichten in den jeweiligen Arbeitsbereichen erfolgt über einen gemeinsamen Maßnahmenplan, in dem die Verbesserungsvorschläge eingetragen werden.

Sobald die Zustimmung der betroffenen Gruppen erfolgt ist, kann die Gruppe die Maßnahme in den Maßnahmen-Manager eintragen. Der Maßnahmen-Manager ist ein Informations- und Kommunikationssystem für die Gruppen. Dort werden die Probleme, Vorschläge und Verbesserungen eingetragen, die sich aus den Gruppengesprächen und durch die Audits (5S) ergeben. Die Produktionsmeister beurteilen die Vorschläge und leiten sie an die zuständigen Fachbereiche weiter.

Mit Hilfe des Maßnahmen-Managers werden die Gruppen bei der Erreichung ihrer Ziele unterstützt. Hier wird die Zusammenarbeit zwischen den einzelnen Abteilungen gefördert und das Wissen aller Mitarbeiter genutzt, um somit auch langfristig zur Standortsicherung beizutragen.

5 Anregungen zur Umsetzung

Um das 5S-Audit als wertvolles Instrument bei der Umsetzung des Toyota Produktionssystems zu nutzen, müssen folgende Dinge beachtet werden:

- Kein „blindes" Übernehmen einer Konzeption, sondern Anpassen der japanischen Managementkultur auf die hiesigen Gegebenheiten in dem jeweiligen Unternehmen.
- Einbeziehung der Vorgesetzten von Beginn an – die Lean-Kultur muss vorgelebt und von allen getragen werden.
- 5S ist nicht nur eine Aufräum-/Putzaktion.
- Nachhalten: Auf die regelmäßige Durchführung des Audits achten, kontinuierlich neue Impulse für die Auditoren in Form von Schulungen oder Anerkennung durch Zertifikatvergabe geben.
- Das 5S-Audit ist kein statisches Instrument, sondern ist einem ständigen Wandel unterworfen – grundsätzlich muss eine Anpassung des 5S Audits an die veränderten Bedingungen stattfinden.
- Die Gruppe ist Problemlöser. Festgestellte Abweichungen müssen behoben werden. Alle Prozesse müssen darauf ausgerichtet werden, die Gruppe im selbstständigen und eigenverantwortlichen Handeln zu unterstützen.

5S ist ein sehr unkompliziertes Instrument, das auf Selbstdisziplin der Mitarbeiter beruht und diese somit fordert und fördert. Das 5S als Selbst-Audit durchzuführen, hat sich als sehr ökonomisch erwiesen und ist mit diversen psychologischen Vorteilen verbunden.

Mit der Einführung des 5S-Audits in der Produktion wurde es erst möglich eine Vielzahl der Mitarbeiter in den Lean-Prozess zu integrieren. Der 5S-Auditor wird hier als Multiplikator eingesetzt, der den Lean-Gedanken in die Gruppen trägt. Während der Gruppensitzungszeit sind dann die Gruppen dazu angehalten, anhand der Auditergebnisse über Verbesserungen nachzudenken oder gegebenenfalls Schwierigkeiten an die zuständigen Fachbereiche weiterzuleiten.

Außerdem haben sich durch die Implementierung des 5S-Audits in den Gruppen Ordnung und Sauberkeit in der Produktion wesentlich verbessert.

Der wichtigste Punkt aber ist, dass eine Vielzahl von Maßnahmen erarbeitet worden ist, die die Abläufe in der Produktion verbessert und somit von der Basis aus zur Steigerung der Wettbewerbsfähigkeit beiträgt.

Uwe Ross & Dieter Hecker, *B. Braun Melsungen AG*

Entlohnungssystematik Gruppenarbeit in der B. Braun Melsungen AG

1 Gruppenarbeit in der B. Braun Melsungen AG

Die Entscheidung, Gruppenarbeit einzuführen, hat stets eine besondere Bedeutung für ein Unternehmen und seine Mitarbeiter.

In der Rückschau auf mehr als 10 Jahre Gruppenarbeit in der B. Braun Melsungen AG bewerten wir diese Arbeitsform als großen Erfolg; auch die Erfahrungen, die mit der Gruppenarbeit gemacht wurden (und bis heute gemacht werden), sind überwiegend positiv.

Mit der Entscheidung für die Gruppenarbeit haben sich auch die Anforderungen an das Unternehmen und die Beschäftigten in allen Hierarchieebenen verändert: Einerseits ist die Gruppenarbeit fest mit monetarisierbaren Ergebnissen verknüpft, wie z. B. Produktivitätssteigerungen, Optimierung von Arbeitsprozessen sowie Verbesserungen der Produktqualität – was stets mit Pflichten, aber auch mit Chancen für die Beschäftigten verbunden ist.

Andererseits wird Gruppenarbeit in der B. Braun Melsungen AG als eine Form der Arbeitsorganisation verstanden, die flache Hierarchiestrukturen fördert und zu einem neu definierten Verständnis der Zusammenarbeit zwischen Führungskräften und Beschäftigten geführt hat.

Diese Umstände bedeuteten im damaligen Gruppenarbeits-Einführungsprozess für alle Beteiligten nicht unerhebliche Veränderungen in den betrieblichen Abläufen, verbunden mit der Erwartung und der Möglichkeit, diese organisatorischen Veränderungen aktiv mitzugestalten.

Für eine erfolgreiche Einführung der Arbeitsform Gruppenarbeit ist es wichtig, dass sich sowohl das Unternehmen als auch die Beschäftigten auf einem kontinuierlichen Weg der Veränderung befinden, und zwar im Sinne einer lernenden Organisation. Daher sollte die bereits aufgeführte notwendige Veränderungsbereitschaft der Beteiligten als eine notwendige Grundlage für Gruppenarbeit verstanden werden, ebenso das rechtzeitige Erkennen von zukünftig notwendigen Kenntnissen, Fähigkeiten und Fertigkeiten, beispielsweise wenn sich Produktionstechniken bzw. -prozesse fortentwickeln oder grundlegend verändern.

Diese beschriebenen Faktoren verlangen die Bereitschaft aller Gruppenarbeitsakteure, sich aktiv in bestehende Prozesse und Vorgehensweisen einzubringen und diese auch verändern zu können. Gelingt den Verantwortlichen diese Überzeugungsarbeit, nämlich die Beschäftigten als Akteure im Einführungsprozess zu verstehen, die ihre Erfahrungen, Kenntnisse und Fertigkeiten bei Veränderungsprozessen einfließen lassen, dann ist eine entscheidende Voraussetzung für die Innovationsfähigkeit und damit auch für den Erfolg eines modernen Unternehmens erfüllt: engagierte Mitarbeiter, die im Rahmen der Gruppenarbeit über ein modernes Entlohnungssystem auch eine Honorierung ihres Engagements erwarten können und damit direkt am Erfolg des Unternehmens teilhaben können.

2 Struktur der Entgeltsystematik bei B. Braun Melsungen

Das Ziel, das die Verantwortlichen der Einführung von Gruppenarbeit in der B. Braun Melsungen AG verfolgten, war, die Leistungsbereitschaft und die Motivation der Mitarbeiter durch Arbeits- und Aufgabenerweiterung sowie eine anspruchsvollere Aufgabengestaltung mit einer fortlaufenden Optimierung der Arbeitsorganisation zu verknüpfen.

Mit dieser Zielvorgabe wurde die Gruppenarbeit im Jahr 1995 in Produktionsbereichen eingeführt. In Pilotprojekten sollten einerseits erste Erfahrungen mit der Gruppenarbeit gesammelt werden, und andererseits sollte bei späterer flächendeckender Einführung der Gruppenarbeit die Akzeptanz aller Mitarbeiter erhöht werden, indem schon zu diesem Zeitpunkt gezielt auf Fragen, Sorgen und Befürchtungen der Beschäftigten eingegangen wurde. Das führte zu einer B. Braun-spezifischen Gruppenarbeitsform und zu der Erkenntnis, dass es keine universellen Standardlösungen gibt.

Nach dem Abschluss der Pilotprojekte wurde die Notwendigkeit erkannt, die Einführung der Gruppenarbeit durch ein neues Entgeltsystem zu unterstützen. Dieses sollte auf regelmäßig vereinbarten Gruppenzielen sowie einer individuellen Bewertung der einzelnen Gruppenmitglieder basieren.

Mit der neuen Entgeltsystematik, die von drei Säulen getragen wird, sollten die bis zu dessen Einführung existierenden Prämien- und Akkordlohnsysteme durch ein zeitgemäßes, flexibles und leistungsorientiertes Vergütungssystem abgelöst werden.

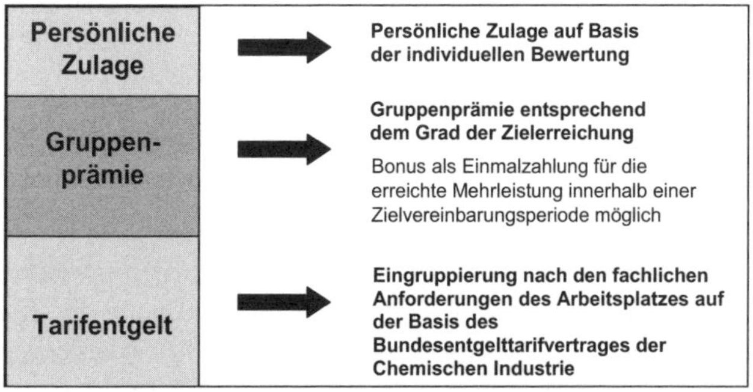

Abbildung 1: Das Entgeltsystem der B. Braun Melsungen AG im Überblick

Das Entgeltsystem der B. Braun Melsungen AG besteht aus den folgenden drei Säulen (vgl. Abbildung 1):

1. der Grundvergütung der Beschäftigten (berufliche Qualifikation)
2. der Gruppenprämie, deren Höhe sich nach dem Zielerreichungsgrad richtet
3. der individuellen Zulage, die mit dem persönlichen Engagement der Beschäftigten gekoppelt ist

Bei der Gruppenprämie und der individuellen/persönlichen Zulage handelt es sich um feste Beträge. Beide Entgeltkomponenten gelten für die Dauer einer Zielvereinbarungsperiode von sechs Monaten. Die individuelle Bewertung erfolgt ebenfalls innerhalb des gleichen zeitlichen Abstands.

Im Folgenden sollen die drei Säulen der Entgeltsystematik näher betrachtet werden.

2.1 Die Grundvergütung auf tarifvertraglicher Basis

Um eine neutrale und standardisierte Vorgehensweise bei der Eingruppierung der Beschäftigten in Entgeltgruppen zu gewährleisten, wurde gemeinsam mit einem externen Unternehmensberater das *Verfahren der Arbeitsbewertung und Eingruppierung* entwickelt.

Zur Bemessung der Grundvergütung der Beschäftigten wird die zur Erledigung der Arbeitsaufgabe notwendige fachliche Qualifikation gemäß dem Bundesentgelttarifvertrag der Chemischen Industrie zugrunde gelegt. Das Verfahren besteht aus folgenden Faktoren:

1. Arbeitsbeschreibungen
2. Funktionsbilder
3. Eingruppierungsblätter

Die Eingruppierung der Beschäftigten in die Entgeltgruppen des Bundesentgelttarifvertrages orientiert sich beim *Verfahren der Arbeitsbewertung und Eingruppierung* maßgeblich an der Anforderung an deren Arbeit. Je höher die fachlichen Anforderungen einer Arbeitsaufgabe sind, umso höher ist in der Regel die vom Beschäftigten geforderte Qualifikation.

In der oben genannten Reihenfolge wird das *Verfahren der Arbeitsbewertung und Eingruppierung* auch angewandt: Es beginnt beim Beschreiben der Arbeitsaufgaben, des Arbeitsumfangs, der fachlichen Anforderungen etc.

Im nächsten Schritt werden einzelne oder mehrere Aufgaben eines Beschäftigten in so genannte Funktionsbilder zusammengefasst. Über die Zuordnung der Tätigkeit im Entgeltgruppenkatalog des Tarifvertrages erfolgt schließlich die Zuordnung zu einer Entgeltgruppe. Die finale Eingruppierung in die Entgeltgruppen erfolgt sozialpartnerschaftlich zwischen den Vorgesetzten der jeweiligen Fachabteilungen, dem Personalwesen und dem Betriebsrat (vgl. Abbildung 2). Bei diesem Verfahren zählen nur die fachlichen Anforderungen der Arbeitsaufgabe, d. h., nur abverlangte und erfüllte Anforderungen an die Tätigkeit (Fähigkeiten) werden auch bewertet!

Dies bedeutet im Umkehrschluss:

- Keine Bewertung von bereitgehaltener, nicht benötigter Qualifikation!
- Keine Bewertung von Betriebszugehörigkeit!
- Keine Bewertung von Arbeitserschwernissen!

- Keine Beurteilung des persönlichen Verhaltens!
  (z. B. Eigenverantwortung, Zusammenarbeit mit der Gruppe etc.; diese erfolgen im Rahmen des individuellen Bewertungsverfahren)

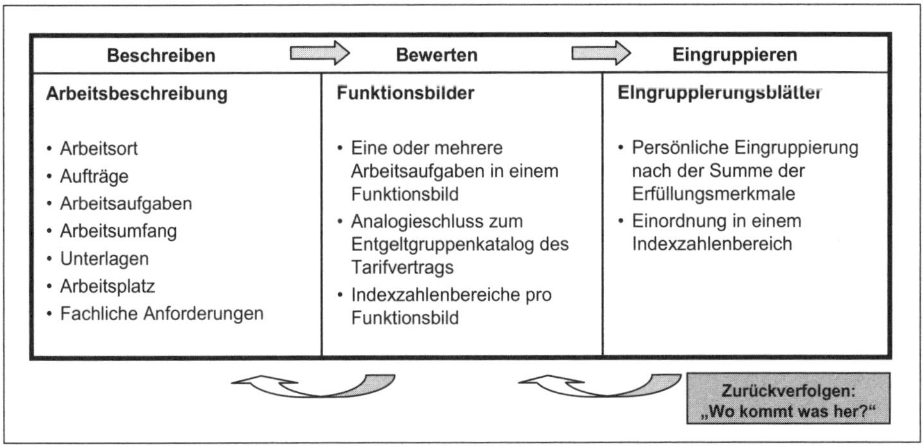

Abbildung 2: Das Verfahren der Arbeitsbewertung und Eingruppierung

2.2 Die Gruppenprämie

Nachdem die Entgeltgruppe gemeinsam, wie vorab beschrieben, gefunden wurde, soll nachfolgend die zweite Säule der B. Braun Entgeltsystematik, die Gruppenprämie, näher betrachtet werden.

Die Gruppenprämie hängt maßgeblich vom Zielerreichungsgrad ab und ist für alle Gruppenmitglieder (bei gleicher Entgeltgruppe) identisch.

Da die Gruppenprämie eng mit dem Zielerreichungsprozess verbunden ist, ist es wichtig, diesen zu beschreiben.

2.2.1 Der Zielvereinbarungsprozess als Grundlage

Der gemeinsame Weg zur Zielvereinbarung zwischen einer Gruppe und ihrem Vorgesetzten läuft nach vier festgelegten Schritten ab und wiederholt sich jeweils zu Beginn einer Zielvereinbarungsperiode für jede Gruppe.

1. Schritt: Vorbereitung

In dieser Phase formulieren die Gruppe und deren Vorgesetzter unabhängig voneinander ihre Zielvorstellungen.

2. Schritt: Zielkommunikation

Während der Zielkommunikation stellen der Vorgesetzte und der Gruppensprecher (als Vertreter der Gruppe) ihre beiden Zielvorschläge im Rahmen eines der regelmäßig stattfindenden Gruppengespräche vor.

3. Schritt: Zielabstimmung

In der Zielabstimmung wird vom Vorgesetzten ein Abgleich der von der Gruppe formulierten Ziele mit den übergeordneten Zielen des Fachbereichs vorgenommen. Zeitgleich werden in der Gruppe die Zielvorschläge des Vorgesetzten besprochen. Am Ende dieser Phase einigen sich die beiden Parteien entweder auf verbindliche und gemeinsame Zielwerte oder es kommt zu keiner Einigung. In diesem Falle sind beide Parteien gefordert, neue Vorschläge auszuarbeiten und erneut abzugleichen.

4. Schritt: Zielvereinbarung

Im Rahmen eines Zielvereinbarungsgesprächs zwischen Gruppensprecher und Vorgesetztem werden die von beiden Seiten akzeptierten Ziele festgelegt und mit ihrer Unterschrift dokumentiert. Weitere Unterzeichner der Zielvereinbarung sind der Vorgesetzte der jeweiligen Fachabteilung, aber auch z. B. der Werkleiter sowie das Personalwesen und der Betriebsrat.

2.2.2 Zielerreichung versus Zielnichterreichung

Die Gruppenprämie wird in voller Höhe gewährt, wenn die mit der Gruppe halbjährlich im Zielvereinbarungsprozess vereinbarten Ziele vollständig erreicht wurden. Bei Nichterreichung der Ziele innerhalb des vorgegebenen 6-Monats-Zeitraums erfolgt für die kommenden sechs Monate eine Reduzierung der Gruppenprämie entsprechend dem Grad der Zielnichterreichung (vgl. Abbildung 3).

Die jeweils vereinbarten Ziele gelten jeweils für alle Gruppenmitglieder und können aus verschiedenen Themenbereichen kommen: z. B. Reduzierung der Krankenstandsquote, Reduzierung der Durchlaufzeiten, Verminderung der internen und/oder externen Reklamationen, Erhöhung von Maschinenlaufzeiten etc.

Damit alle Gruppenmitglieder während einer laufenden Zielerreichungsperiode stets über die aktuelle Entwicklung der Gruppenziele informiert sind, werden wöchentliche/monatliche Statusreports an den Gruppenarbeitsinformationstafeln ausgehängt. Auf diese Weise können die Gruppen stets ihre Zielentwicklung nachverfolgen und bei Bedarf rechtzeitig gegensteuern, damit der Erreichung der vereinbarten Ziele und damit der Auszahlung der Gruppenprämie in voller Höhe nichts im Wege steht.

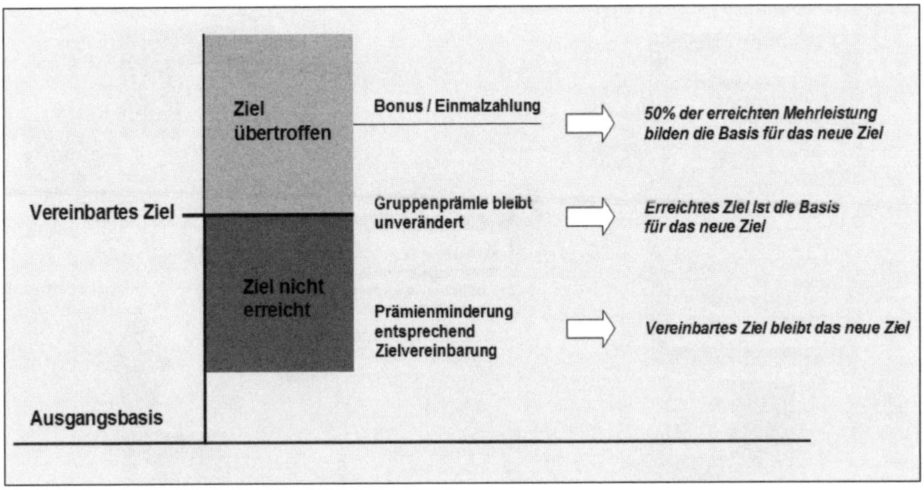

Abbildung 3: Zielerreichung versus Zielnichterreichung

2.3 Die persönliche Zulage

Die Höhe der persönlichen Zulage wird nach Maßgabe eines Bewertungskatalogs festgelegt. Mit der persönlichen Bewertung wird dem Vorgesetzten ein Führungsinstrument zur Verfügung gestellt, mit dem *Gruppenarbeit unterstützendes Verhalten* von Mitarbeitern beachtet, gefördert und belohnt werden soll. Die persönliche Bewertung von Mitarbeitern erfolgt halbjährlich durch den fachlichen Vorgesetzten im Rahmen eines Punktesystems.

Insgesamt werden dem Prozess der persönlichen Bewertung 20 verschiedene Items in den Kategorien *Eigenverantwortung, Flexibilität* und *Zusammenarbeit in der Gruppe* zugrunde gelegt. Die erreichte Punktzahl führt zu einer Einordnung in eine sechstufige Punkteskala, wobei für jede der einzelnen Stufen jeweils ein fixer Geldbetrag festgelegt ist.

Das im Bewertungskatalog festgeschriebene Verhalten der Beschäftigten wird vom zuständigen Vorgesetzten während eines jeweils sechsmonatigen Zeitraums beobachtet und angesprochen, die gesammelten Verhaltensweisen im Bewertungsbogen eingetragen und mit dem Mitarbeiter besprochen. Gruppenorientiertes Verhalten, wie beispielsweise eine überdurchschnittliche Unterstützung der Gruppe, soll entsprechend positiv bewertet werden.

Abbildung 4 beschreibt das Vorgehen im Rahmen der persönlichen Bewertung als einen stetigen Kreislauf.

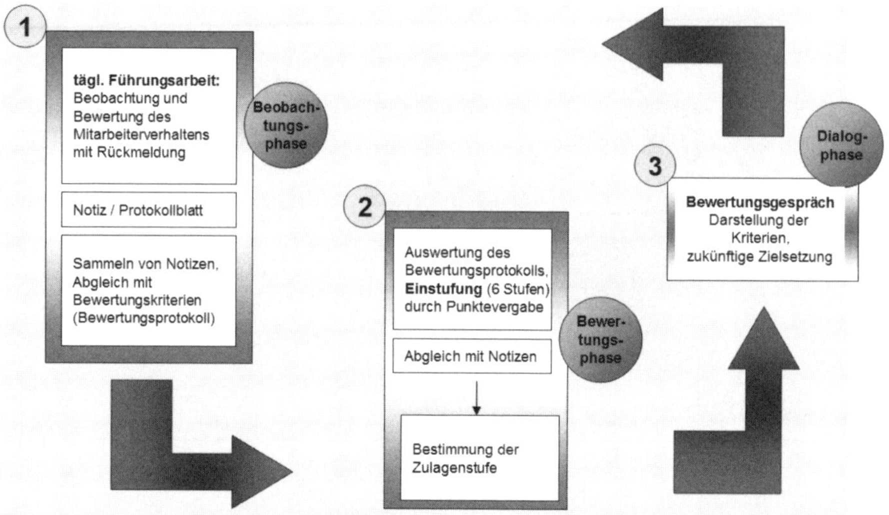

Abbildung 4: Der Bewertungskreislauf im Rahmen der individuellen Bewertung

Während der Beobachtungsphase (1) wird das individuelle Engagement der Beschäftigten hinsichtlich der bereits genannten Kriterien Eigenverantwortung, Flexibilität und Zusammenarbeit in der Gruppe vom Vorgesetzten erfasst.

In der Bewertungsphase (2) erfolgt der direkte Bezug des beobachteten Mitarbeiterverhaltens zu den 20 vorgegebenen Items des Bewertungskatalogs. Die individuelle Punktzahl der Mitarbeiter wird ermittlet.

Das Bewertungsgespräch (3) dient der Rückmeldung des im Beobachtungszeitraum festgestellten Verhaltens. Im Rahmen eines persönlichen Gesprächs zwischen Mitarbeiter und Vorgesetztem werden die erzielten Ergebnisse aufgrund des persönlichen Engagements dargestellt und positive und gegebenenfalls negative Eindrücke besprochen.

Das Ziel des persönlichen Bewertunsverfahrens ist so einfach wie zielführend: Leistungsträger und engagierte Mitarbeiter sollen über die indivduelle Zulage überdurchschnittlich profitieren, während für durchschnittlich engagierte Beschäftigte durch die persönlichen Zulage ein Anreiz für höheres Engagement geschaffen wird.

3 Resümee

Das Entgeltsystem der B. Braun Melsungen AG, das fest in der Gruppenarbeit verankert ist, hat in der Rückschau auf mehr als 10 Jahre Gruppenarbeit im Unternehmen einen wichtigen Beitrag zum Erfolg und zur Akzeptanz der Gruppenarbeit beigetragen. Dabei ist es gelungen, ein zeitgemäßes Anreizsystem zu etablieren, das die unterschiedlichen Interessenlagen der Akteure im Gruppenarbeitsprozess in Einklang bringt.

Seitens der Unternehmens- und Produktionsleitung liegt der Fokus auf der Herstellung fehlerfreier und qualitativ hochwertiger Produkte, verbunden mit einer hohen Prozesssicherheit quer durch alle Fertigungsschritte – insbesondere auch dann, wenn beispielsweise durch zusätzliche Kundenaufträge Produktionsschwankungen entstehen und ein hohes Maß an Flexibilität gefordert ist. Daneben ist wichtig, alle am Produktentstehungsprozess beteiligten Personen aktiv in die Verbesserung bereits erreichter Standards einzubeziehen und dafür Anreize zu schaffen, die sich auch über das Entgelt definieren.

Für die Mitarbeiter ist es von Interesse, persönlich die Zielvereinbarungsprozesse mitgestalten zu können und über den aktuellen Stand des Zielerreichungsgrades der eigenen Gruppe informiert zu sein. Ferner erhalten alle Mitarbeiter, die in Gruppen arbeiten, eine regelmäßige Rückmeldung von ihrem Vorgesetzten, so dass die eigene Leistung nachvollziehbar ist und der Beschäftigte die Möglichkeit hat, beispielsweise durch persönliches Engagement das eigene Entgelt positiv zu beeinflussen.

Somit werden wir auch zukünftig diese Form der Arbeitsorganisation einsetzen, weiterentwickeln und vorantreiben, um damit die anstehenden Veränderungsprozesse im Unternehmen möglichst schnell und effizient zu ermöglichen.

Ingo Thorwest, ***Boehringer Ingelheim Pharma GmbH & Co. KG***

Betriebszeitengangschaltung – eine Methode zur Flexibilisierung der Arbeitszeit

1 Einleitung

Boehringer Ingelheim ist ein forschendes Pharmaunternehmen in Familienhand mit weltweit über 38.000 Mitarbeitern. In der pharmazeutischen Produktion am Standort Ingelheim sind ca. 540 Mitarbeiter beschäftigt, davon ca. 450 Mitarbeiter als direktes Produktionspersonal. In fünf Produktionsbetrieben werden vor allem feste Arzneiformen (Tabletten, Kapseln) hergestellt und verpackt. Je nach Kapazitätsbedarf arbeiten die Beschäftigten zweischichtig, dreischichtig oder im Vollkonti-Betrieb.

Naturgemäß haben die Verpackungsbetriebe die größte Kundennähe und sind aus diesem Grund stark abhängig von der jeweiligen Marktlage, die nicht unerheblichen Schwankungen unterworfen ist. In der Regel wird in diesen Betrieben zwei- bis dreischichtig gearbeitet.

Seit 2005 setzt Boehringer Ingelheim die Betriebszeitengangschaltung ein – ein flexibles Arbeitszeitmodell, das es erlaubt, die Produktionskapazitäten an kurzfristige Schwankungen der Marktbedarfe unter geregelten Bedingungen anzupassen, ohne Personal auf- oder abbauen zu müssen.

Die Gänge der Gangschaltung stellen Betriebszeitenkontingente für eine Ressource (= Maschine) dar, z. B. 60 h/Woche oder 85 h/Woche. Für jeden Gang gibt es einen von den Produktionsteams erarbeiteten Plan, der die Verteilung der Zeit über die Woche vorsieht. Die Gangschaltung im Ganzen wird einmalig im Voraus fixiert und bei Betriebsrat/Personalabteilung hinterlegt. Im wöchentlichen Plangespräch wird dann nur noch abhängig von den Bedarfen der passende Gang für die Folgewoche festgelegt. Mehr- und Minderzeiten, die über die durchschnittliche Auslastung hinausgehen, werden über die Gleitzeitkonten der Mitarbeiter abgefangen.

Mit diesem Modell kann, ausgehend z. B. von einem Zweischichtbetrieb, kurzfristig ohne Personalanpassung auch die Kapazität eines Einschicht- oder auch nahezu Dreischichtbetriebs (von 40 h/Woche bis über 100 h/Woche) abgedeckt werden.

Die Mitarbeiter bekommen für die zusätzliche Flexibilität, die sie damit anbieten, einen Bonus in Form von Zeitgutschriften. Der Betrieb hat den Vorteil, dass kurzfristig anberaumte Nachtschichten, Samstagsarbeit etc. der Vergangenheit angehören.

1.1 Ausgangssituation

Seit vielen Jahren arbeiten sämtliche Beschäftigten am Standort Ingelheim in Gleitzeit, auch die schichtenden Mitarbeiter der pharmazeutischen Produktion. Für diese existieren Gleitzeitfenster um die Schichtzeiten herum, die den Mitarbeitern eine begrenzte individuelle Arbeitszeitgestaltung ermöglichen.

Seit 2003 bestand eine Betriebsvereinbarung, die die Fixierung der Schichtpläne für eine bestimmte Zeitperiode, anfangs sechs Monate, später drei Monate, vorschrieb. In der

Realität war die Einhaltung der Schichtpläne über einen so langen Zeitraum nahezu unmöglich, so dass sich oft Änderungen im Wochentakt ergaben, die nur mit großzügiger Auslegung unter die Ausnahmeregelung der Betriebsvereinbarung fielen und unter erheblichem Aufwand verwaltet werden mussten. Ansage von Samstagsarbeit am Dienstag, Absage am Mittwoch und Wiederansage am Donnerstag waren keine Ausnahmen, ebenso wie kurzfristig anberaumte Nachtschichten. Dies führte zu großer Unzufriedenheit auf allen Seiten – bei Mitarbeitern, Führungskräften, Personalabteilung und Betriebsrat– und zu der Forderung nach einem neuen, flexibleren, einfacheren System.

Ende 2004 wurde ein Projektteam gegründet, das gemeinsam mit der Arbeitszeitberatung Dr. Hoff, Berlin, ein System nach dem Prinzip einer Gangschaltung entwickelte.

1.2 Ziel der Gangschaltung

Ziel des Projekts war die Etablierung eines Systems, das es dem Betrieb ermöglicht, auf Bedarfsschwankungen mit großer Flexibilität zu reagieren, d. h. mit einer Kapazitätsspanne von bis zu 50 %, ausgehend von einer zweischichtigen Grundauslastung. Gleichzeitig sollte die Stabilität der Schichtpläne gewährleistet werden, um dem Mitarbeiter größtmögliche zeitliche Sicherheit in Bezug auf seine persönliche Lebensplanung zu schaffen. Auch der administrative Aufwand für die Verwaltung der Schichtpläne sollte für alle Beteiligten deutlich reduziert werden.

2 Herangehensweise und Durchführung

2.1 Projektbeteiligte

An dem Projekt waren folgende Gruppierungen beteiligt:

- Personalabteilung (Personalreferent, Gleitzeitbeauftragter)
- Betriebsrat
- Führungskräfte (Management, Betriebsleiter, Coach)
- alle Mitarbeiter der jeweiligen Teams

2.2 Projektablauf

Zu Beginn des Projekts wurde schnell klar, dass eine zeitgleiche Einführung eines neuen Arbeitszeitmodells in allen Betrieben nicht zielführend wäre. Vor der flächendeckenden Ausrollung wurde das neue System deshalb als Pilot in einem der Betriebe für ein halbes Jahr getestet und optimiert.

Das Projekt lief in folgenden Teilabschnitten ab:

a) Erarbeitung des theoretischen Grundgerüsts sowie der Rahmenbedingungen
b) Ausarbeitung der gruppenspezifischen Gangschaltungen

c) Pilotbetrieb und Optimierung
d) Ausrollen

a) Erarbeitung des theoretischen Grundgerüsts sowie der Rahmenbedingungen

Dieser Teilabschnitt wurde ausschließlich vom Kernprojektteam (Personalabteilung, Betriebsrat, Führungskäfte) bearbeitet. Mit Hilfe des externen Beraters wurden innerhalb von zwei Monaten die Rahmenbedingungen abgesteckt, die Methode für die Ausarbeitung der eigentlichen Betriebszeitengangschaltung einstudiert sowie das Monitoringsystem für die Kontrolle der individuellen Gleitzeitkonten festgelegt.

b) Ausarbeitung der gruppenspezifischen Gangschaltungen

Das Kernstück des Projekts wurde von den teilautonomen Gruppen gemeinsam mit ihren direkten Vorgesetzten, den Coaches (entspricht Meisterebene), im Rahmen von halbtägigen Workshops ausgearbeitet. Die Workshops dienten ebenso der Klärung zahlreicher Fragen sowie Befürchtungen der Mitarbeiter bezüglich des Zugriffs des Betriebs auf ihre Gleitzeitkonten.

c) Pilotbetrieb und Optimierung

Nach dem offiziellen Startschuss durch den Betriebsrat erfolgte die sechsmonatige Testphase im Rahmen eines Piloten im Betrieb. Die von den Mitarbeitern ausgearbeiteten Gangschaltungen wurden ebenso auf ihre Praxistauglichkeit geprüft wie die vereinbarten Rahmenbedingungen, Spielregeln zwischen den Beteiligten sowie das Monitoringsystem für die Gleitzeitkonten. Mängel, die sich bald zeigten vor allem in Bezug auf die täglichen Arbeitszeiten, wurden innerhalb dieser Pilotphase zum Teil in mehreren Schleifen korrigiert. Wichtig war diese Pilotphase aber vor allem aus politisch-emotionalen Gründen. Hier war eine einfühlsame Führungsarbeit seitens Coaches und Betriebsleitung erforderlich. Befürchtungen seitens der Mitarbeiter hinsichtlich allzu starker Bewegungen ihrer Gleitzeitkonten, vor allem in den negativen Bereich hinein (Zitat: „20 Jahre arbeite ich schon bei Boehringer, und noch nie war ich im Minus!“), konnten während dieser Zeit durch Workshops sowie durch die alltägliche Praxis, insbesondere durch ein engmaschiges und individuelles Monitoringsystem, widerlegt werden.

d) Ausrollen

Die in der Pilotphase gewonnenen Erkenntnisse, vor allem im Handling der emotionalen Komponente während der Einführung, wurden in der flächendeckenden Ausrollung in die anderen Betriebe umgesetzt. Als Schulende dienten ausschließlich die Führungskräfte des Pilotbetriebs, vor allem die Coaches.

3 Ausarbeitung einer Betriebszeitengangschaltung

Wie der Begriff „Betriebszeitengangschaltung“ bereits vermuten lässt, basiert das System weniger auf starren Mitarbeiterschichtplänen als vielmehr auf der für die termingerechte Erfüllung der Marktbedarfe erforderlichen Kapazität des Betriebs, in erster Linie also der Maschinenbetriebszeiten. Die einzelnen Gänge stellen jeweils ein Betriebszeitenkontingent für die betrachtete Maschine bzw. Ressource dar, z.B. 40 h/Woche, 75 h/Woche oder 100 h/Woche (vgl. Abbildung 1). Die Bedarfe werden von Woche zu Woche gemeinsam mit den Planern festgelegt. Wie die Arbeitszeit über die Woche verteilt wird, wurde für jeden Gang im Vorhinein von den Teams fixiert und hinterlegt, so dass je nach Arbeitsanfall nur noch der Gang bestimmt werden muss und damit individuelle Arbeitszeiten und Schichtplan bekannt sind. Die Gangschaltung als Ganzes wiederum liegt der Personalabteilung und dem Betriebsrat vor und bleibt fixiert. Änderungen erfolgen dann nur noch in den Fällen, in denen die Gangschaltung von ihrer Spanne her nicht mehr greift oder wenn die Teams die in den Gängen hinterlegten Arbeitszeiten ändern möchten.

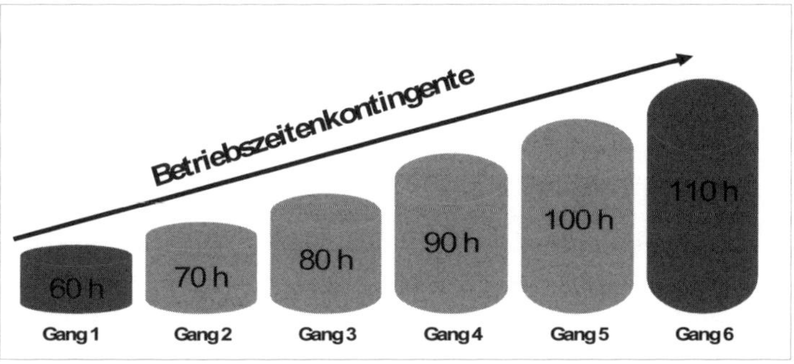

Abbildung 1: Beispiel für die Betriebszeitenkontingente einer Gangschaltung

3.1 Auswahl von geeigneten Produktionsbereichen

Während der Vorbereitung der Pilotphase stellte sich heraus, dass eine Betriebszeitengangschaltung nicht zwangsläufig für jeden Betrieb oder auch Betriebsbereich geeignet ist. Ausschlaggebend ist vor allem ein direkter Zusammenhang zwischen Ausbringung der Maschine und Personaleinsatz. Maschinen, die nur eingeschaltet und dann mannlos betrieben werden können, eignen sich ebenso wenig für eine Gangschaltung wie Servicebereiche, z. B. Lager oder Werkstätten, die in bestimmten Zeiten nur eine Personalanwesenheit sicherstellen müssen. Zur Erleichterung der Auswahl wurde ein Fragebogen entwickelt (vgl. Abbildung 2).

		ja	nein
1.	Besteht ein fester Zusammenhang zwischen Betriebszeit der Maschine und dem an der Maschine anwesenden Personal? (Ein Zusammenhang besteht in der Regel, wenn die Maschine nicht mannlos betrieben werden kann.)		
2.	Ist der Betriebsbereich regelmäßig mit schwankenden Bedarfen konfrontiert? (Gemeint sind routinemäßige Schwankungen im Bereich von ca. 50 %, ausgehend von einem 2-Schichtbetrieb. Sondersituationen können nicht durch eine Gangschaltung abgefangen werden.)		
3.	Sind die Schwankungen mindestend ca. 1-2 Wochen im Voraus bekannt? (Es wird ausreichend Zeit zum Schalten benötigt.)		
4.	Lässt die Organisation flexible Arbeitszeiten zu? (Existieren Gleitzeitfenster? Ist eine Zeitfortschreitung installiert, um Zeiten in Spitzen und Flauten auf- bzw. abbauen zu können?)		
5.	*Optional:* Umfasst die Organisationseinheit multifunktionale Mitarbeiter, die auch außerhalb der Einheit eingesetzt werden können? (Hiermit wird ein Zeitausgleich zwischen Mitarbeitern innerhalb der Organisation vereinfacht. Außerdem besteht die Möglichkeit, Zeitausgleiche durch Aufnehmen und Abgeben von Personal von anderen/an andere Organisationseinheiten vorzunehmen.)		
Wird eine der Fragen 1-4 mit „Nein“ beantwortet, ist der Betreibsbereich *nicht* geeignet.			

Abbildung 2: Fragebogen zur Klärung der Eignung eines Betriebsbereichs für eine Betriebszeitengangschaltung

3.2 Maschinen- und Personalkapazitäten

Grundlage für die Erarbeitung einer Betriebszeitengangschaltung bildet die Ermittlung der Kapazitätsbedarfe bezüglich der Maschinen- und Personalressourcen innerhalb einer zu betrachtenden Zeitspanne. Bei Boehringer Ingelheim hat sich dafür ein Drei-Monats-Zeitraum als geeignet erwiesen. Abbildung 3 skizziert ein typisches Bild hinsichtlich der Bedarfsschwankungen für solch eine Periode.

In einem ersten Schritt ermittelt die Planung hieraus den mittleren sowie den minimalen und maximalen Kapazitätsbedarf des Betriebs. Wichtig ist in diesem Zusammenhang, dass die Extremausschläge des Marktes nicht ungefiltert in den Betrieb „durchgereicht“, sondern vorher planerisch geglättet werden.

Aus dem mittleren Kapazitätsbedarf werden anschließend die Personalbedarfe errechnet. Hierbei ist zwischen Netto- und Bruttopersonalbedarfen (inklusive Urlaub, Krankheit, Training etc.) zu unterscheiden. Basis für die Gangschaltung sind zwar die Nettobedarfe, die Abwesenheitszeiten müssen jedoch bei der Personalplanung berücksichtigt werden.

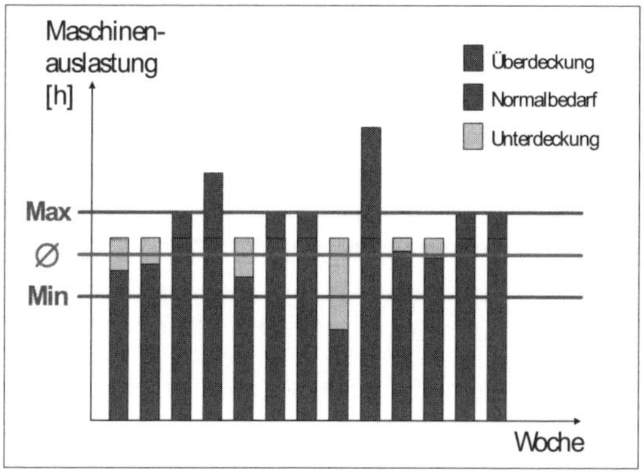

Abbildung 3: Typisches Bild für Bedarfsschwankungen in einem marktnahen Betrieb

3.3 Abstecken der Eckpunkte

Minimal- und Maximalkapazitätsbedarf des Betriebs bilden die Eckpunkte der Gangschaltung und somit den kleinsten und größten Gang, wie Abbildung 4 zeigt. Zwischen diesen werden weitere Gänge festgelegt, idealerweise in einem Abstand voneinander, der ca. 10 % der mittleren Kapazitätsbedarfs darstellt. Liegt Letzterer beispielsweise bei 75 h/Woche (entspricht bei Boehringer Ingelheim einem Zweischichtbetrieb), sollte etwa alle 7,5 bis 10 h ein Gang gebildet werden.

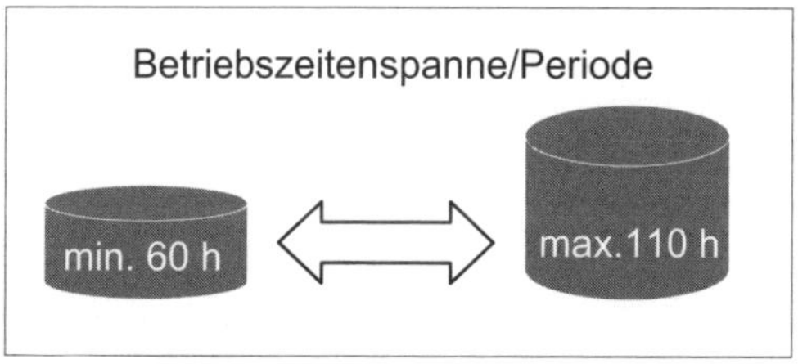

Abbildung 4: Beispiel für die Eckpunkte einer Betriebszeitengangschaltung

3.4 Erstellung der Gangschaltung

Die eigentliche Erstellung der Gangschaltung erfolgt in Workshops der teilautonomen Arbeitsgruppen gemeinsam mit ihrem direkten Vorgesetzten. Nach Erläuterung der Methodik erfolgt die Bildung der einzelnen Gänge. Hier ist zu berücksichtigen, dass bei der Festlegung der wöchentlichen Arbeitszeiten für die Gruppe unterschiedliche Präferenzen bei den einzelnen Gruppenmitgliedern vorherrschen können. Es hat sich als zweckmäßig erwiesen, diese vorher durch einfache Abstimmung zu klären.

Hierdurch wird die Akzeptanz für die spätere Gangschaltung deutlich erhöht. Des Weiteren empfiehlt es sich, für die Erstellung der Gangschaltung einige Rahmenbedingungen festzulegen:

- Von Montag bis Freitag sollte täglich Kapazität angeboten werden, um kurzfristige Bedarfe noch befriedigen zu können.
- Die Schichtwechselzeit (14.15 bis 14.30 Uhr) sollte nicht verschoben werden, da diese gern auch für Versammlungen genutzt wird. Längere Schichtzeiten äußern sich somit morgens in früheren Anfangszeiten und abends in einem späteren Schichtende.

Abbildung 5 zeigt beispielhaft als Ergebnis eines solchen Workshops die Gangschaltung für eine teilautonome Gruppe aus dem Verpackungsbetrieb.

Betriebzeitengangschaltung Solids II

Fit- Team "C"

Stand Juli 2005

Gang 1 (Min. 55 h) 56 h	Mo	Di	Mi	Do	Fr	Sa	So	Δ GAZ
F		7	7	7	7			-9,5
S	7	7	7	7				-9,5
N								

Gang 2 60 h	Mo	Di	Mi	Do	Fr	Sa	So	Δ GAZ
F		7,5	7,5	7,5	7,5			-7,5
S	7,5	7,5	7,5	7,5				-7,5
N								

Gang 3 70 h	Mo	Di	Mi	Do	Fr	Sa	So	
F	7	7	7	7	7			-2,5
S	7	7	7	7	7			-2,5
N								

Gang 4 (Mittel 75 h) 75 h	Mo	Di	Mi	Do	Fr	Sa	So	
F	7,5	7,5	7,5	7,5	7,5			0
S	7,5	7,5	7,5	7,5	7,5			0
N								

Gang 5 80 h	Mo	Di	Mi	Do	Fr	Sa	So	
F	8	8	8	8	8			2,5
S	8	8	8	8	8			2,5
N								

Gang 5 (Alternative) 81 h	Mo	Di	Mi	Do	Fr	Sa	So	
F	7,5	7,5	7,5	7,5	7,5	6		6
S	7,5	7,5	7,5	7,5	7,5			0
N								

Gang 6 86 h	Mo	Di	Mi	Do	Fr	Sa	So	
F	8	8	8	8	8	6		8,5
S	8	8	8	8	8			2,5
N								

Gang 7 97,5 h	Mo	Di	Mi	Do	Fr	Sa	So	
F	7,5	7,5	7,5	7,5	7,5			0
S	7,5	7,5	7,5	7,5				-7,5
N	7,5	7,5	7,5	7,5				-7,5

Gang 8 105 h	Mo	Di	Mi	Do	Fr	Sa	So	
F	7,5	7,5	7,5	7,5	7,5			0
S	7,5	7,5	7,5	7,5	7,5			0
N	7,5	7,5	7,5	7,5				-7,5

Abbildung 5: Betriebszeitengangschaltung eines Verpackungsteams

In den Tabellen sind die täglichen Arbeitsstunden für den jeweiligen Gang aufgeführt. Am Rand der Tabellen sind Anhaltspunkte für die Entwicklung des Gleitzeitkontos jedes Mitarbeiters angegeben. Der Mittelgang stellt den Gang für den durchschnittlichen Kapazitätsbedarf dar, d. h. für den Bedarf, für den zuvor die Personalkapazität der Gruppe berechnet wurde. Demzufolge dürfen sich die Gleitzeitkonten in diesem Gang nicht bewegen. Unterhalb des Mittelgangs bietet der Betrieb personelle Überkapazität an.

4 Spielregeln zwischen Planung und Betrieb

In der wöchentlichen Planbesprechung werden zwischen Planung und Betrieb die Auftragspakete fixiert, die Kapazitäten abgestimmt sowie der Gang für die nächste Woche festgelegt. Hierfür wurden bei Boehringer Ingelheim einige Schaltregeln vereinbart:

- Hochschalten oberhalb des Mittelgangs: 1 Gang/Woche
- Hochschalten unterhalb des Mittelgangs: beliebig
- Herunterschalten: beliebig

In Ausnahmefällen kann jedoch hiervon abgewichen werden.

5 Monitoring der Gleitzeitkonten

Bei Einführung einer Gangschaltung liegt die Befürchtung nahe, dass die Gleitzeitkonten der Mitarbeiter bei zu heftigen Schaltvorgängen zu schnell aus der Kontrolle geraten könnten. Da die Gleitzeit nun nicht mehr allein durch den Mitarbeiter, sondern auch durch den Betrieb beeinflusst wird, wird es erforderlich, dass die indviduellen Warngrenzen für den Kontostand jedes Einzelnen nicht mehr fix, sondern fließend in Abhängigkeit vom Gruppendurchschnitt festgelegt werden (vgl. Abbildung 6).

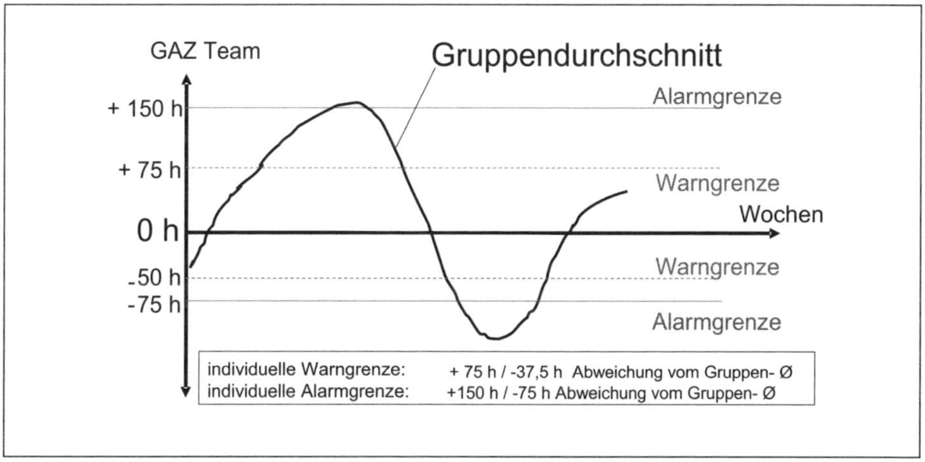

Abbildung 6: Prinzip des Gleitzeitmonitorings bei Einsatz einer Gangschaltung

Bei Erreichen der Gruppen-Warngrenze ist der nächsthöhere Vorgesetzte zu informieren und erhöhtes Augenmerk auf die Kapazitäten zu legen. Bei Erreichen der Alarmgrenzen sind kapazitive Ausgleiche zu schaffen.

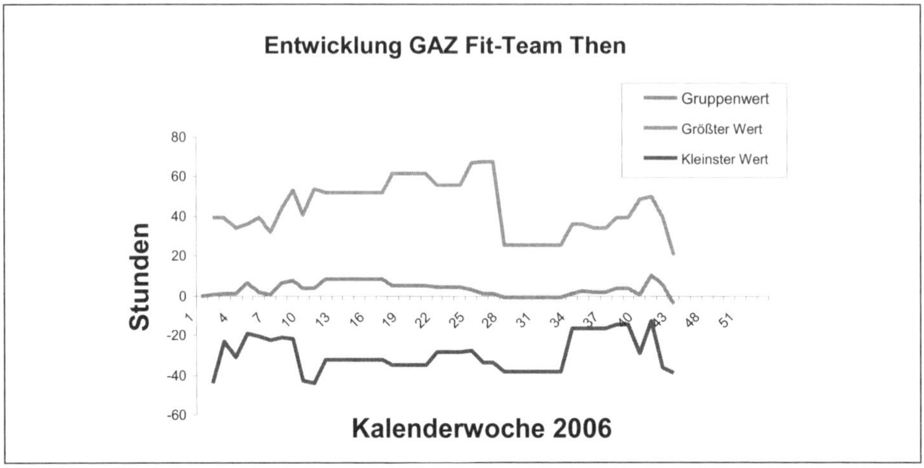

Abbildung 7: Gleitzeitentwicklung einer Gruppe des Verpackungsbetriebs

Die Einführungsphase wurde bei Boehringer Ingelheim durch ein wöchentliches Monitoring der individuellen Konten begleitet. Hierbei stellte sich heraus, dass die anfänglichen Befürchtungen unbegründet waren. Abbildung 8 und 9 zeigen die Entwicklung der Gleitzeitkonten für den Mittelwert und die Extremausschläge eines Verpackungsteams sowie das damit korrespondierende Schaltverhalten. Obwohl die Gänge häufig gewechselt wurden, waren die Auswirkungen auf die Zeitkonten der Mitarbeiter sehr gedämpft. Wichtig ist, dass der Mittelwert der Gruppe über die ganze Periode nahezu unverändert blieb.

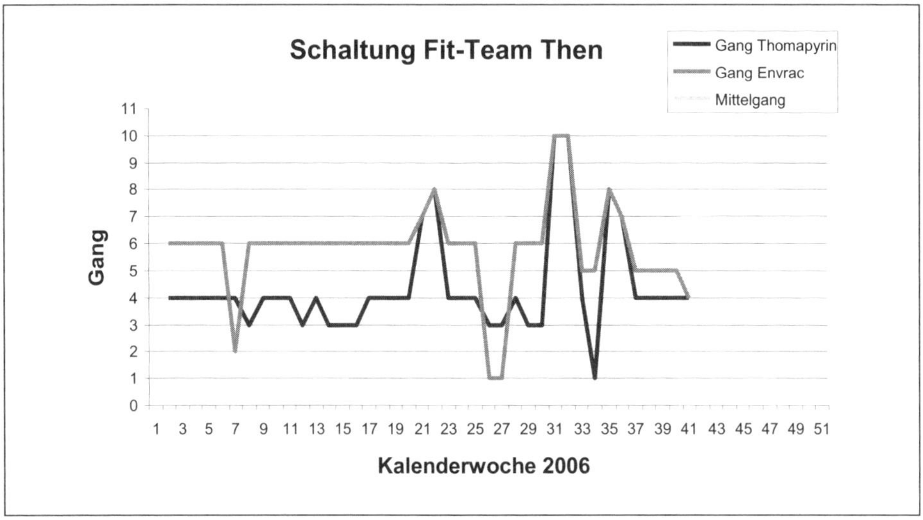

Abbildung 8: Schaltverhalten einer Gruppe des Verpackungsbetriebs

Klaus Beulker & Christian Freudling, *ZF Friedrichshafen AG*

Gruppenarbeit heißt Führungsarbeit: Wie eine Führungsmannschaft im Changeprozess lernt

1 Einleitung

Der im Folgenden betrachtete Bereich umfasst 130 Werker in vier Fertigungskostenstellen mit je einem Fertigungsmeister. Dem Bereich sind die Arbeitsplanung und das Qualitätsmanagement mit jeweils einer verantwortlichen Führungskraft zugeordnet. Das Fertigungsteilsegment wird von einem Betriebsingenieur geleitet. In den letzten fünf Jahren fanden permanent Veränderungsaktivitäten statt.

Betz hat in Teil II das Produktionssystem „Formel ZF“ als den inhaltlichen Rahmen für die vielfältigen Entwicklungsaktivitäten in der Fabrik dargestellt. Die Gruppenarbeit, selbst ein Element dieses Produktionssystems, steht in enger Wechselwirkung mit weiteren Elementen: so z. B. mit den Elementen „Personalführung“, „Zielbildung und Erfolgssteuerung“ oder „Standardisierung/Visuelles Management“. In unserem Erfahrungsbericht wollen wir aufzeigen, wie wir die Herausforderungen des Produktionssystems verstehen, welche Implikationen dies für Gruppen und Führungskräfte hat und mit welchen Interventionen wir den Veränderungsprozess in dieser Phase begleiten und gestalten.

2 Das Produktionssystem Formel ZF und seine Anforderungen

Um den sich schnell verändernden und international zunehmenden Anforderungen gerecht zu werden, hat sich die Einführung ganzheitlicher Produktionssysteme wie das Produktionssystem „Formel ZF“ als eine anerkannte Möglichkeit herausgestellt, um im Wettbewerb erfolgreich zu agieren. Die Grundidee der verschiedenen Produktionssysteme ist die stetige Verkürzung der Zeit zwischen Auftragserteilung und Auftragserfüllung (vgl. Ohno, 1988). Dies führt zur zeitlosen Aufgabe, in einem kontinuierlichen, nicht endenden Verbesserungsprozess sämtliche Prozesse dahingehend zu untersuchen, welche Tätigkeiten der Auftragserfüllung dienen und welche Aktivitäten keinen Beitrag zur Auftragserfüllung liefern. Es erfolgt eine scharfe Trennung zwischen Wertsteigerung und Verschwendung der verschiedenen Prozessschritte (vgl. Rother & Shook, 2000).

Werden durch einen kontinuierlichen Verbesserungsprozess sämtliche Prozesse so gestaltet, dass Verschwendung eliminiert und sich auf die schnelle Erfüllung des Kundenwunsches konzentriert wird, ergibt sich notwendig eine signifikante Senkung der Durchlaufzeiten (vgl. Liker, 2004).

3 Herausforderungen an Gruppe und Führung im Produktionssystem Formel ZF

3.1 Die Entwicklungsstufen zur Gruppenarbeit

Komplexe Produktionssysteme wie die Formel ZF selbststeuernd und kontinuierlich zu verbessern, um Durchlaufzeiten zu senken, gelingt in Gruppen und in einer möglichst andauernden Fragehaltung am effektivsten (vgl. Dörner, 2006). Genau hier setzt der Nutzen der Gruppenarbeit ein. Gruppenarbeit ist für uns somit kein Wert an sich, sondern der effektivste und erfolgversprechendste Ansatz, um in einem kontinuierlichen Lernprozess die komplexen und nichtlinearen Wirkmechanismen dieses Produktionssystems zu gestalten. Gruppenarbeit ist gleichzeitig mit einer Steigerung der Mitarbeiterkompetenz gepaart, die zu mehr Motivation und Arbeitszufriedenheit führt. Da die Zunahme der Fähigkeiten bei den Mitarbeitern wiederum den Verbesserungsprozess befördert, kommt es zu einer Selbstverstärkung des Prozesses.

Voraussetzung dieses sich ständig wiederholenden Lernprozesses durch Gruppen ist, dass es Gruppen gibt und diese Gruppen das Vermögen und den Willen haben, sich den Anforderungen und nie endenden Veränderungen zu stellen. Dazu sind unterstützende Maßnahmen notwendig.

Für uns sind Standardisierung der Prozesse, Aufbau einer Arbeitsorganisation, Definition von Kennzahlen, Vereinbarung von gemeinsamen Zielen, fachliche Qualifikation, um die produktiven Prozesse zu beherrschen, sowie methodische Qualifikation, um Problemlösungsprozesse für eine kontinuierliche Verbesserung zu durchlaufen, notwendige Maßnahmen.

Standardisierung schafft die Voraussetzung, Abweichungen sichtbar zu machen und auf diese Weise Lernen zu ermöglichen. Deshalb ist es für Gruppenarbeit wichtig, die wesentlichen Prozessabläufe in den Fertigungsbereichen zu beschreiben und einzuhalten. Es muss darauf geachtet werden, dass die Mitarbeiter verstehen, dass diese Maßnahme keine Einschränkung ihrer Mitarbeit und Beteiligung darstellt. Erst Standardisierung ermöglicht kontinuierliche Verbesserung und vermeidet nicht nachvollziehbare Variationen der Prozessparameter.

Im hier betrachteten Fertigungsbereich sind insbesondere die Prozessparameter Werkzeugwechsel und Rüstvorgänge standardisiert worden. Regelmäßige Auditierung sichert den Erhalt des Erreichten. Einfache und schnelle Unterstützung bei der Erstellung und Umsetzung von Verbesserungsideen ermöglicht die Beteiligung der Mitarbeiter und eine kontinuierliche Verbesserung des Produktionssystems Formel ZF.

Im Anschluss an die Standardisierung wurden *Kennzahlen* erarbeitet, die die Leistungsfähigkeit des Arbeitssystems widerspiegeln. Die Kennzahlen beschreiben die Produktivität, Qualität, Durchlaufzeiten der Produkte und Liefertreue zum eigenen Kunden. Da sich die Kennzahlen auf Gruppenebene herunterbrechen lassen, ist auf diese Weise eine der Voraussetzungen geschaffen, damit die Werker selbststeuernd die Prozesse verbessern können.

Die visualisierten Kennzahlen stellten für die Mitarbeiter zu Beginn nichts weiter als Daten dar. Um jedoch selbststeuernd aktiv werden zu können, muss es gelingen, diese Daten in Informationen zu überführen und in der Folge aus den Informationen Wissen. Das Wissen soll dann durch die Gruppen in Handlung übersetzt und verantwortet werden können.

Aus den Daten werden Informationen, indem die Mitarbeiter grundlegend geschult werden, die visualisierten Kennzahlen in ihrer Entstehung, Berechnung und Beeinflussbarkeit zu verstehen. Aus den Informationen entsteht durch emotionale Betroffenheit Wissen, indem die Mitarbeiter sich mit der Frage „Was bedeutet dies für mich, mein Handeln?“ auseinandersetzen. Deshalb werden nach Erstellung der Kennzahlen mit den Mitarbeitern zu den vier Kenngrößen Produktivität, Qualität, Durchlaufzeit und Liefertreue *Zielvereinbarungen* getroffen, um den Anker der emotionalen Betroffenheit sicherzustellen.

In einem nächsten Schritt musste in der Gruppe die Kompetenz verankert werden, aus dem vorhandenen Wissen Handlungsoptionen abzuleiten. Dazu haben wir über ein Qualifizierungsprogramm *Problemlösungskompetenz* geschult.

Problemlösungsprozesse dienen dazu, in einer möglichst aufgeschlossenen Haltung gegenüber den existierenden Fragestellungen, in einer systematischen Vorgehensweise, selbstständig und mit Freude kontinuierliche Verbesserungsschritte einzuleiten. Um dies tun zu können, sind der Zielzustand und die Möglichkeit der Überprüfung des gewünschten Resultates im Vorfeld gemeinsam mit der Führungskraft zu klären, um gemäß der Methode Planen – Handeln – Bilanzieren den Regelkreis zu schließen und die Entwicklung der Mitarbeiter zu begleiten (vgl. Franke, 1998).

Um die Problemlösungsprozesse auf Gruppenebene zu installieren, wurden 20 % der Fertigungsmitarbeiter als Problemlösungsmoderatoren ausgebildet. Dabei wurden nicht nur einzelne Methoden, sondern auch das Prozesswissen über Problemlösung geschult. Die gewonnenen Moderatoren werden außerhalb der eigenen Gruppen eingesetzt, um emotional unabhängig von Erwartungen und Ergebnissen den Problemlösungsprozess gestalten zu können.

In regelmäßig stattfindenden Gruppengesprächen werden die aus den Problemlösungsprozessen resultierenden Handlungen durch die Gruppenmitglieder gegenüber der Führungskraft verantwortet, um auf diese Weise den letzten Baustein *Verantwortung* hin zur selbststeuernden Gruppenarbeit zu üben und zu verankern.

3.2 Die Funktion der Führungskraft

Nach Schaffung der genannten formalen Voraussetzungen wird Gruppenarbeit unter Umständen an dieser Stelle wie ein Projekt entlastet. Jedoch stellt sich bereits kurze Zeit später für die Führungskräfte heraus, dass zwar sämtliche Voraussetzungen für erfolgreiche Gruppenarbeit zur Verfügung gestellt sind, jedoch die Eigendynamiken der Gruppen zu Entwicklungen führen, die den Sinn der Gruppenarbeit infrage stellen.

Dabei wird diese schwierige Phase bei der nachhaltigen Implementierung der Gruppenarbeit durch den Effekt verstärkt, dass die Führungskräfte selbst keine neue Identität in dem veränderten System haben. Zudem ist die Führungskraft in diesem System kein Schachspieler, der die Bewegungen der Figuren bestimmt, sondern durch die Rückbezüglichkeit selbst Figur auf dem Brett.

So fällt die Antwort auf die Frage, was an dieser Stelle zur erfolgreichen Umsetzung der Gruppenarbeit fehlt, gerade den Führungskräften besonders schwer, denn es sind sie selbst, die mit ihrer Führungsfähigkeit die nachhaltige Entwicklung der Gruppen ermöglichen oder scheitern lassen.

Dabei benötigt Führung entsprechende Kompetenzen und einen Lernprozess, der auf das Produktionssystem Formel ZF, die Gruppen und auf sich selber schaut, um wiederkehrend, ausgehend von der bilanzierten Wirklichkeit, zielorientiert und handelnd versucht, das Gesamtsystem zu verbessern.

Die notwendigen Kompetenzen der Führungskräfte können im Umfeld der Gruppenarbeit durch die folgenden Merkmale beschrieben werden: Wertschätzende Akzeptanz, Funktionsbewusstheit, Disziplin, Reflexionsbereitschaft, Fähigkeit zum Wechsel der Ebenen, Zielorientiertheit und Handlungsbereitschaft. Genau wie die Selbststeuerung der Gruppen müssen die angeführten Kompetenzen in einem kontinuierlichen Verbesserungsprozess trainiert, gelernt und verbessert werden, um Wirkung zu entfalten (vgl. Pechtl, 2001).

In den seltensten Fällen geben Führungskräfte eine zufriedenstellende Antwort auf die Frage, was Führung ist. Das gilt umso mehr für die Frage nach Führung im Rahmen der Gruppenarbeit. Da auch das hier betrachtete Führungsteam die Antworten auf die gestellten Fragen nicht kannte, wurde gemeinsam mit einem externen Berater die Frage bearbeitet: „Was ist gelungene Führung?“ Die Antworten mündeten in so genannten Führungsgrundsätzen, die als Leitfaden für die Entwicklung der Führungskräfte zur Verfügung gestellt wurden. Die hier bereichsspezifisch erarbeiteten Grundsätze sind im Folgenden aufgeführt.

- Der Mensch im Vordergrund: Wir respektieren und wertschätzen den Menschen in seiner Einzigartigkeit. Achtsam entsteht ein Miteinander gegenseitiger Akzeptanz.
- Selbstständig und selbstverantwortlich: Wir fordern und fördern unsere Mitarbeiter durch konkrete Aufgaben. Den persönlichen und inhaltlichen Fortschritt begleiten wir in gemeinsamen Gesprächen.
- Zeit und Raum: Wir schaffen Zeit und Raum, um Führungsbeziehungen zu erleben.
- Bewegende Bilder: Lebendige Bilder einer gemeinsamen Zukunft bewegen uns, den Weg zu gestalten, auf dem wir uns verwirklichen.

- Reflexion: Regelmäßige Auseinandersetzung zum Thema Führung spiegelt uns die Veränderungen und ermöglicht uns eine gemeinsame Entwicklung.
- Vorbild: Wir stehen zu unseren Stärken und Schwächen. In dem, was wir tun, sind und bleiben wir authentisch.
- Abgesprochene Wirklichkeit: Unsere Basis für konstruktive Zusammenarbeit liegt im ständigen Herstellen einer „abgesprochenen Wirklichkeit" (Verbindendes und Trennendes). Ausgangspunkte hierzu sind die subjektiven, individuellen Wirklichkeiten.

Im Anschluss an die Erstellung der Führungsgrundsätze wurden gemeinsam mit den beteiligten Führungskräften die sich hinter den Grundsätzen befindlichen Handlungsoptionen in beobachtbare Verhaltensweisen übersetzt, die als Fragestellung Eingang in einen Fragebogen fanden. Dabei wurden für jeden Führungsgrundsatz sechs Fragen/Aussagen entwickelt, die in einem Fragebogen sowohl von den Kollegen als auch von dem Befragten selbst auf einer sechsstufigen Skala bewertet wurden. Eine der zu bewertenden Aussagen zum Grundsatz „Selbstständig und selbstverantwortlich" lautet beispielsweise: „Übergibt konkrete Aufgaben, damit die Mitarbeiter sich entwickeln können, und nicht nur, damit die Arbeit erledigt ist."

Auf Basis der gewonnenen Selbst- und Fremdbilder wurde dann ein gemeinsamer Coaching-Prozess begonnen. Für die verschiedenen Stärke- und Entwicklungsfelder der einzelnen Grundsätze wurden veränderte Verhaltensweisen vor Ort angewendet, reflektiert und erneut trainiert. Auf diese Weise wurde kontinuierlich das Verhaltensrepertoire der Führungskräfte für ihre Funktion und Rolle erweitert.

Es war jedoch überraschend, dass der gemeinsame Entwicklungsprozess der Führungskräfte nur bis zur abschließenden Entwicklung des Fragebogens ohne Schwierigkeiten verlief. Nach Auswertung und mit Beginn der Umsetzung der Screening-Ergebnisse kam es zu spürbaren Widerstandssignalen gegenüber dem Changeprozess durch einen Teil der Führungskräfte. Dabei erstreckte sich dieser Widerstand über die eigentliche Arbeit an den eigenen Führungskompetenzen hinaus. Um diesem Widerstand bestmöglich zu begegnen, wurde die Bearbeitungsform für das Lernen im Veränderungsprozess „Einführung der Gruppenarbeit" den Erfordernissen der Situation des Leitungsteams angepasst.

4 Lernen im Veränderungsprozess

4.1 Kontext, Fragestellung und Architektur

Die Einführung der Gruppenarbeit ist für den jeweiligen Bereich ein weiterer, kontinuierlicher Entwicklungsschritt, der auf den bisherigen Aktivitäten aufbaut und diese wiederum selbst positiv beeinflusst. Für diesen Prozess war und ist es von großer Wichtigkeit, die Kraft und den Schwung des Gesamt-Roll-outs in der Fabrik zu nutzen und die Verknüpfung mit der Gesamtentwicklung des Bereiches greifbar werden zu lassen. Folgend werden die Aktivitäten beschrieben, die den Lernprozess der Führungsmannschaft begleiteten.

4.2 Beratungsansatz und Vorgehensweise

Dic in den vorangegangenen Absätzen dargestellten Anforderungen und Veränderungen, die durch das Produktionssystem Formel ZF ausgelöst und gefordert werden, sind massive Einschnitte in das bisher gewohnte und über Jahre eingeübte Denk- und Verhaltensrepertoire der Mitarbeiter und Führungskräfte. Die betroffenen Mitarbeiter und Führungskräfte erleben eine Veränderung ihrer Identität und durchlaufen auf diesem Weg verschiedene psychische Stadien (vgl. Königswieser, 2003). Diesen Prozess (vgl. Abbildung 1) gilt es, durch geeignete und auf den spezifischen Kontext des Veränderungsprozesses angepasste Intervention zu unterstützen oder gegebenenfalls erst zu ermöglichen.

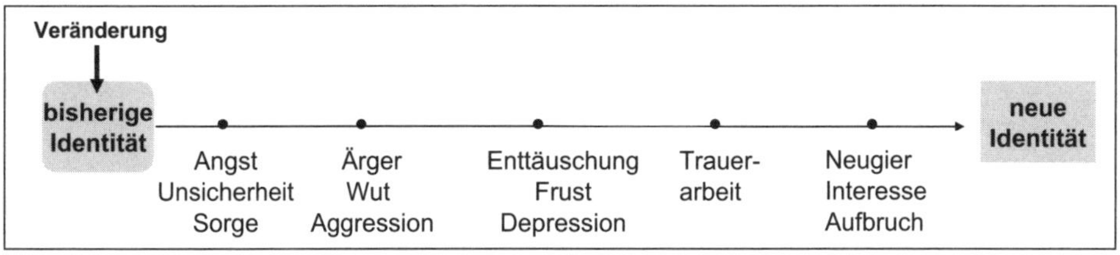

Abbildung 1: Psychische Stadien im Prozessverlauf

In der Darstellung der „Psychologischen Hintergründe und Prozesse" im Übergang von einer bestehenden Identität in eine neue, veränderte Identität gibt es inzwischen eine Vielzahl von Ansätzen und Publikationen. Hron, Lässig & Frey (2005) führen sieben Variablen auf, die als „zentrale Sehnsüchte und Bedürfnisse von Menschen" gelten und entscheidenden Einfluss auf das Gelingen oder Misslingen von Changeprozessen haben:

- Wahrnehmung von Sinn und Notwendigkeit
- Transparenz und Vorhersagbarkeit
- Beeinflussbarkeit und Kontrolle
- Wahrnehmung der Zielklarheit
- Gerechtigkeit und Fairness
- Wahrnehmung des Nutzens
- Vertrauen

Aufgrund der beschriebenen Ausgangslage und Zielsetzung sowie der beraterischen Hintergrundmodelle sollte in diesem Projekt nicht *nur* die Gruppenarbeit eingeführt werden, sondern die Gruppenarbeit in den Kontext des Produktionssystems Formel ZF gestellt und dieses als Ganzes für die Führungsmannschaft greifbar werden. Folgende Interventions-Ansätze wurden auf der Ebene der Führungskräfte des Bereiches verfolgt:

- Stärkung des Bereichsleitungsteams als Team; Sinnstiftung hinsichtlich: „Welchen Stein wollen wir gemeinsam heben?“; Schärfung eines gemeinsam getragenen Zukunftsbildes
- Auseinandersetzung mit den eigenen Vorstellungen zu Personalführung und der Teamarbeit im eigenen Leitungsteam
- Vernetzung der verschiedenen Aktivitäten im Bereich zu einer gemeinsamen und sich ergänzenden Entwicklungsarchitektur

4.3 Architekturelemente und Interventionen

Zentraler Strang und Motor der Veränderungsaktivitäten war und ist der Roll-out des werksweiten Gruppenarbeitskonzeptes (vgl. Betz in diesem Buch) mit seinen vielschichtigen Interventionsansätzen (weiteres Beispiel dazu vgl. Lang & Symanzik in diesem Buch). Um der spezifischen Situation des Bereiches Rechnung zu tragen, kamen weitere Interventionsformen zum Einsatz:

Projektsteuerung: Das Arbeiten in einer Projektsteuerung (PS) ist an sich ein Standardelement jeder Change-Architektur. Die Unterschiede liegen u. a. im Ausfüllen dieses Arbeitsraumes. Die PS, bestehend aus Bereichsleiter und Changeberater, traf sich im ein- bis zweiwöchentlichen Rhythmus zu jeweils eineinhalbstündigen Sitzungen. Neben der Ausrollung der Gruppenarbeit im Sinne des werksweiten Konzeptes wurde auch der Gesamtveränderungsprozess des Bereiches kontinuierlich ausgestaltet. In diesem Rahmen wurden die Gesamtaktivitäten und die jeweils auftretenden emotionalen „Ups and Downs“ reflektiert, Hypothesen gebildet und die weiteren Interventionsstoßrichtungen entwickelt und geplant. Damit hat die PS auch eine besondere „Container-Funktion“ (vgl. Lohmer, 2004), in der diese als Behälter für die Spannungen und Konflikte des Systems bzw. des Veränderungsprozesses dient. Dieser „Container“ bietet Raum für Wahrnehmungen, Innehalten und Nachdenken, ohne gleich die volle Wucht der emotionalen Höhen und Tiefen, die in Changeprozessen dazugehören, auf das Gesamtsystem einwirken zu lassen und den Prozess möglicherweise zu blockieren.

Führungsteam: Neben jährlichen Strategieworkshops wurde in quartalsweisen Tagesworkshops der Veränderungsprozess des Bereiches reflektiert und auf dieser Basis die weiteren Aktivitäten aufgesetzt. Neben einer inhaltlichen Ebene (Ziele, Vorgehensweisen, z. B. zur Effizienzsteigerung und Kundenbelieferung) wurden hier die verschiedenen prozessualen Aspekte der Entwicklung miteinander verknüpft (KVP-Aktivitäten; Ausbau der Problemlösungskompetenz etc.). In Ergänzung hierzu durfte die eigene Entwicklung als Leitungsteam bzw. die Bearbeitung von Irritationen und emotionalen Höhen und Tiefen nicht zu kurz kommen.

Vor-Ort-Unterstützung der Führungskräfte: Hier gab es zunächst die größte Zurückhaltung bei den betrieblichen Führungskräften. Festeingebuchte Zeitfenster bieten die Möglichkeit, die jeweils eigene und konkrete Führungsaufgabe zu reflektieren, neue Handlungsalternativen zu entwickeln und diese in konkrete Vorgehensweisen gegenüber Kollegen oder Gruppen und Mitarbeitern umzusetzen. Die Unterstützung erfolgte hier nicht durch den direkten Vorgesetzten, sondern durch einen weiteren Changeberater. Die betriebliche Führungskraft benennt selbst ihr Anliegen, das dann in diesem Setting bearbeitet wird. Eine Rückkopplung an den Vorgesetzten aus dem Gespräch findet nicht statt.

5 Kritische Bewertung

Als Bezugspunkt für die folgende kritischen Bewertung dienen die oben erläuterten Interventionsansätze:

Die *Stärkung des Bereichsleitungsteams* durchläuft derzeit eine Phase der Differenzierung, in der sowohl die einzelnen Funktionen (Arbeitsvorbereitung, Qualität, Leitung, betriebliche Führungskräfte) als auch innerhalb der Gruppe der betrieblichen Führungskräfte wichtige Unterschiede hinsichtlich Rollen, Vorgehensweisen oder Methodiken greifbar werden. Die Entwicklung eines gemeinsam getragenen Zukunftsbildes des Bereiches ist ein permanenter Prozess; zu einzelnen Aspekten, wie z. B. dem Zusammenspiel von Arbeitsvorbereitung, Gruppe und betrieblichen Führungskräften, gibt es bereits klare Vorstellungen und Vereinbarungen, die von allen getragen und gelebt werden. Hier zeigt sich einmal mehr, dass im Interventionsansatz „Differenzieren vor Integrieren“ erfolgen muss.

Die *Auseinandersetzung zu Personalführung und Teamarbeit* wurde und wird immer wieder angestoßen. Dies geschieht entweder in den Workshops oder in eigens dafür vereinbarten Settings. Eine weitere Ergänzung werden für die Führungsmannschaft spezifische Trainings zum Thema „Konfliktmanagement“ sein. In diesen wird es nicht um abstrakte Inhalte dieses Themas gehen, sondern um das jeweils eigene Konfliktverhalten (z. B. Eingehen von notwendigen Konflikten mit Mitarbeitern). An dieser Stelle sei bereits vermerkt, dass wir neben den reflektiven Elementen einen weiteren Schwerpunkt im konkreten Einüben von neuen Verhaltenselementen als wichtigen Schritt erachten.

Die bewusste und geplante *Vernetzung der verschiedenen Aktivitäten im Bereich* trägt der Philosophie des ganzheitlichen Produktionssystems Formel ZF Rechnung und soll durch die Schaffung von Orientierung die Betroffenen emotional entlasten. Die beteiligten Führungskräfte konnten in dem bisherigen Zeitraum ihre kognitiven Landkarten entsprechend verändern.

6 Ausblick

Zurzeit steht das Projekt kurz vor dem formalen Abschluss des Einführungsprozesses. Wie bereits angesprochen, darf und kann die Arbeit hier nicht enden (vgl. auch Betz in diesem Buch). In einem kontinuierlichen Verbesserungsprozess muss sich das gesamte System weiterentwickeln. Zwei Aspekte werden für uns in nächster Zeit eine besondere Bedeutung erhalten:

Erstens: Die hier dargestellten Aktivitäten finden in einem umfassenden Gesamtkontext statt (Konzern, Unternehmensbereich, Werk etc.). Darin stecken Möglichkeiten und Grenzen. Change-Konzepte, die über die gesamte Fabrik ausgerollt werden und Spielräume für die spezifische Situation der Bereiche zulassen, können hilfreiche Veränderungsenergie freisetzen. Gleichzeitig braucht es in Changeprozessen auf allen Ebenen durchgängige Botschaften des Managements, um der Mannschaft und letztendlich den einzelnen Gruppen und Mitarbeitern Orientierung für ihre kontinuierliche Weiterentwicklung zu geben.

Zweitens: In einer lernenden Organisation sind Reflexion und Kommunikation vonnöten. Wie in den meisten Change-Management-Ansätzen ebenso herausgestellt wird, ist das konkrete, für den Einzelnen erfahrbare Tun eine weitere tragende Säule für den Erfolg. Für Führungskräfte bedeutet dies beispielsweise, dass es nicht genügt, den Mitarbeitern Freiräume zur Problemlösung einzurichten. Um Mitarbeiter auf diesem Lern- und Entwicklungsweg begleiten zu können, muss die Führungskraft selbst z. B. die eigene Scheu vor der Anwendung eines Ishikawa-Diagramms überwinden. Spezifische Trainings und die Verknüpfung mit Vor-Ort-Unterstützung und Reflexionsräumen werden unsere Interventions-Elemente in dieser Hinsicht erweitern.

Karl Heinz Krämer & Alois Geyermann, *Rasselstein GmbH*

Gruppenarbeit in einer teamorientierten Unternehmenskultur

1 Der Weg zur Teamorganisation bei der Rasselstein GmbH

1.1 Von der arbeitsteiligen zur prozessorientierten Organisation

Als traditionsreiches Unternehmen in der Stahlindustrie war Rasselstein bis zu Beginn der neunziger Jahre in geradezu klassischer Weise funktional und hierarchisch organisiert. Abbildung 1 zeigt eine grob vereinfachte, schematische Darstellung der damaligen Organisation gezeigt. Zum technischen Ressort des Unternehmens gehörten im Wesentlichen zwei funktional gegliederte Werke an einem Standort, daneben das Qualitätswesen, die zentrale Instandhaltung sowie die Produktionsplanung.

Aus diesem funktionsorientierten und arbeitsteiligen Aufbau entwickelten sich zwangsläufig konkurrierende Organisationseinheiten mit isolierter und teilweise widersprüchlicher Zielsetzung. Die Kommunikation zwischen den Organisationseinheiten wurde durch deren starre Abgrenzung erschwert. Die Wünsche des Kunden und die Anforderungen des Marktes spielten in den Zielsetzungen der Teilbereiche keine Rolle, und die Konzertation der Subziele fiel leider häufig politischen Prozessen zum Opfer.

Zunächst wurden die beiden Produktionsbetriebe zusammengelegt und die Instandhaltung in die Produktionsbetriebe integriert. Die bis dahin existierende zentrale Hauptwerkstatt wurde aufgelöst. Schrittweise wurden die anderen zentralen Bereiche (Qualitätssicherung, Produktionsplanung) in die Produktion integriert. Die Integration dieser Kompetenzen ermöglichte die Bildung von Produktionsteams, deren Aufgabe in der umfassenden und selbstständigen Erledigung eines Produktionsschrittes besteht. Die einzelnen Produktionsteams ergaben sich somit entsprechend dem Produktionsfluss Beizen – Walzen – Entfetten/Glühen – Veredeln – Adjustage.

Als Merkmale der Prozessorientierung lassen sich zusammenfassen:

- Die Teamkette ist auf den Kunden ausgerichtet.
- Die Produktionsteams sind entlang der Wertschöpfungskette organisiert.
- Sie stehen untereinander in einem Kunden-Lieferanten-Verhältnis.
- Vorhandene Kompetenzen reichen aus, um auftretende Probleme zu lösen.

1.2 Von der hierarchischen zur schlanken Organisation

Die ursprüngliche Organisation des Unternehmens war neben der funktionalen Arbeitsteilung stark hierarchisch geprägt. Lange Kommunikations- und Entscheidungswege verhinderten schnelle und flexible Problemlösungen. Damit in einem Produktionsteam ein Prozessschritt möglichst vollständig und eigenverantwortlich durchgeführt werden kann, bedarf es einer höheren Handlungskompetenz. Die Voraussetzungen dafür wurden durch die Integration von Fachkompetenzen aus bisher selbstständigen zentralen Bereichen sowie durch die Abschaffung von Hierarchieebenen und die Verlagerung von Entscheidungskompetenzen an die Basis geschaffen. Im direkten Vergleich der Hierarchiestufen wird die Veränderung deutlich (vgl. Abbildung 1).

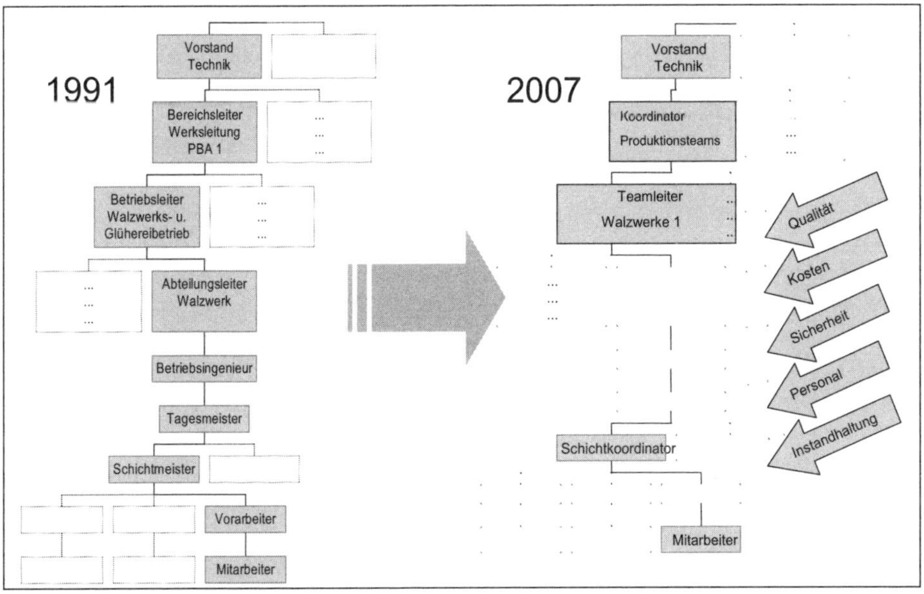

Abbildung 1: Abbau von Hierarchiestufen

1.3 Aufbau und Funktion eines Teams

Der Zuschnitt und die Größe eines Teams hängen primär von der Komplexität des zugrunde liegenden Prozessschrittes ab. Die Teamgröße kann daher je nach Prozessschritt sehr unterschiedlich sein. Kleine Teams umfassen rund 40 Mitarbeiter, während zum größten Team über 370 Personen gehören. Der Durchschnitt liegt bei etwa 150 Mitarbeitern (vgl. die Darstellung der Teamorganisation bei Rasselstein in Kroll & Neumann, 2004). Um schnell und flexibel reagieren zu können, wurden alle diejenigen Funktionen und Aufgaben in ein Team integriert, die erforderlich sind, um einen Produktionsschritt möglichst ganzheitlich und selbstständig begleiten zu können. Die Verantwortlichkeiten des Teams gehen dabei deutlich über die Summe aller integrierten Einzelfunktionen hinaus. So ist das Team beispielsweise verantwortlich für den Ausbildungsstand der Teammitglieder, auch wenn dieser durch einen möglichen Engpass im Weiterbildungsangebot des Unternehmens selbst eingeschränkt ist. Das Team bleibt verantwortlich und ist aufgerufen, mit der jeweiligen Fachabteilung Abhilfe zu schaffen.

Durch die Integration von Kompetenzen und die Delegation der Zuständigkeiten und Verantwortlichkeiten in das Team wird die Ganzheitlichkeit der Aufgabenwahrnehmung sichergestellt. Wie bereits beschrieben, geht dies einher mit dem weitgehenden Abbau von Hierarchien. Dadurch entstehen kurze Informations- und Kommunikationswege. Dies wird besonders deutlich im direkten Verhältnis zwischen dem Teamleiter und den in fünf Schichten arbeitenden Produktionsmitarbeitern. Jede Schicht wird geleitet von einem Schichtkoordinator, einem mitarbeitenden Vorgesetzten. Unterstützt werden die Produktionsmannschaften durch Koordinatoren und Experten. Sie haben die Aufgabe, den reibungslosen Ablauf des Produktionsprozesses zu gewährleisten.

Die Aufgaben und Rollen der unterschiedlichen Beteiligten im Team sind im Folgenden kurz erläutert (vgl. auch Abbildung 2):

Teamleiter

Der Teamleiter als Gesamtverantwortlicher (Qualität, Produktion, Sicherheit und Umweltschutz, Personal, Kosten, Weiterentwicklung der Anlagen) ist der direkte Vorgesetzte der Experten, Koordinatoren und der Schichtkoordinatoren. Zur Erfüllung seiner Koordinationsaufgaben sowie für die erforderliche Kommunikation ist ein hohes Maß an sozialer Kompetenz vonnöten. Bei der Auswahl von Teamleitern wird darauf besonders geachtet. Darüber hinaus bietet die Personalentwicklung eine Reihe von Instrumenten (360°-Feedback, Coaching) zur Verbesserung des Führungsverhaltens an.

Schichtkoordinatoren

Der Schichtkoordinator ist der disziplinarische Vorgesetzte der Mitarbeiter einer Schicht. Im Durchschnitt ist er für etwa zehn bis zwölf Mitarbeiter verantwortlich. Im Gegensatz zum früheren Schichtführer übernehmen Schichtkoordinatoren zusätzlich zu ihren Führungsaufgaben in einem Teil ihrer Arbeitszeit die Bedienung der Anlagen. Sie betreuen und unterstützen die Schichtmannschaft und sorgen für die selbstständige und eigenverantwortliche Aufgabenerfüllung ihrer Gruppe. Um die erforderlichen sozialen Kompetenzen sicherzustellen, erfolgt die Auswahl der Schichtkoordinatoren ausschließlich über ein Assessment Center.

Koordinatoren und Experten

Für die Disposition der Fertigung, für die Instandhaltungsplanung sowie für den Ablauf der Produktion im jeweiligen Team sind schicht- und anlagenübergreifend tätige Koordinatoren verantwortlich. Die Experten kümmern sich um die Anlagenverfügbarkeit, die Optimierung der Anlagen und Verfahren sowie um die Modernisierung und Anlagenneubauten.

Sie bestehen aus Ingenieuren, Technikern, Meistern, Handwerkern und Sachbearbeitern und sind Fachvorgesetzte im Team.

Mitarbeiter an den Anlagen

Die Produktionsmannschaft ist verantwortlich für Produktion und Qualität. In die Schichtmannschaften sind Handwerker integriert, die bei Störungen der Anlagen schnell eingesetzt werden können. Kleinere Störungen beseitigen die Produktionsmitarbeiter im Rahmen der „Autonomen Wartung“ selbstständig. Das Unternehmen strebt an, den derzeitigen hohen Anteil von Facharbeitern in der Produktion weiter zu steigern und zukünftig nur noch Facharbeiter in der Produktion einzusetzen.

Nach dem Start in der Produktion ist die Teamorganisation heute in allen Unternehmensbereichen (Finanzwesen und Personal, Vertrieb) eingeführt.

Ein wesentliches Merkmal der Teamorganisation ist ihre Fähigkeit, bestehende Strukturen immer wieder zu hinterfragen und anzupassen. Eine einmal erreichte Organisation ist dabei niemals statisch, sondern sie entwickelt sich stetig und dynamisch weiter. Dieses Verständnis der Teamorganisation mit Leben zu erfüllen und den Wandel als Chance zu begreifen, stellt besondere Anforderungen an Mitarbeiter und Führungskräfte.

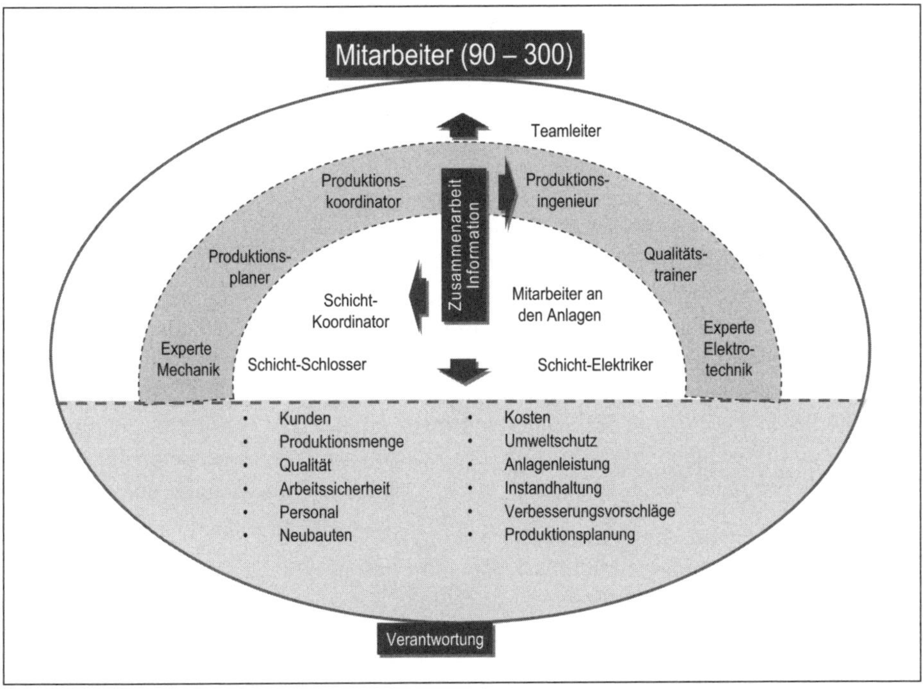

Abbildung 2: Schematische Darstellung eines Produktionsteams

2 Veränderte Anforderungen an Mitarbeiter und Führungskräfte

Jede Unternehmensorganisation stellt spezifische Anforderungen an die Fähigkeiten von Mitarbeitern und Führungskräften.

In einer stark arbeitsteiligen Hierarchie dienen die Instanzen nicht zuletzt zur Kontrolle der Einhaltung von vorgeschriebenen Arbeitsabläufen und Verhaltensweisen. In dieser

Welt genügt ein – je nach Arbeitsplatz – mehr oder weniger breites Fachwissen. Die Steuerung erfolgt weitgehend über die hierarchischen Strukturen von Befehl und Gehorsam. In der Grundidee findet sich hier die klassische Trennung zwischen ausführender und dispositiver menschlicher Arbeit. Verkürzt formuliert: Verantwortliches Handeln ist gekoppelt an den hierarchischen Status und an der Basis wird das Mitdenken nicht verlangt.

Angesichts turbulenter Marktveränderungen wurde die beschränkte Eignung dieses Organisationskonzeptes deutlich. Auch aus humanitärer Sicht kann das zugrunde liegende Menschenbild nicht überzeugen. Individuelle Fähigkeiten wie Kreativität, Improvisationsvermögen, Organisationstalent sowie Erfahrungen bleiben ungenutzt.

Die Teamorganisation setzt genau diese Fähigkeiten voraus, denn ohne das Verständnis für den Gesamtzusammenhang, ohne das Wahrnehmen von Problemen und ohne die kreative Ableitung von Lösungen ist die ganzheitlich ausgerichtete Arbeit im Team nicht möglich.

Der Abbau der Kontrollinstanzen geht einher mit der Delegation von Verantwortung an die operative Basis. Dazu muss ein Klima entwickelt werden, das die Bereitschaft zur Übernahme von Verantwortung fördert und Freiräume für Kreativität und Engagement bietet. Das Weiterbildungsangebot des Unternehmens bietet eine Reihe von Veranstaltungen an. Mit der Reihe „Effektive Teamarbeit" werden alle Mitarbeiter und Führungskräfte für die Anforderungen der Teamorganisation sensibilisiert. Daneben werden Werkzeuge vermittelt, wie z. B. Problemlösungstechniken, Kreativitätstechniken, Rhetorik, Moderations- und Präsentationstechniken usw., mit deren Hilfe Mitarbeiter sich selbst stärker in die Prozesse der Teams einbringen können. Ein geändertes Führungsverhalten ist an dieser Stelle erfolgskritisch. Die Führungskraft zeichnet sich nicht mehr alleine durch die reine Fachlichkeit aus, sondern muss auch menschlich und persönlich überzeugen.

Beim Auswahlverfahren für Führungskräfte wird besonderes Augenmerk auf die sozialen Kompetenzen gelegt. Die Personalentwicklung bietet umfangreiche Maßnahmen zur Verbesserung des persönlichen Führungsverhaltens an.

3 Arbeiten in der Teamorganisation = Gruppenarbeit bei Rasselstein

3.1 Vom Team zur Gruppe

Die Teamorganisation bietet den organisatorischen Rahmen, in dem die Mitarbeiter ihre Potenziale, ihre Fähigkeiten und Kenntnisse in die Arbeit einbringen können. Durch Personalauswahl, Personalentwicklung und Weiterbildung sollen Mitarbeiter ermutigt und befähigt werden, die Handlungsspielräume der Teamorganisation auszufüllen.

Wie oben gezeigt wurde, basiert die Teamorganisation auf ganzheitlichen Prozessen. In der Regel ist die Anzahl der Mitglieder eines dermaßen zustande gekommenen Teams zu groß, als dass ein direkter und gegenseitiger Austausch noch möglich wäre (das kleinste Produktionsteam umfasst ca. 90 Mitarbeiter).

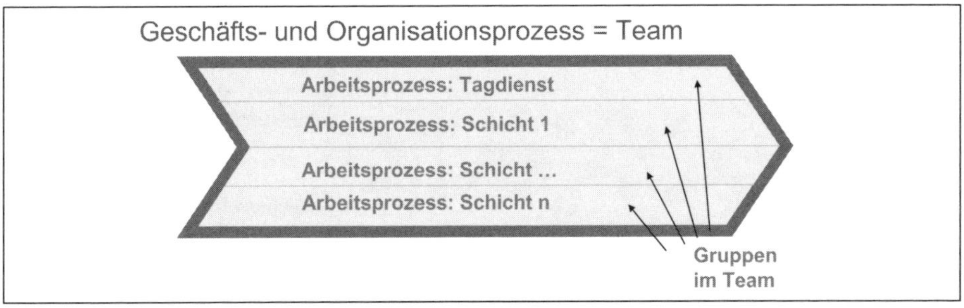

Abbildung 3: Gruppen innerhalb eines Produktionsteams

Innerhalb der Teams existieren Arbeitsaufgaben in Form vollständiger Arbeitsprozesse, die von einer überschaubaren Gruppe eigenverantwortlich erledigt werden können (vgl. Abbildung 3), so z. B. jede einzelne der Produktionsschichten einer Anlage oder der Tagdienst im Team.

3.2 Arbeiten in der Gruppe

Gruppenarbeit als Arbeits- und Organisationsform soll sicherstellen, dass Mitarbeiterinnen und Mitarbeiter, die gemeinsame Arbeitsaufgaben erfüllen, diese auch selbst organisieren. Heute ist Gruppenarbeit in allen Teams des Unternehmens einschließlich der Tagdienste in den Produktionsteams sowie in der Administration eingeführt.

Folgende Merkmale beschreiben die Gruppenarbeit bei Rasselstein:

- Alle, die zur Gruppe gehören, setzen sich regelmäßig „an einen Tisch".
- Dabei diskutieren sie die anfallenden Probleme und entwickeln gemeinsam Lösungen.
- Das Ergebnis wird schriftlich festgehalten.
- Die Gruppe ist verantwortlich für die Umsetzung ihrer vereinbarten Maßnahmen.
- Die Teilnahme an diesen Gesprächen ist für alle Gruppenmitglieder verpflichtend.
- Die Gruppe gibt sich Regeln der Zusammenarbeit.

3.3 Sonderformen für große Gruppen

Bei der Übertragung des Konzeptes der Gruppenarbeit vom fünfschichtigen System in der Produktion auf den Tagdienst sowie auf die Service- und Verwaltungsbereiche des Unternehmens stellt sich zuweilen das Problem sehr großer Gruppen, die sich nicht sinnvoll unterteilen lassen. Darüber hinaus vereinigen diese großen Gruppen teilweise sehr inhomogene Aufgabenfelder. Um sicherzustellen, dass sich alle Gruppenmitglieder trotzdem in Problemlösungen mit einbringen, wurde die Projektorientierte Gruppenarbeit entwickelt (vgl. Abbildung 4).

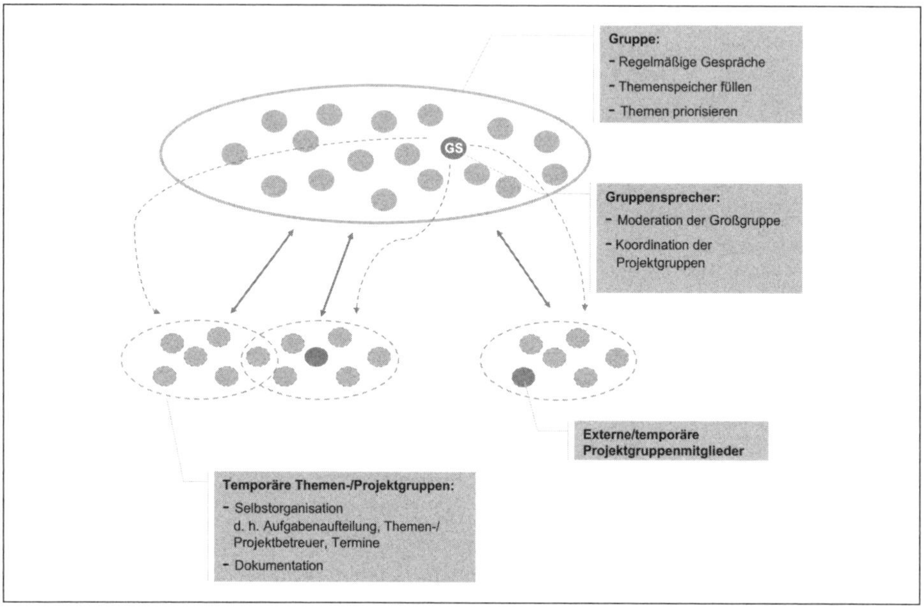

Abbildung 4: Projektorientierte Gruppenarbeit für große/inhomogene Gruppen

Diese Variante setzt voraus, dass jedes Gruppenmitglied sich in ein oder mehrere Themen/Projekte einbringen muss. Dabei kann die Erfahrung zu einem bestimmten Thema, das besondere Interesse oder auch die Bereitschaft ausschlaggebend sein, sich mit einer neuen Thematik auseinanderzusetzen. Die Mitwirkung sollte auch als Entwicklungsmöglichkeit wahrgenommen und genutzt werden.

Die Themen-/Projektbetreuung sollte möglichst wechseln und ebenfalls als Entwicklungsmöglichkeit wahrgenommen werden.

Themenabhängig können weitere Personen (temporär) in die Themengruppen eingebunden werden. Die Präsentation der erarbeiteten Themen erfolgt wieder in der großen Gruppe.

Auf diese Weise wurden beispielsweise in einer überbetrieblichen Gruppe von 20 Personen innerhalb eines Jahres über zehn verschiedene Themen bearbeitet.

Literaturverzeichnis

Albs, N. (2005). *Wie man Mitarbeiter motiviert: Motivation und Motivationsförderung im Alltag.* Berlin: Cornelsen.

Anderson, N. R. & Thomas, H. D. C. (1996). Work group socialisation. In M. A. West (Ed.), *Handbook of work group psychology.* Chichester: Wiley.

Antoni, C. H. (1994a). Gruppenarbeit – mehr als ein Konzept: Darstellung und Vergleich unterschiedlicher Formen der Gruppenarbeit. In C. H. Antoni (Hrsg.), *Gruppenarbeit: Konzepte, Erfahrungen, Perspektiven* (S. 19-48). Weinheim: Psychologie Verlags Union.

Antoni, C. H. (Hrsg.). (1994b). *Gruppenarbeit: Konzepte, Erfahrungen, Perspektiven.* Weinheim: Psychologie Verlags Union.

Antoni, C. H. (1996). Gruppenarbeit: Mehr als ein Ansatz zur betrieblichen Flexibilisierung. In C. H. Antoni, E. Eyer & J. Kutscher (Hrsg.), *Das flexible Unternehmen: Arbeitszeit, Gruppenarbeit, Entgeltsysteme* (Band 1). Wiesbaden: Gabler.

Antoni, C. H. (2000). *Teamarbeit gestalten: Grundlagen, Analysen, Lösungen.* Weinheim: Beltz.

Antoni, C. H. (2003). Rezension des „Teamklima-Inventar (TKI)" von F. C. Brodbeck, N. Anderson und M. West. *Zeitschrift für Arbeits- und Organisationspsychologie, 47,* 45-50.

Antoni, C. H. (2004). Gruppen- und Teamarbeit in der Industrie: Erfahrungen und Konsequenzen für die Gestaltung. In C. O. Velmerig, K. Schattenhofer & C. Schrapper (Hrsg.), *Teamarbeit* (S. 45-58). Weinheim: Juventa.

Antoni, C. H. (2005). Effects of team task structure on team climate for innovation and team outcomes. *Enterprise and Work Innovation Studies: Journal of IET Research Centre, 1,* 9-17.

Austin, J. R. (2003). Transactive memory in organizational groups: The effects of content, consensus, specialization, and accuracy on group performance. *Journal of Applied Psychology, 88,* 866-878.

Bandura A. (2001). Social cognitive theory. An agentic perspective. *Annual Review Psychology, 52,* 1-26.

Barr, S. H. & Conlon, E. J. (1994). Effects of distribution of feedback in work groups. *Academy of Management Journal, 37* (3), 641-655.

Beal, D. J., Cohen, R. R., Burke, M. J. & McLendon, C. L. (2003). Cohesion and performance in groups: A meta-analytic clarification of construct relations. *Journal of Applied Psychology, 88,* 821-835.

Bellmann, L, Hipert, M., Kistler, E. & Wahse, J. (2003). Herausforderungen des demografischen Wandels für den Arbeitsmarkt und die Betriebe. *Mitteilungen aus der Arbeitsmarkt- und Berufsforschung, 36,* 133-149.

Bergmann, B., Fritsch, A., Göpfert, P., Richter, F., Wardanjan, B. & Wilczek, S. (2000). *Kompetenzentwicklung und Berufsarbeit.* Münster: Waxmann.

Bergmann, B. (2003). Selbstkonzept beruflicher Kompetenz. In J. Erpenbeck & L. von Rosenstiel (Hrsg.), *Handbuch Kompetenzmessung* (S. 229-260). Stuttgart: Schäffer-Poeschel.

Bertelsmann Stiftung, Bundesvereinigung der Deutschen Arbeitgeberverbände (Hrsg.). (2003). *Erfolgreich mit älteren Arbeitnehmern: Strategien für die betriebliche Praxis.* Gütersloh: Bertelsmann Stiftung.

Birren, J. E. & Schaie, K. W. (2006). *Handbook of the psychology of aging.* San Diego: Academic Press.

Blickensderfer, E., Cannon-Bowers, J. A. & Salas, E. (1997). Theoretical bases for team self-correction: Fostering shared mental models. In M. M. Beyerlein, D. A. Johnson & S. T. Beyerlein (Eds.), *Advances in interdisciplinary studies of work teams: Team implementation issues, 4* (pp. 249-279). Greenwich: JAI.

Bowers, C. A., Pharmer, J. A. & Salas, E. (2000). When member homogeneity is needed in work teams: A meta-analysis. *Small Group Research, 31,* 305-327.

Brauner, E. (1998). Die Qual der Wahl am Methodenbuffet – oder wie der Gegenstand nach der passenden Methode sucht. In E. Ardelt-Gattinger, H. Lechner & W. Schlögl (Hrsg.), *Gruppendynamik: Anspruch und Wirklichkeit der Arbeit in Gruppen* (S. 176-193). Göttingen: Verlag für Angewandte Psychologie.

Brodbeck, F. C., Anderson, N. R. & West, M. A. (2000). *Das Teamklima-Inventar (TKI).* Göttingen: Hogrefe.

Brodbeck, F. C. (2004). Analyse von Gruppenprozessen und Gruppenleistung. In H. Schuler (Hrsg.), *Lehrbuch Organisationspsychologie* (S. 415-438). Bern: Verlag Hans Huber.

Buchinger, K. (2006). Teamarbeit und Nutzen der Gruppendynamik für heutige Organisationen. In P. Heintel (Hrsg.), *betrifft: TEAM. Dynamische Prozesse in Gruppen* (S. 92-125). Wiesbaden: VS Verlag für Sozialwissenschaften.

Bungard, W. (2004). Organisationspsychologische Forschung im Anwendungsfeld. In H. Schuler (Hrsg.), *Lehrbuch Organisationspsychologie* (S. 121-141). Bern: Verlag Hans Huber.

Bungard, W. (2005). Feedback in Organisationen: Stellenwert, Instrumente und Erfolgsfaktoren. In I. Jöns & W. Bungard (Hrsg), *Feedbackinstrumente im Unternehmen: Grundlagen, Gestaltungshinweise, Erfahrungsberichte* (S. 7-28). Wiesbaden: Gabler.

Bungard, W. & Jöns, I. (1997). Gruppenarbeit in Deutschland – eine Zwischenbilanz. *Zeitschrift für Arbeits- und Organisationspsychologie, 41* (3),104-119.

Bungard, W. & Antoni, C. H. (2004). Gruppenorientierte Interventionstechniken. In H. Schuler (Hrsg.), *Lehrbuch Organisationspsychologie* (S. 439-474). Bern: Verlag Hans Huber.

Bungard, W. & Steimer, S. (2005). Feedback-Kultur in deutschen Unternehmen: Ergebnisse einer Expertenstudie bei den 100 umsatzstärksten Unternehmen. In I. Jöns & W. Bungard (Hrsg.), *Feedbackinstrumente und -prozesse in Unternehmen: Grundlagen, Gestaltungshinweise, Erfahrungsberichte* (S. 295-313). Wiesbaden: Gabler.

Byrne, D. (1971). *The attraction paradigm.* New York: Academic Press.

Clemens, W. (2001). *Ältere Arbeitnehmer im sozialen Wandel – von der verschmähten zur gefragten Humanressource?* Opladen: Leske & Budrich.

Comelli, G. (1995). Qualifikation für Gruppenarbeit: Teamentwicklungstraining. In L. von Rosenstiel, E. Regnet & M. Domsch (Hrsg.), *Führung von Mitarbeitern: Handbuch für erfolgreiches Personalmanagement* (3. Auflage, S. 387-409). Stuttgart: Schäffer-Poeschel.

Comelli, G. (2000). Feedback bei Teamentwicklung. *Wirtschaftspsychologie, 7*, 28-42.

Comelli, G. & Rosenstiel, L. von (2001). *Führung durch Motivation: Mitarbeiter für Organisationsziele gewinnen* (2. Auflage). München: Verlag Franz Vahlen.

Comelli, G. (2003). Anlässe und Ziele von Teamentwicklungsmaßnahmen. In S. Stumpf & A. Thomas (Hrsg.), *Teamarbeit und Teamentwicklung* (S. 169-189). Göttingen: Hogrefe Verlag für Angewandte Psychologie.

Comelli, G. (2005). Feedbackprozesse bei Teamentwicklung. In I. Jöns & W. Bungard (Hrsg.), *Feedbackinstrumente im Unternehmen: Grundlagen, Gestaltungshinweise, Erfahrungsberichte* (S. 51-73). Wiesbaden: Gabler.

Curral, L. A., Forrester, R. H., Dawson, J. F. & West, M. A. (2001). It's what you do and the way that you do it: Team task size and innovation-related group processes. *European Journal of Work and Organizational Psychology, 10,* 187-204.

Dekena, R. & Höring, K. (1999). *Medien für Meetings. Eine Minolta-Studie zur Dokumentenlogistik.* Langenhagen: Minolta.

DeShon, R. P., Kozlowski, S. W. J., Schmidt, A. M., Milner, K. R. & Wiechmann, D. A. (2004). Multiple-goal, multilevel model of feedback effects on the regulation of individual and team performance. *Journal of Applied Psychology, 89,* 1035-1056.

Dick, R. van & West, M. (2005). *Teamwork, Teamdiagnose, Teamentwicklung.* Göttingen: Hogrefe.

Diehl, M. & Stroebe, W. (1987). Productivity loss in brainstorming groups. Toward the solution of a riddle. *Journal of Personality and Social Psychology, 53* (3), 497-509.

Diehl, M. & Stroebe, W. (1991). Productivity loss in idea generating groups: Tracking down the blocking effect. *Journal of Personality and Social Psychology, 61* (3), 392-403.

Dolleschka, B. (1999). Krankheitsrolle. In M. Majce-Egger (Hrsg.), *Gruppentherapie und Gruppendynamik: Dynamische Gruppenpsychotherapie* (S. 154-165). Wien: Facultas.

Donnert, R. (2003). *Soziale Kompetenz: der Praxisratgeber für ein kooperatives Arbeitsklima.* Würzburg: Lexika-Verlag.

Dörner, D. (2006). *Die Logik des Misslingens: Strategisches Denken in komplexen Situationen.* Hamburg: Rowohlt.

Erke, A., Racky, S., Jöns, I. & Boelter, M. (2005). Teamfeedback mit dem Gruppencheck. In I. Jöns & W. Bungard (Hrsg.), *Feedbackinstrumente und -prozesse in Unternehmen* (S. 379-393). Wiesbaden: Gabler.

Erke, A., Racky, S. & Jöns, I. (2007). Der Gruppencheck. In L. von Rosenstiel & J. Erpenbeck (Hrsg.), *Handbuch der Kompetenzmessung* (2. Auflage, S. 116-128) Stuttgart: Schäffer-Poeschel.

Ernst, F. (1994). Einführung von Gruppenarbeit in der Automobilindustrie aus systemischer Sicht. *Organisationsentwicklung, 2* (94), 58-71.

Erpenbeck, J. & Heyse, V. (1999). *Die Kompetenzbiographie: Strategien der Kompetenzentwicklung durch selbstorganisiertes Lernen und multimediale Kommunikation.* Arbeitsgemeinschaft Qualifikations-Entwicklungs-Management: edition QUEM (Band 10). Münster: Waxmann.

Erpenbeck, J. & Rosenstiel, L. von (Hrgs.) (2003). *Handbuch Kompetenzmessung: Erkennen, Verstehen und Bewerten von Kompetenzen in der betrieblichen, pädagogischen und psychologischen Praxis.* Stuttgart: Schäffer-Poeschel.

Erpenbeck, J. (2006). Metakompetenzen und Kompetenzentwicklung. *QUEM-Report. Schriften zur beruflichen Weiterbildung, 95* (1), 141-151.

Eversheim, W. & Schuh, G. (1999). *Produktion und Management: Betrieb von Produktionssystemen.* Berlin: Springer.

Farr, J. L. (1991). Leistungsfeedback und Arbeitsverhalten. In H. Schuler (Hrsg.), *Beurteilung und Förderung beruflicher Leistung* (S. 57-80). Stuttgart: Verlag für Angewandte Psychologie.

Fengler, J. (2004). *Feedback geben: Strategien und Übungen* (3. Auflage). Weinheim: Beltz Psychologie Verlags Union.

Franke, H. (1998). *Problemlösen in Gruppen: Veränderungen im Unternehmen zielwirksam realisieren.* Stuttgart: Rosenberger.

Frei, F., Duell, W. & Baitsch, C. (1984). *Arbeit und Kompetenzentwicklung: Theoretische Konzepte zur Psychologie arbeitsimmanenter Qualifizierung.* Schriften zur Arbeitspsychologie (Band 39). Bern: Hans Huber.

Frey, D., Brodbeck, F. C. & Schulz-Hardt, S. (1999). Ideenfindung und Innovation. In C. Graf Hoyos & D. Frey (Hrsg.), *Arbeits- und Organisationspsychologie* (S. 122-136). Weinheim: Beltz Psychologie Verlags Union.

French, W. L. & Bell, C. H. (1994). *Organisationsentwicklung* (4. Auflage). Bern: Haupt.

Frieling, E., Kauffeld, S., Grote, S. & Bernard, H. (2000). *Flexibilität und Kompetenz: Schaffen flexible Unternehmen kompetente und flexible Mitarbeiter?* Münster: Waxmann.

Frieling, E., Buch, M. & Wieselhuber, J. (2006). Alter(n)sgerechte Arbeitssystemgestaltung in der Automobilindustrie – die demografische Herausforderung bewältigen. *Zeitschrift für Arbeitswissenschaft, 3,* 1-7.

Gerst, D. (2006). *Von der direkten Kontrolle zur indirekten Steuerung: Eine empirische Untersuchung der Arbeitsfolgen teilautonomer Gruppenarbeit.* München und Mering: Rainer Hampp Verlag.

Goller, I., Bronnsack, T. & Schulze, J. (2003). Benchmarking-Report Teamarbeitsaudit. *Angewandte Arbeitswissenschaft, 177,* 34-53.

Greif, S. (1987). Soziale Kompetenzen. In S. Greif & D. Frey (Hrsg.) *Sozialpsychologie* (S. 312-320). München: Psychologie Verlags Union.

Greif, S. (1996). Teamfähigkeiten und Selbstorganisationsfähigkeiten. In Greif, S. & H.-J. Kurtz (Hrsg.), *Handbuch selbstorganisiertes Lernen* (S. 161-178). Göttingen: Verlag für Angewandte Psychologie.

Greitemeyer, T. & Schulz-Hardt, S. (2003). Preference-consistent evaluation of information in the hidden profile paradigm. Beyond group-level explanations for the dominance of shared information in group decisions. *Journal of Personality and Social Psychology, 84* (2), 322-339.

Griffin, M. A., Patterson, M. G. & West, M. A. (2001). Job satisfaction and teamwork: The role of supervisor support. *Journal of Organizational Behavior, 22*, 537-550.

Grünewald, N. & Pagenkemper, C. (2004). *Qualitätsmanagement mit neuen Arbeitsformen: Eine Arbeithilfe zur Planung, Einführung, Qualifizierung und Auditierung von Qualitätsmanagementsystemen unter Einbeziehung teilautonomer Gruppenarbeit.* Renningen: expert verlag.

Gully, S. M., Incalcaterra, K. A., Joshi, A. & Beaubien, J. M. (2002). A meta-analysis of team-efficacy, potency, and performance: Interdependence and level of analysis as moderators of observed relationships. *Journal of Applied Psychology, 87,* 819-832.

Guzzo, R. A. (1996). Fundamental considerations about work groups. In M.A. West (Ed.). Handbook of work group psychology (S. 3-24). Chichester: Wiley.

Guzzo, R. A. & Dickson, M. W. (1996). Teams in organizations: Recent research on performance and effectiveness. *Annual Review of Psychology, 47,* 307-338.

Habich, T. (2005). *Altersbedingte Entwicklung beruflicher Kompetenzprofile.* Universität Mannheim: Unveröffentlichte Diplomarbeit.

Hacker, W. (1978). *Allgemeine Arbeits- und Ingenieurspsychologie: psychische Struktur und Regulation von Arbeitstätigkeiten* (2. Auflage). Bern: Hans Huber.

Hacker, W., von der Weth, R. Ishig, A. & Luhn, G. (2005). Nutzung von Erfahrungswissen in der Arbeitsgestaltung. *Zeitschrift für Arbeitswissenschaft, 59* (1), 53-70.

Häcker, H. & Stapf, K.-H. (Hrsg.). (2004). *Dorsch Psychologisches Wörterbuch* (14. Auflage). Bern: Huber.

Hackman, J. R. (1987). The design of work teams. In J. W. Lorsch (Ed.), *Handbook of Organizational Behavior* (pp. 315-342). Englewood Cliffs, N. J.: Prentice-Hall.

Hackman, J. R. (1998). The design of work teams. In J. W. Lorsch (Ed.), *Handbook of Organizational Behavior* (pp. 315-342). New York: Academic Press.

Hackman, J. R. (2002). *Leading teams: Setting the stage for great performances.* Boston, Mass.: Harvard Business School Press.

Harris, C. L. & Beyerlein, M. M. (2005). Team-based organization – creating an environment for team success. In M. A. West, D. Zjosvold & K. G. Smith (Eds.), *The Essentials of Teamworking: International Perspectives* (pp. 149-171). Chichester: Wiley.

Harrison, D. A. & Klein, K. J. (2007). What's the difference? Diversity constructs as separation, variety, or disparity in organizations. *Academy of Management Review, 32,* 1199-1228.

Heintel, P. & Krainz, E. (2000). *Projektmanagement: Eine Antwort auf die Hierarchiekrise?* Wiesbaden: Gabler.

Hennlein, S. (2005). *Kompetenzentwicklung von Arbeitsgruppen durch Teamfeedback.* Universität Bonn: Unveröffentlichte Diplomarbeit.

Hennlein, S. & Jöns, I. (2006). Kompetenzentwicklung von Arbeitsgruppen durch Teamfeedback. *Arbeit, 15* (1), 29-42.

Hermann, G. (1986). Aufgabenorientierter Informationsaustausch bei Bedientätigkeiten in der Textilindustrie. *Psychologie und Praxis, 3,* 224-233.

Hertel, G., Kerr, N. L. & Messé, L. A. (2000). Motivation gains in performance groups: Paradigmatic and theoretical developments on the Köhler effect. *Journal of Personality and Social Psychology, 79*, 580-601.

Hey, A. H. (2001). *Feedback und Beurteilung bei selbstregulierter Gruppenarbeit.* Berlin: dissertation.de.

Hey, A. H., Pietruschka, S., Jöns, I. & Bungard, W. (1999). Feedback als Unterstützungssystem für Arbeitsgruppen. *Psychologie in Österreich, 19,* 138-145.

Heyse, V. & Erpenbeck, J. (2004). *Kompetenztraining.* Stuttgart: Schäffer-Poeschel.

Högl, M. & Gemünden, H. G. (Hrsg.). (2005). *Management von Teams: Theoretische Konzepte und empirische Befunde.* 3. Aufl. Wiesbaden: Deutscher Universitäts-Verlag.

Hoering, S., Kühl, S. & Schulze-Fielitz, A. (2001). Homogenität und Heterogenität in der Gruppenzusammensetzung. *Arbeit, 4*, 331-351.

Hron, J., Lässig, A. & Frey, D. (2005). Change Management: Gestaltung von Veränderungsprozessen. In D. Frey, L. von Rosenstiel und C. Hoyos (Hrsg.), *Wirtschaftspsychologie* (S. 120-124). Weinheim: Beltz Verlag.

Hurrle, B. & Erke, A. (2001). Gruppenkompetenz als Schlüsselvariable Teilautonomer Gruppenarbeit. *Mannheimer Beiträge zur Wirtschafts- und Organisationspsychologie, 3,* 71-78.

Hurtz, A., Lindinger, C., Przygoda, M. & Schönrade, J. (2001). Der Prozessbegleiter: Ein neues Aufgabengebiet in sich verändernden Unternehmen. In C. H. Antoni (Hrsg.), *Praxishandbuch Gruppenarbeit: Konzepte – Werkzeuge – Praxismodelle* (S. 77-106). Düsseldorf: Symposion.

Hyatt, D. E. & Ruddy, T. M. (1997). An examination of the relationship between work group characteristics and performance: One more into the breech. *Personnel Psychology, 50,* 553-585.

Ilgen, D. R., Fisher, C. D. & Taylor, S. M. (1979). Consequences of individual feedback on behavior in organizations. *Journal of Applied Psychology, 64* (4), 349-371.

Ilgen, D. R., Hollenbeck, J. R., Jonson, M. & Jundt, D. (2005). Teams in organizations: From Input-Process-Output models to IMOI models. *Annual Review of Psychology, 56,* 517-543.

Ishig, A., Looks, P. & Melzer, M. (2007). *Der Aufgabenbezogene Informationsaustausch (AI). Nutzbarkeit auch in sehr kleinen Unternehmen?* Vortrag auf der 5. Tagung der Fachgruppe Arbeits- und Organisationspsychologie der Deutschen Gesellschaft für Psychologie. Universität Trier.

Jackson, R. A. (1996). A Reassessment of Voter Mobilization. *Political Research Quarterly, 49,* 331-349.

Jackson, S. E., Joshi, A. & Erhardt, N. L. (2003). Recent research on team organizational diversity: SWOT-analysis and implications. *Journal of Management, 29*, 801-830.

Jöns, I. (2000a). *Organisationales Lernen in selbstmoderierten Survey-Feedback-Prozessen.* Lengenich: Pabst.

Jöns, I. (2000b). Einsatz und Effizienz verschiedener Feedbackinstrumente. *Wirtschaftspsychologie, 3,* 16-27.

Jöns, I. (2005a). Feedbackprozesse in Organisationen: Psychologische Grundmodelle und Forschungsbefunde. In I. Jöns & W. Bungard (Hrsg.), *Feedbackinstrumente im Unternehmen: Grundlagen, Gestaltungshinweise, Erfahrungsberichte* (S. 29-45). Wiesbaden: Gabler.

Jöns, I. (2005b). Moderation und Erfolgsfaktoren der Feedback- und Verbesserungsprozesse. In I. Jöns & W. Bungard (Hrsg.), *Feedbackinstrumente im Unternehmen: Grundlagen, Gestaltungshinweise, Erfahrungsberichte* (S. 253-267). Wiesbaden: Gabler.

Jöns, I. (2007). Rolle der Führungskräfte. In W. Bungard, K. Müller & C. Niethammer (Hrsg.), *Mitarbeiterbefragung – was dann...? MAB und Folgeprozesse erfolgreich gestalten* (S. 97-103). Heidelberg: Springer.

Jöns, I. (in Druck). Der Gruppencheck. In W. Sarges & H. Wottawa (Hrsg.), *Handbuch wirtschaftspsychologischer Testverfahren: Organisationspsychologische Instrumente* (Band 2). Lengerich: Pabst.

Jöns, I. & Bungard, W. (Hrsg.). (2005). *Feedbackinstrumente im Unternehmen: Grundlagen, Gestaltungshinweise, Erfahrungsberichte.* Wiesbaden: Gabler.

Jöns, I., Hodapp, M. & Weiss, K. (2005). Kurzskala zur Erfassung der Unternehmenskultur. *Mannheimer Beiträge zur Wirtschafts- und Organisationspsychologie,3*, 3-10.

Jöns, I. & Müller, K. (2007). Ergebnisrückmeldung und Maßnahmenableitung. In W. Bungard, K. Müller & C. Niethammer (Hrsg.), *Mitarbeiterbefragung – was dann ...? MAB und Folgeprozesse erfolgreich gestalten* (S. 54-67). Heidelberg: Springer.

Kanning, U. (2003). *Diagnostik sozialer Kompetenzen.* Kompendien psychologische Diagnostik (Band 4). Göttingen: Hogrefe.

Kauffeld, S. (2001a). *Teamdiagnose.* Göttingen: Hogrefe.

Kauffeld, S. (2001b). F-A-T Fragebogen zur Arbeit im Team. In W. Sarges & H. Wottawa (Hrsg.), *Handbuch wirtschaftspsychologischer Testverfahren* (S. 235-245). Lengerich: Pabst.

Kauffeld, S. (2003). Gruppensitzungen unter der Lupe: Das Kassler-Kompetenz-Raster als prozessanalytische Diagnosemethode zur Teamentwicklung. In S. Stumpf & A. Thomas (Hrsg.), *Teamarbeit und Teamentwicklung* (S. 389-405). Göttingen: Hogrefe.

Kauffeld, S. (2004). *Der Fragebogen zur Arbeit im Team*. Göttingen: Hogrefe.

Kauffeld, S. (2006a). Warum nur so ungeliebt? Zur Kompetenz älterer Mitarbeiter im Vergleich zu ihren jüngeren Kollegen. *Zeitschrift für Arbeitswissenschaft, 4,* 274-284.

Kauffeld, S. (2006b). *Kompetenzen messen, bewerten, entwickeln.* Stuttgart: Schäffer-Poeschel.

Kauffeld, S. (2007). Jammern oder Lösungsexploration: Eine sequenzanalytische Betrachtung des Interaktionsprozesses in betrieblichen Gruppen bei der Bewältigung von Optimierungsaufgaben. *Zeitschrift für Arbeits- und Organisationspsychologie, 51,* 55-67.

Kauffeld, S. & Frieling, E. (2001). Die berufliche Handlungskompetenz bei der Bewältigung von Optimierungsaufgaben in betrieblichen Gruppen. In R. Fisch, D. Beck & B. Englich (Hrsg.), *Projektgruppen in Organisationen* (S. 74-89). Göttingen: Verlag für Angewandte Psychologie.

Kauffeld, S., Frieling, E. & Grote, S. (2002). Soziale, personale, methodische oder fachliche: Welche Kompetenzen zählen bei der Bewältigung von Optimierungsaufgaben in betrieblichen Gruppen? *Zeitschrift für Psychologie, 210* (4), 197-208.

Kauffeld, S. & Grote, S. (2000). Das Kasseler-Kompetenz-Raster (KKR) als Instrument zur Ableitung von Kompetenzentwicklungsmaßnahmen. In Arbeitsgemeinschaft Qualifikations-Entwicklungs-Management (Hrsg.), *Flexibilität und Kompetenz: Schaffen flexible Unternehmen kompetente und flexible Mitarbeiter?* (S. 197-214). Münster: Waxmann.

Kauffeld, S. & Grote, S. (2005). Teamfeedback mit dem Fragebogen zur Arbeit im Team. *Zeitschrift für Organisationsentwicklung, 24* (4), 72-77.

Kauffeld, S., Grote, S. & Frieling, E. (2003). Das Kasseler Kompetenzraster (KKR). In J. Erpenbeck & L. von Rosenstiel (Hrsg.), *Handbuch Kompetenzmessung* (S. 261-282). Stuttgart: Schäffer-Poeschel.

Kauffeld, S. & Meyers, R. (in press). Complaint and solution-oriented circles: Interaction patterns in work group discussions. *European Journal of Work and Organizational Psychology.*

Keller, R. T. (2006). Transformational leadership, initating structure, and substitutes for leadership: A longitudinal study of research and development teams. *Journal of Applied Psychology, 91,* 202-210.

Kießling-Sonntag, J. (2005). *Besprechungsmanagement: Meetings, Sitzungen und Konferenzen effektiv gestalten.* Berlin: Cornelsen.

Knippenberg, D. van, De Dreu, C. K. W. & Homan, A. C. (2004). Work group diversity and group performance: An integrative model and research agenda. *Journal of Applied Psychology, 89,* 1008-1022.

Knippenberg, D. van & Haslam, S. A. (2003). Realizing the diversity dividend: Exploring the subtle interplay between identity, ideology and reality. In S. A. Haslam, D. van Knippenberg, M. Platow & N. Ellemers (Eds.), *Social identity at work: Developing theory for organizational practice* (S. 61-77). New York: Taylor and Francis.

Kohnke, O. (2002). Die Anwendung der Zielsetzungstheorie zur Mitarbeitermotivation und -steuerung. In W. Bungard & O. Kohnke (Hrsg.), *Zielvereinbarungen erfolgreich umsetzen: Konzepte, Ideen und Praxisbeispiele auf Gruppen- und Organisationsebene* (2. Auflage, S. 38-69). Wiesbaden: Gabler.

Kohnke, O. & Reimann, C. (2002). Zielvereinbarungen mit teilautonomen Gruppen: Rahmenbedingungen für die erfolgreiche Umsetzung. In W. Bungard & O. Kohnke (Hrsg.), *Zielvereinbarungen erfolgreich umsetzen: Konzepte, Ideen und Praxisbeispiele auf Gruppen- und Organisationsebene* (2. Auflage, S. 135-166). Wiesbaden: Gabler.

Königswieser, R. (2003). Das Überbringen schlechter Nachrichten. *Hernsteiner-Fachzeitschrift für Managemententwicklung, 2,* 25-30.

Kostka, C. & Kostka, S. (2006). *Der Kontinuierliche Verbesserungsprozess.* Wien: Hanser.

Kroll, D. & Neumann, H. (2004). *Neue Wege der Organisation: teamorientierte Unternehmensführung bei der Rasselstein Hoesch GmbH, Rasselstein GmbH.* Wiesbaden: Gabler.

Kühl, S. & Kullmann, G. (2002). *Gruppenarbeit: Einführung, Bewertung, Weiterentwicklung.* München: Hanser.

Lacher, M. (2000). Gruppenarbeit in der Automobilindustrie: Zwischen Teilautonomie und Neuorientierung. *Arbeit, 4,* 133-141.

Lammers, F. (2000). *Personalentwicklung „off the job".* In M. Kleinmann & B. Strauß (Hrsg.), *Potentialfeststellung und Personalentwicklung. Schriftenreihe Psychologie für das Personalmanagement* (S. 205-225). Göttingen: Verlag für Angewandte Psychologie.

Lebherz, C. (2005). *Leistungskennzahlen in der industriellen Gruppenarbeit: Potenziale nutzbar machen. Human Resources Management im Automobilbau – Konzepte und Erfahrungen.* Schriften zur Arbeitspsychologie (Band 63). Bern: Hans Huber

Liker, J. (2004). *The Toyota Way.* New York: McGraw-Hill.

Lohmer, M. (2004). *Psychodynamische Organisationsberatung: Konflikte und Potentiale in Veränderungsprozessen.* Stuttgart: Klett-Cotta.

Mangold, P. (2004). *INTERACT users manual (version 1.3).*

Martin, M. & Kliegel, M. (2005). *Psychologische Grundlagen der Gerontologie.* Stuttgart: Kohlhammer.

McGrath, J. E., Arrow, H. & Berdahl, J. L. (2000). The study of groups: Past, present, and future. *Personality and Social Psychology Review, 4,* 95-105.

Nadler, D. A. (1979). The effects of feedback on task group behavior: A review of the experimental research. *Organizational behavior and Human Performance, 23,* 309-338.

Neckel, H. (2004). *Modelle des Ideenmanagements*. Stuttgart: Klett-Cotta.

Neubert, J. & Tomczyk, R. (1986). *Gruppenverfahren der Arbeitsanalyse und Arbeitsgestaltung*. Berlin: Deutscher Verlag der Wissenschaften.

Nijstad, B. A., Stroebe, W. & Lodewijkx, H. F. M. (1999). Persistence of brainstorming groups: How do people know when to stop? *Journal of Experimental Social Psychology, 35,* 165-185.

Oberhoff, B. (1978). *Akzeptanz von interpersonellem Feedback. Eine empirische Untersuchung zu verschiedenen Feedback-Formen.* Westfälische Wilhelms-Universität Münster: Unveröffentlichte Dissertation.

Ohno, T. (1988). *Toyota Production System: Beyond Large-Scale Production.* Portland, Oregon: Productivity Press.

Parker, S. K. (2003). Longitudinal effects of lean production on employee outcomes and the mediating role of work characteristics. *Journal of Applied Psychology, 88*, 620-634.

Pechtl, W. (2001). *Zwischen Organismus und Organisation: Wegweiser und Modelle für Berater und Führungskräfte*. Pölten: Landesverlag.

Pritchard, R. D., Jones, S. D., Roth, P. L., Stuebing, K. K. & Ekeberg, S. E. (1988). Effects of group feedback, goal setting and incentives on organizational productivity. *Journal of Applied Psychology, 73* (2), 337-358.

Racky, S., Erke, A. & Jöns, I. (2001). Die Förderung der Gruppenkompetenz durch Zielvereinbarungen. *Mannheimer Beiträge zur Wirtschafts- und Organisationspsychologie, 2*, 39-55.

Rahn, H.-J. (2006). *Führung von Gruppen. Gruppenführung mit System* (5. Auflage). Frankfurt am Main: Verlag Recht und Wirtschaft.

Rosenstiel, L. von (2004). Kommunikation in Arbeitsgruppen. In H. Schuler (Hrsg.), *Lehrbuch Organisationspsychologie* (S. 387-414). Bern: Verlag Hans Huber.

Roth, C., Wegge, J., Schmidt, K.-H. & Neubach, B. (2006). Altersheterogenität als Determinante von Leistung in Arbeitsgruppen der öffentlichen Verwaltung. *Zeitschrift für Arbeitswissenschaft, 60*, 266-273.

Rother, M. & Shook, J. (2000). *Sehen lernen – mit Wertstromdesign die Wertschöpfung erhöhen und Verschwendung beseitigen.* Stuttgart: Log_X Verlag.

Ruppert, F. (1999). Kommunikation, Kooperation und Gesprächsführung in Arbeitsbeziehungen. In C. Graf Hoyos & D. Frey (Hrsg.), *Arbeits- und Organisationspsychologie* (S. 537-557). Weinheim: Psychologie Verlags Union.

Rutte, C. G. (2005). Social loafing in teams. In M. A. West, D. Zjosvold & K. G. Smith (Eds.), *The essentials of teamworking: International perspectives* (pp. 191-208). Chichester: Wiley.

Scherm, M. & Kaufel, S. (2005). 360-Grad-Feedback- und Verbesserungsprozesse. In I. Jöns & W. Bungard (Hrsg.), *Feedbackinstrumente im Unternehmen: Grundlagen, Gestaltungshinweise, Erfahrungsberichte* (S. 133-128). Wiesbaden: Gabler.

Schreyögg, G. & Noss, C. (1995). Organisatorischer Wandel: Von der Organisationsentwicklung zur lernenden Organisation. *Die Betriebswirtschaft, 55,* 169-185.

Schimansky, A. (2006). *Die Moderationsmethode als Strukturierungsansatz effektiver Gruppenarbeit: Eine feldexperimentelle Evaluation.* Lengerich: Pabst.

Scholl, W. (2005). Grundprobleme der Teamarbeit und ihre Bewältigung: Ein Kausalmodell. In M. Högl & H. G. Gemünden (Hrsg.), *Management von Teams: Theoretische Konzepte und empirische Befunde* (3. Auflage, S. 33-66). Wiesbaden: Deutscher Universitäts-Verlag.

Schuler, H. & Klingner, I. (2005). Leistungsbeurteilung, Zielsetzung und Feedback. In I. Jöns & W. Bungard (Hrsg.), *Feedbackinstrumente im Unternehmen: Grundlagen, Gestaltungshinweise, Erfahrungsberichte* (S.77-97). Wiesbaden: Gabler.

Schulz-Hardt, S. (2002). Entscheidungsprozesse in Gruppen: Warum der Wissensvorteil von Gruppen oft ungenutzt bleibt und wie die Meinungsvielfalt diese Nutzung fördern kann. In E. H. Witte (Hrsg.), *Sozialpsychologie wirtschaftlicher Prozesse* (S. 226-255). Lengerich: Pabst.

Schulz-Hardt, S., Jochims, M. & Frey, D. (2002). Productive conflict in group decision making: Genuine and contrived dissent as strategies to counteract biased information seeking. *Organizational Behavior and Human Decision Processes, 88,* 553-586.

Schwendenwein, J. (1999). Wenn sich Gegensätze anziehen: Teamarbeit und Führung. *Gruppendynamik, 30,* 51-68.

Semmer, N. & Richter, P. (2004). Leistungsfähigkeit, Leistungsbereitschaft und Belastbarkeit älterer Menschen. In M. von Cranach, H.-D. Schneider, E. Ulich & R. Winkler (Hrsg.), *Ältere Menschen im Unternehmen* (S. 95-116). Bern: Haupt.

Skerst, D. von (2007). *Effektivität von Gruppensitzungen im Produktionsbereich. Eine explorative Studie.* Universität Mannheim: Unveröffentlichte Diplomarbeit.

Sonntag, K. & Schaper, N. (2006). Wissensorientierte Verfahren der Personalentwicklung. In H. Schuler (Hrsg.), *Lehrbuch der Personalpsychologie* (S. 256-280). Göttingen: Hogrefe.

Springer, R. (1996). Neue Formen der Arbeitsorganisation: Ursachen, Ziele und aktueller Stand in der Mercedes-Benz AG. In C. H Antoni (Hrsg.), *Gruppenarbeit in Unternehmen* (S. 225-239). Weinheim: Beltz.

Statistisches Bundesamt (Hrsg.). (2003). *Bevölkerung Deutschlands bis 2050: Ergebnisse der 10. Koordination Bevölkerungsvorausberechnung.* Wiesbaden.

Stasser, G., Stewart, D. D. & Wittenbaum, G. M. (1995). Expert roles and information exchange during discussion: The importance of knowing who knows what. *Journal of Experimental Social Psychology, 31,* 244-265.

Staudt, E., Kailer, N., Kottmann, M., Kriegesmann, B., Meier, A., Muschik, C. Stephan, H. & Ziegler, A. (2002). *Kompetenzentwicklung und Innovation: Die Rolle der Kompetenz bei Organisations-, Unternehmens- und Regionalentwicklung. (Arbeitsgemeinschaft Qualifikations-Entwicklungs-Management: edition QUEM, Bd. 14).* Münster: Waxmann.

Steiner, I. D. (1972). *Group processes and productivity.* New York: Academic Press.

Stroebe, W. & Diehl, M. (1994). Why groups are less effective than their members: On productivity losses in idea-generating groups. *European Review of Social Psychology, 5,* 271-303.

Stroebe, W., Diehl, M. & Abakoumkin, G. (1992). The illusion of group effectivity. *Personality and Social Psychology Bulletin, 18* (5), 643-650.

Stumpf, S. (2000). Modelle zur Effektivität plurinationaler Arbeitsgruppen. *Wirtschaftspsychologie, 2,* 2-12.

Stumpf, S. & Thomas, A. (Hrsg.) (2003). *Teamarbeit und Teamentwicklung.* Göttingen: Hogrefe.

Tajfel, H. & Turner, J. C. (1986). The social identity theory of intergroup behavior. In S. Worchel & W. G. Austin (Eds.), *Psychology of intergroup relation* (pp. 7-24). Chicago, IL: Nelson-Hall.

Takeda, H. (2004). *Das synchrone Produktionssystem: Just-in-time für das ganze Unternehmen.* Frankfurt am Main: Redline Wirtschaft.

Thomas, A. (1999). Gruppeneffektivität: Balance zwischen Heterogenität und Homogenität. *Gruppendynamik, 30,* 117-129.

Thomas, D. C. (1999). Cultural diversity and work group effectiveness: An experimental study. *Journal of Cross-Cultural Psychology, 30* (2), 242-263.

Tschan, F. (1995). Communication enhances small group performance if it conforms to task requirements: The concept of ideal communication cycles. *Basic and Applied Social Psychology, 17* (3), 371-393.

Tschan, F., Semmer, N. K., Nägele, C. & Gurtner, A. (2000). Task adaptive behavior and performance in groups. *Group Processes & Intergroup Relations, 3* (4), 367-386.

Tschan, F. (2001). Ideal cycles of communication (or cognitions) in triads, dyads, and individuals. *Small Group Research, 33* (6), 615-643.

Tschan, F. & Semmer, N. (2001). Wenn alle dasselbe denken: Geteilte Mentale Modelle und Leistung in der Teamarbeit. In R. Fisch, D. Beck & B. Englich (Hrsg.), *Projektgruppen in Organisationen: Praktische Erfahrungen und Erträge der Forschung* (S. 217-235). Göttingen: Hogrefe.

Tziner, A. & Eden, D. (1985). Effects of crew composition on crew performance: Does the whole equal the sum of its parts? *Journal of Applied Psychology, 70,* 85–93.

Ulich, E. (2001). *Arbeitspsychologie* (5. Auflage). Stuttgart: Schäffer-Poeschel.

Ulich, E. (2005). *Arbeitspsychologie* (6. Auflage). Stuttgart: Schäffer-Poeschel.

Velmerig, C. O., Schattenhofer, K. & Schrapper, C. (Hrsg.). (2004). *Teamarbeit.* Weinheim: Juventa.

Watson, W. E., Kumar, K. & Michaelsen, L. K. (1993). Cultural diversity impact on interaction process and performance: Comparing homogenous and diverse task groups. *Academy of Management Journal, 36,* 590-602.

Wegge, J. (2003). Heterogenität und Homogenität in Gruppen als Chance und Risiko für die Gruppeneffektivität. In S. Stumpf & A. Thomas (Hrsg.), *Teamorganisation und Teamentwicklung* (S. 119-141). Göttingen: Hogrefe.

Wegge, J. & Haslam, S. A. (2003). Group goal setting, social identity and self-categorization: Engaging the collective self to enhance group performance and organizational outcomes. In S. A. Haslam, D. van Knippenberg, M. J. Platow & N. Ellemers (Eds.), *Social Identity at Work: Developing Theory for Organizational Practice* (pp. 43-60). New York: Taylor & Francis.

Weinberg, J. (2000). *Einführung in das Studium der Erwachsenenbildung*. Bad Heilbrunn/Obb.: Klinkhardt.

Weingart, L. R. (1992). Impact of group goals, task component complexity, effort, and planning on group performance. *Journal of Applied Psychology, 77*, 682–693.

West, M. A. (2004). *Effective teamwork: Practical lessons from organizational research*. Exeter: BPC.

West, M. A. & Anderson, N. R. (1996). Innovation in top-management teams. *Journal of Applied Psychology, 81*, 680-693.

West, M. A. & Hirst, G. (2005). Cooperation and teamwork for innovation. In M. A. West, D. Zjosvold & K. G. Smith (Eds.), *The Essentials of Teamworking: International Perspectives* (pp. 257-279). Chichester: Wiley.

Wetzstein, A., Jahn, F. & Hacker, W. (2003). Creating innovations in the work process through the exchange of heterogenous knowledge: An overview of research on task-oriented information exchange (TIE). In F. Avallone, H. K. Sinangil & A. Caetano (Eds.), *Quaderni Di Psicologia del Lavora: Identity and diversity in organizations* (pp. 35-42). Milano: Edizione Angelo Guerni Associata SpA.

Wetzstein, A., Oberkirsch, S. & Schumann, K. (2003). Wissensbezogene Interaktionen in und zwischen Unternehmen und deren Zusammenhang zu Erfolg und Innovation. *Wirtschaftspsychologie, 1,* 34-36.

Wetzstein, A. (2004). *Unterstützung der Innovationsentwicklung: Einfluss von wissensbezogenen Interaktionen insbesondere im kooperativen Problemlösen und fragenbasierter Reflexion.* Regensburg: Roderer.

Wetzstein, A., Ishig, A. & Hacker, W. (2004). Der Aufgabenbezogene Informationsaustausch als innovationsförderndes Instrument für Unternehmen. *Wirtschaftspsychologie aktuell, 3,* 57-60.

Wiedemann, J., Watzdorf, E. von & Richter, P. (2001). *TeamPuls®: Internetgestützte Teamdiagnose* (2. Auflage, Methodensammlung, Band 15). Dresden: TU, Institut für Arbeits-, Organisations- und Sozialpsychologie.

Wieke, T. (2005). *Erfolgreiche Meetings: Wie Teambesprechungen effektiver werden.* Frankfurt am Main: Eichborn Verlag.

Wilkens, U. (2004). *Von der individuellen zur kollektiven Kompetenz*? In Dokumentation zur Kommissionstagung Personal der Hochschullehrer für Betriebswirtschaft, 24./25. September 2004 in Konstanz.

Williams, K. Y. & O'Reilly, C. A. (1998). Demography and diversity in organizations: A review of 40 years of research. *Research in Organizational Behavior, 20*, 77-140.

Williams, W. M. & Sternberg, R. J. (1988). Group intelligence: Why some groups are better than others. *Intelligence, 12,* 351-377.

Witt, J. & Witt, T. (2001). *Der kontinuierliche Verbesserungsprozess (KVP). Konzept – System – Maßnahmen.* Heidelberg: I. H. Sauer-Verlag.

Witte, E. H. & Sack, P.-M. (1999). Die Entwicklung der Gruppenmoderation PROMOD zur Lösung komplexer Probleme in Projektteams. *Psychologische Beiträge, 41* (1-2), 113-213.

Wright, J. D. & Hamilton, R. F. (1978). Work satisfaction and age: Some evidence for the „job-change"-hypothesis. *Social Forces, 56*, 1140-1158.

Wunder, K. (1999). *Teamentwicklung und Feedback.* Zürich: Studentendruckerei.

Zink, K. J. (2004). *TQM als integratives Managementkonzept.* Wien: Hanser.

Zysno, P. V. (1998). Von Seilzug bis Brainstorming: Die Effizienz der Gruppe. In E. H. Witte (Hrsg.), *Sozialpsychologie der Gruppenleistung* (S. 184-210). Lengerich: Pabst.

Die Autoren

Conny Herbert Antoni, Professor Dr.
Jahrgang 1956, Professor für Arbeits- und Organisationspsychologie an der Universität Trier. Schwerpunkte: Arbeitsmotivation und -gestaltung, Interpersonale Prozesse (Arbeitsgruppen, Führung, Kommunikation), Veränderungen in Organisationen.

Heinz Leo Becker
Jahrgang 1956, Dipl.-Betriebswirt, Tätigkeitsschwerpunkt: Koordinator Personalservice bei der Rasselstein GmbH.

Sven Betz
Jahrgang 1968, interner Berater bei der ZF Friedrichshafen AG, Unternehmensbereich Nutzfahrzeuge. Tätigkeitsschwerpunkte: Implementierung und Verankerung von Gruppenarbeit, Begleitung von Projekten.

Klaus Beulker, Dr.
Jahrgang 1966, Leiter Wellenfertigung bei der ZF Friedrichshafen AG, Tätigkeitsschwerpunkte: Produktionsleiter eines Fertigungsbereiches zur spanenden Herstellung wellenförmiger Bauteile unter Serienbedingungen, verantwortlich für die Umsetzung des Produktionssystems Formel ZF.

Walter Bungard, Professor Dr.
Jahrgang 1945, Professor für Wirtschafts- und Organisationspsychologie an der Universität Mannheim. Schwerpunkte: Neue Arbeits- und Organisationsformen, Gruppenarbeitskonzepte, TQM-Strategien, Mitarbeiterbefragungen, Vorgesetztenbeurteilungen und Belastungen am Arbeitsplatz.

Hans-Jürgen Fink
Jahrgang 1969, Technischer Betriebswirt bei der Heidelberger Druckmaschinen AG, Heidelberg. Tätigkeitsschwerpunkte: Projektleiter Gruppenarbeit im Bereich Fertigung, Konzepterstellung und Einführung von Gruppenarbeit, Betreuung und Weiterentwicklung der Meister und laufender Gruppen.

Christian Freudling
Jahrgang 1961, interner Berater bei der ZF Friedrichshafen AG, Unternehmensbereich Nutzfahrzeuge. Tätigkeitsschwerpunkte: Changemanagement- und Projektmanagement-Beratung, Personalentwicklungskonzepte für Veränderungsprozesse sowie Führungskräfteentwicklung und -training.

Alois Geyermann
Jahrgang 1956, Dipl.-Ingenieur bei der Rasselstein GmbH. Tätigkeitsschwerpunkt: Werksleiter.

Tamara Habich

Jahrgang 1979, Personalberaterin. Tätigkeitsschwerpunkte: Potenzialanalyse, Online Assessment, Blended Assessment, Personal- und Organisationsentwicklung, Kompetenzprofile, Demografischer Wandel.

Winfried Hacker, Professor Dr.

Jahrgang 1934, Leitung der Arbeitsgruppe „Wissen-Denken-Handeln" des Fachbereichs Psychologie der Technischen Universität Dresden, Preisträger des Outstanding Contribution Prize 2003 der European Association of Work and Organizational Psychology. Forschungsschwerpunkte: Psychische Regulation des zielgerichteten menschlichen Handelns und insbesondere kognitive (Gedächtnis- und intellektuelle) Grundlagen der Handlungsregulation.

Dieter Hecker

Jahrgang 1950, Leiter der Personalabteilung gewerbliche/technische Mitarbeiter bei der B. Braun Melsungen AG. Tätigkeitsschwerpunkte: Abteilungsleitung mit allen personalrelevanten Aufgaben, Implementierung von Gruppenarbeitskonzepten und Entgeltentwicklung.

Klaus Henkel

Jahrgang 1960, Prozessbegleiter Gruppenarbeit/Ideenmanagement bei der B. Braun Melsungen AG. Tätigkeitsschwerpunkte: Begleitung von Veränderungsprozessen im Rahmen der Gruppenarbeit, Gewährleistung der strategischen Ausrichtung des Gruppenarbeitsprozesses, Konfliktprävention, Ideenmanagement und Kontinuierlicher Verbesserungsprozess.

Svenja Hennlein

Jahrgang 1980, Personalberaterin, Junior Consultant Recruiting bei der INPERSO GmbH. Tätigkeitsschwerpunkte: Personalberatung im Bereich Personalauswahl und -beschaffung, Forschungsthemen: Gruppenarbeit, Teamfeedback, Teamdiagnose, Kompetenzentwicklung von Arbeitsgruppen.

Nicole Ilg

Jahrgang 1976, staatlich anerkannte Erzieherin/Praktische Betriebswirtin (KA) bei der Bauknecht Hausgeräte GmbH. Tätigkeitsschwerpunkt: Prozessbegleitung.

Ingela Jöns, Professor Dr.

Jahrgang 1959, außerplanmäßige Professorin für Arbeits- und Organisationspsychologie an der Universität Mannheim; Institut für organisationspsychologische Beratung (IFO-Beratung), Dossenheim. Schwerpunkte: Gruppenarbeit und Teamentwicklung, Vorgesetztenbeurteilung und Führungswandel, Veränderungsprozesse und Mitarbeiterbefragungen sowie Kulturwandel bei Fusionen und Akquisitionen.

Simone Kauffeld, Professor Dr.
Jahrgang 1968, Professorin für Arbeits-, Organisations- und Sozialpsychologie, Institut für Psychologie an der TU Braunschweig. Forschungsinteressen: Kompetenzmessung, Kompetenzentwicklung und Kompetenzmanagement, Teamdiagnose und Teamentwicklung.

Gudrun Klabunde
Jahrgang 1951, Personalfachkauffrau/Personalreferentin bei der Bauknecht Hausgeräte GmbH. Tätigkeitsschwerpunkte: Operatives Personalmanagement, Projektarbeit: Gruppenarbeit, Einführung neuer Entgeltsysteme, Gesundheits- und Betriebliches Eingliederungsmanagement.

Gerald Knebel
Jahrgang 1964, Projektingenieur, Arbeitsvorbereitung Assembly bei der Heidelberger Druckmaschinen AG, Heidelberg. Tätigkeitsschwerpunkte: Betriebsmittel-Engineering, Fabrikplanung, Koordinator Gruppenarbeit, Gestaltung von Produktionssystemen.

Monika Koreng
Jahrgang 1961, Referentin Personal- und Organisationsentwicklung bei der Boehringer Ingelheim Pharma GmbH & Co. KG. Tätigkeitsschwerpunkte: Beratung und Begleitung bei Veränderungsprozessen, insbesondere Strukturveränderungen und Teamentwicklung.

Karl Heinz Krämer
Jahrgang 1965, Referent Teamentwicklung bei der Rasselstein GmbH.

Matthias Lang
Jahrgang 1975, Personalentwickler, interner Berater bei der ZF Friedrichshafen AG, Unternehmensbereich Nutzfahrzeuge. Tätigkeitsschwerpunkte: Interne Beratung bei Bereichs- und Strategieentwicklungen; Prozessberatung bei Change-Projekten, Gruppendynamik, Kooperation; Rollen interner und externer Berater und Beraterinnen.

Nale Lehmann-Willenbrock
Jahrgang 1982, Wissenschaftliche Mitarbeiterin, Institut für Psychologie, TU Braunschweig. Forschungsinteressen: Intragruppenprozesse, demografische Diversität, interkulturelle Unterschiede.

Claudia Löwenau
Jahrgang 1962, Redakteurin, Leitung Mitarbeiterzeitung „Heidelberg Post“ bei der Heidelberger Druckmaschinen AG, Heidelberg. Tätigkeitsschwerpunkt: Redaktion der Mitarbeiterzeitung.

Rigobert Maier
Jahrgang 1956, Technischer Betriebswirt, Trainer des Heidelberg Produktionssystems, Heidelberger Druckmaschinen AG, Heidelberg. Tätigkeitsschwerpunkte: Gestaltung des Heidelberg Produktionssystems, Konzepterstellung Gruppenarbeit, Einführung von Gruppenarbeit in der Fertigung.

Uwe Ross

Jahrgang 1968, Arbeitswissenschaftler bei der B. Braun Melsungen AG. Tätigkeitsschwerpunkte: Gestaltung von Arbeits-, Organisations- und Lernprozessen, Schichtmodell- und Personaleinsatzplanung, Ganzheitliche Produktionssysteme, Lean-Management.

Thomas Symanzik

Jahrgang 1973, Personalentwickler bei der ZF Friedrichshafen AG. Tätigkeitsschwerpunkte: Beratung und Begleitung von Führungskräften in strategiegeleiteter Kompetenzentwicklung, Entwicklungsberatung und Förderung von Potenzialträgern, Qualifizierungsbegleitung bei der Einführung von Gruppenarbeit.

Ingo Thorwest, Dr.

Jahrgang 1961, Betriebsleiter bei der Boehringer Ingelheim Pharma GmbH & Co. KG. Tätigkeitsschwerpunkte: Leiter Respimat®-Betrieb, Abfüllung und Verpackung steriler Arzneimittel.

Kristin Weschke

Jahrgang 1981, Consultant bei der Deloitte Consulting GmbH. Tätigkeitsschwerpunkt: Unternehmensberatung zu HR-Transformation, Learning und Organisation. Forschungsschwerpunkte: Interkulturelle Forschung, Servicequalität, Gruppensitzungen, Organisationskultur.